高等学校电子信息类专业精品教材

数字信号处理

——理论与应用

（第 3 版）

俞一彪　孙　兵　编著

东南大学出版社

SOUTHEAST UNIVERSITY PRESS

·南京·

内 容 简 介

全书系统地介绍了数字信号处理的基础理论、基本算法和基本应用。内容包括：离散时间信号与系统，傅立叶变换与频谱分析，离散傅立叶变换与快速算法，无限脉冲响应数字滤波器设计，有限脉冲响应数字滤波器设计，多采样率信号处理与小波变换，离散随机信号处理。

本书注重物理概念的透彻分析与介绍，强调理论与实际应用的结合。考虑到频谱分析在实际应用中的重要性，单独设置一章对频谱的概念和频谱分析的意义进行了详细的介绍。另外，还增加了短时傅立叶变换、多采样率信号处理、小波变换以及离散随机信号处理方面的新内容，便于教师根据情况选择性增加教学内容，拓展学生知识面。通过大量例子说明了各种线性相位 FIR 滤波器的设计方法以及信号处理应用。书中配有丰富的例题、习题和实验指导，每一章最后都有相应的应用示例，便于学生了解所学内容的应用价值。

本书可作为高等院校电子信息工程、通信工程、自动控制、生物医学工程等本科专业的教材，也适合研究生及从事相关领域工作的工程技术人员阅读参考。

图书在版编目(CIP)数据

数字信号处理：理论与应用/俞一彪，孙兵编著.
3 版. —南京：东南大学出版社，2017.9（2020.1重印）
ISBN 978-7-5641-7357-9

Ⅰ.①数… Ⅱ.①俞…②孙… Ⅲ.①数字信号
处理 Ⅳ.①TN911.72

中国版本图书馆 CIP 数据核字(2017)第 194870 号

数字信号处理——理论与应用(第 3 版)

出版发行　东南大学出版社
出 版 人　江建中
社　　址　南京市四牌楼 2 号
邮　　编　210096

经　　销　江苏省新华书店
印　　刷　兴化印刷有限责任公司
开　　本　787 mm×1 092mm　1/16
印　　张　17.25
字　　数　420 千字
版　　次　2017 年 9 月第 3 版
印　　次　2020 年 1 月第 3 次印刷
书　　号　ISBN 978-7-5641-7357-9
定　　价　42.00 元

（凡因印装质量问题，请与我社营销部联系。电话：025-83791830）

第 3 版前言

第 3 版教材的主体结构与第 2 版一样,仍然是阐述基础理论,强调物理概念和工程含义,重视理论与应用相结合的思路,但对第 2 版中发现的一些错误进行了修正,并根据教学体会和读者建议对第 2 版部分内容做了修改和补充。主要修补内容如下:

(1) 第 1 章增加了 1.6 节"奇偶序列分解的应用",展示了一个人脸图像合成和识别的例子,通过信号的时域奇偶分量分解和比例调整实现对人脸图像的修改与合成,并且通过奇分量人脸图像提高双胞胎的人脸识别性能。

(2) 第 3 章的实验指导部分,在不改变利用傅里叶变换进行频谱分析、实现信号自动识别处理这一实验目标的前提下,对输入信号的格式作了一定规范并设定为一个 4 分量正弦复合信号,以便指导老师给不同实验小组指定不同的信号参数。

(3) 第 3 章在 3.6.1 小节增加了一个自然语音去噪处理的例子,以使读者进一步增强对运用傅里叶频谱分析进行实际信号去噪处理的感性认识。

(4) 第 4 章对 4.3.2 小节中切比雪夫滤波器的相关内容进行了重写,给出了完整的滤波器分析与设计过程。另外,在 4.7.1 小节增加了一个滤波器应用的例子"脑电信号自发节律的提取",使读者更好地理解 IIR 滤波器的应用。

(5) 第 5 章在实验指导部分对 FIR 滤波器去噪实验中的输入信号格式进行了规范并设定为一个 3 分量正弦复合信号,以便指导老师给不同实验小组指定不同的信号参数。

(6) 第 6 章增加了 6.5 节"希尔伯特变换",与小波变换一样,作为基础理论之外的一个补充内容,有利于教师根据需要补充教学内容。

在此次新版教材编写中,除笔者外,石霏老师参与了 1.6 节的编写,胡剑凌老师参与了 6.5 节的编写,陈雪勤老师提供了 3.6.1 小节的应用示例,芮贤义老师参与了实验方案的修订。

尽管对原书中存在的一些错误进行了修正,但新版教材仍然难免会出现一些错误,敬请广大读者批评指正。

有关课程网站,请访问 http://kczx. suda. edu. cn,在"课程资源"的"精品课程"中查找。

俞一彪

yuyb@suda. edu. cn

第 2 版前言

本书自 2005 年出版以来得到了广大读者的欢迎,并被很多高校采用为本科教材和研究生入学考试参考教材。此书被评为校精品教材,相应的课程被评为江苏省精品课程。许多阅读过本教材的高校教师都对注重物理概念、工程含义以及理论与实际应用相结合的写作思路给予了肯定,同时,也提出了他们在具体教学中的一些体会和建议。我们在这些年的教学中也有了更多的认识和经验,希望将此书进一步完善。

第 2 版与第 1 版的主要区别有以下五点:

(1) 第 1 章增加了对高维信号的介绍,以利于读者的全面了解;

(2) 第 1 章的线性系统描述部分对差分方程的描述方法进行了补充介绍,分析了差分方程的特征与优越性;

(3) 第 4 章给出了一个完整巴特沃兹滤波器设计举例,使读者有一个完整的 IIR 滤波器设计概念;

(4) 第 1 章至第 5 章都补充了二维图像信号处理的应用举例;

(5) 每章最后都增加一个小结,并对和该章内容相关的一些新理论进行简要介绍。

在调整和补充内容的同时,对原书中存在一些错误也进行了修正,但很有可能仍然存在一些细小的错误,敬请广大读者批评指正。Email: yuyb@suda. edu. cn。

俞一彪

2011 年 5 月

前　　言

随着半导体集成电路和计算机技术的迅速发展,数字信号处理的理论和技术已经应用到社会的各个方面,成为整个数字化技术的基础,"数字信号处理"也成为电子信息、通信、自动控制、机电、生物医学工程等本科专业的必修课程。如何针对本科专业特点,深入浅出地介绍数字信号处理基础理论,透彻地分析其中的物理概念,做到理论联系实际是非常具有挑战性的。

本书是作者在多年"数字信号处理"课程教学的基础上,参考国内外相关文献资料,结合多年教学实践经验编著而成。全书内容包括:离散时间信号与系统;傅立叶变换与频谱分析;离散傅立叶变换与快速算法;无限脉冲响应数字滤波器设计;有限脉冲响应数字滤波器设计;多采样率信号处理与小波变换;离散随机信号处理。数字信号处理理论尽管运用了大量的数学公式,但本书注重公式背后物理概念的分析和描述,强调理论及技术的具体应用。同时,对传统的教科书内容进行了调整,将 Z 变换、有限字长效应等内容进行了合并和简化,对有重要实际应用价值的傅立叶变换与频谱分析进行了突出和详细的介绍,强化了频谱的概念和频谱分析的意义。另外,考虑到数字信号处理理论和应用的最新发展,在传统内容的基础上增加了一些新的内容,以便读者更多地了解实际应用中需要的知识和最新理论。作为一本教材,体系结构应该完整清晰,不应该也不可能包罗万象,因此关于 Matlab 以及 DSP 处理器的内容本书没有介绍,该方面的内容可以通过其他课程或资料来学习。

本书区别于其他一些相关书籍的主要特点如下:

(1) 单独设置第 2 章"傅立叶变换与频谱分析",突出介绍具有重要而且广泛应用价值的傅立叶频谱分析,详细分析介绍了频谱的概念以及频谱分析的应用。

(2) 从第 2 章到第 6 章,每章的最后一节通过一些简化的具体应用实例介绍了该章内容的实际应用,以便读者了解相关理论的实际应用价值,培养运用所学知识处理实际问题的能力。

(3) 第 3 章在介绍离散傅立叶变换之后增加了"短时傅立叶变换分析"一节,使读者增加对实际应用中大量非平稳信号的认识以及掌握相应的短时傅立叶变换分析技术。

（4）第 5 章在 FIR 滤波器的设计部分通过大量例子详细说明了各种设计方法的运用，特别重点介绍了利用凯泽(Kaiser)窗设计各种线性相位 FIR 滤波器的方法。

（5）介绍了目前得到广泛应用的多分辨率信号处理，包括多采样率信号处理和小波变换分析，便于读者了解和掌握一些新的信号处理知识。

（6）考虑到实际应用中所处理的信号一般为随机信号，设置了"离散随机信号处理"一章对随机信号的一些基本特征进行分析和描述，使读者进一步认清实际应用中数字信号处理的具体对象及其特点。

（7）考虑到前期课程"信号与线性系统"一般已对离散信号和系统进行了一定程度的介绍，因此将 Z 变换合并到第 1 章。另外，由于目前计算机和各种微处理器的字长都在 16 位以上，有限字长效应已不像从前那样突出和敏感，因此相应内容不再单独列章，而是分散到相关章节中介绍并着重概念的理解。

（8）第 1~5 章都配有相应的实验指导，实验内容以具体应用实例的抽象形式给出，以巩固课堂教学内容，培养学生观察、分析问题以及运用所学知识解决问题的能力。

本书适合各类高等院校电子信息工程、通信工程、自动控制工程和生物医学工程等本科专业的学生学习，也可以供研究生和相关专业领域的工程师和技术人员参考。本书的参考教学时数可根据具体情况选择以下两种方式：第一种方式是仅讲授前 5 章内容，课堂教学 48 学时，实验 12 学时；第二种方式是讲授全部内容，课堂教学 60 学时，实验 12 学时。教学中应该把重点放在物理概念和工程含义的透彻分析与介绍上，避免变成工程数学课，同时适当安排习题课，加强实验环节。

本书第 2、3、5、6 章，第 4 章的 4.6 节、4.7.2 小节和绪论部分由俞一彪撰写，第 1、4 章由孙兵撰写，第 7 章由吕建平撰写，全书由俞一彪统稿。在写作过程中，东南大学的吴镇扬教授和南京大学的方元副教授对一些具体问题提出了宝贵的建议，研究生何松完成了实验部分的验证工作，袁冬梅、颜祥、戴志强验证了部分习题，在此一并表示诚挚的感谢。

由于作者水平有限，写作时间较短，书中可能存在某些缺陷和错误，敬请广大读者批评指正。E-mail：yuyb@suda.edu.cn。

如果读者需要本书电子版和相关课件，请到以下网址下载：www.sudadz.com。

俞一彪

2005 年 5 月

目　录

绪　　论

自从 20 世纪 60 年代中期 Cooley 和 Tukey 提出快速傅立叶变换算法以来,随着信息科学与计算机技术的不断发展,数字信号处理(DSP：Digital Signal Processing)逐渐成为一门具有丰富研究领域和完整理论体系的新兴学科,在通信、控制、信息处理与人工智能、消费电子、国防军事、医疗等领域得到了广泛的应用,是数字技术、信息技术的基础。

一、信号、系统及信号处理

信号是承载、传输信息的媒介或者物理表示,它随时间或空间的变化而变化,是可测量的。通俗地讲,信号就是消息,而信息是包含在信号或消息中的未知内容。例如,上面这段文字就是信号,而其所表达的意思就是信息。信号可以按照不同的性质进行分类。例如,按照维数可以将语音信号划分为一维信号,而图像信号是二维信号。按照周期特征又可以将信号分为周期信号和非周期信号。但从信号处理的角度,一般将信号分为模拟信号、离散信号和数字信号三大类。

(1) 模拟信号:信号随时间(空间)连续变化,并且幅度值取自连续数据域。自然界中大部分信号是模拟信号。

(2) 离散信号:信号随时间(空间)以一定规律离散变化,幅度值取自连续数据域。自然界中这样的信号很少,一般通过对模拟信号的采样形成。

(3) 数字信号:信号随时间(空间)以一定规律离散变化,并且幅度值取自以二进制编码的离散数据域,一般通过对离散信号进行量化得到。

数字信号处理中,一般通过 A/D(模拟—数字)转换器实现模拟信号 $x(t)$ 的采样,将模拟信号转换成离散信号 $x(n) = x(nT)$,并进一步量化编码形成计算机、DSP 处理器等数字处理系统能接受和处理的数字信号 $x_d(n)$,如图 1 所示。因为模拟信号连续地取值意味着任何一个时间(空间)区域存在无穷多个信号值,不可能被有限容量的存储器所存储,而且模拟信号幅度取值的连续性同样意味着需要无穷个不同的符号来描述信号,对数字处理系统来说这也是不可能的。因此,数字信号处理的前提是处理对象必须是数字信号。

系统是对信号进行某种处理的物理设备,它往往由若干不同功能的子系统构成。系统一般有输入信号,并通过对它进行处理形成输出信号,这种关系使得系统往往可以用一个函数来描述,自变量为输入信号,函数值为输出信号。系统本质上代表了某种处理,一般可以划分为模拟系统、离散系统和数字系统三种形式。

(1) 模拟系统:输入与输出信号都是模拟信号。这种系统一般由硬件来实现。

(2) 离散系统:输入与输出信号都是离散信号。这种系统一般仅仅用于理论分析。

(3) 数字系统:输入与输出信号都是数字信号。例如,计算机、DSP 处理器等系统。

数字信号处理系统并不是孤立的数字系统,一般是以数字处理系统为核心,结合 A/D 和 D/A(数字—模拟)转换器、放大与滤波器等子系统构成,如图 1 所示。

放大器完成对原始信号 $x_a(t)$ 的放大,使其幅度与 A/D 转换器的输入信号范围相匹配。前置低通滤波器将信号中大于 1/2 采样频率的高频分量过滤掉,防止采样时出现频谱混叠现象。采样得到的离散信号 $x(n)$ 在图中用圆圈表示，量化后(图中假设为 3 比特量化)每个离散信号值被数字编码,形成数字信号 $x_d(n)$ 并由 3 位二进制码表示。数字处理系统的输出信号 $y_d(n)$ 经过 D/A 转换形成有跳变的模拟信号 $y(t)$,必须通过平滑滤波器将信号变成平滑的连续信号 $y_a(t)$ 。

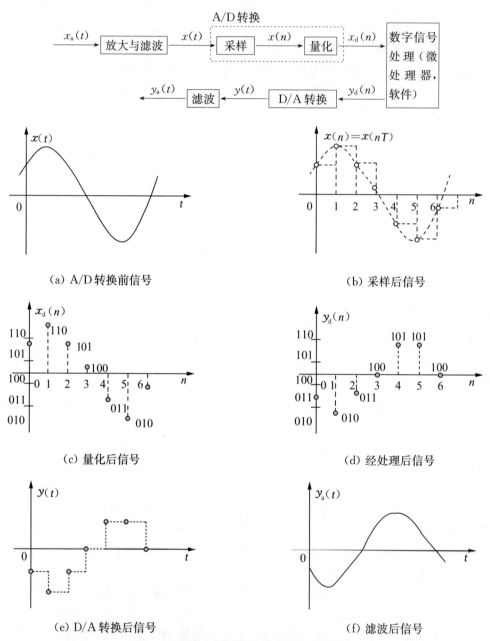

图 1　典型数字信号处理系统及各信号波形

信号处理是对信号进行运算、变换,提取有用信息的过程,处理内容主要包括滤波、变换、频谱分析、压缩、识别与合成等。数字信号处理过程必定涉及数字化处理系统,由数字化处理器或程序完成对数字信号的处理。

二、数字信号处理的特点

如前所述,数字处理系统只能直接处理数字信号,模拟信号必须先转化成数字信号后才能被数字化处理。可是,采样和量化看起来会引起信号一定程度上的失真,从而产生一个问题,即信号的数字化处理值得吗? 答案是肯定的。因为信号本身具有一定的信息冗余,只要采样频率足够高(满足奈奎斯特定理),量化位足够多,采样和量化就不会使信号在时域和频域引起失真,而且数字化处理带来的好处有很多。

(1) 软件可实现:纯粹的模拟信号处理必须完全通过硬件实现,而数字化处理则不仅可以通过微处理器、专用数字器件实现,而且可以通过程序的方式实现。软件可实现特性带来的好处之一是处理系统能进行大规模的复杂处理,而且占用空间极小。

(2) 灵活性强:对模拟信号处理系统进行调试和修改不便,而数字处理系统的系统参数一般保存在寄存器或存储器中,修改这些参数来对系统进行调试非常简单,软件实现时尤其如此。由于数字器件以及软件的特点,数字信号处理系统的复制也非常容易,便于大规模生产。

(3) 可靠性高:模拟器件容易受电磁波、环境温度等因素影响,模拟信号连续变化,稍有干扰立即反映出来。而数字器件是逻辑器件,数字信号由 0 和 1 构成的二进制数表示,一定范围的干扰不会引起数字值的变化,因此数字信号处理系统的抗干扰性能强、可靠性高,数据的保存也能永久稳定。

(4) 精度高:模拟器件的数据表示精度低,难以达到 10^{-3} 以上,而数字信号处理器和数字器件目前可以实现 64 比特的字长,表示数据的精度可以达到 10^{-18} 以上。

数字化处理的最大特点应该是大量复杂的处理都可以用软件来实现,这样的软件可以在计算机上运行,也可以在 DSP 微处理器上运行,因此系统的体积缩小了,可靠性、稳定性提高了,调试和改变系统功能变得方便了。这些就是为什么移动电话等通信电子产品的功能越来越丰富、性能越来越高,而体积越来越小的原因。

三、数字信号处理的应用

数字信号处理是数字通信、数字控制、信息处理与人工智能的技术基础,并在很多领域都得到了广泛的应用,从行业来讲几乎可以涵盖工业、农业、医疗、国防和消费等各个行业。

(1) 数字通信

数字通信中信号的编解码、调制以及抗干扰等方面都采用数字信号处理技术来实现,目前的程控交换机、无线基站和终端、数字广播和接收设备等都广泛采用了数字信号处理技术,并且还能实现保密和隐秘通信。

(2) 数字控制

采用数字信号处理技术的数字控制不仅控制精度高,而且控制手段更加灵活,并能实现复杂的控制。例如,采用 PLC 可编程控制方法可以实现模拟控制无法实现或难于实现的控制,并可方便地实现变速变轨等复杂动作。

(3) 信息处理与人工智能

数字信号处理技术能够使人与机器的语音对话成为可能,让机器识别具体的人和物体,从大量分散的复杂数据中挖掘有意义的数据等。例如,语音与说话人识别系统、雷达目标识别系统、计算机断层扫描成像和地震勘探等。

目前,数字化、信息化已经深入到每一个社会领域,而数字信号处理理论是整个数字化、信息化技术的基础。

1　离散时间信号与系统

■ 模拟信号的采样与量化:奈奎斯特(Nyquist)采样定理
■ 线性系统、移不变系统、稳定系统、因果系统、IIR 系统、FIR 系统
■ 线性卷积与差分方程
■ Z 变换、系统函数

　　离散时间信号在时域离散分布,表现为一个离散时间序列。可以通过对连续时间信号取样获得离散时间信号,并经过量化编码形成数字信号。离散系统对离散时间信号进行处理并输出另一个离散时间信号。

　　本章介绍离散时间信号和系统的表示及基本特性。主要内容包括:(1) 连续时间信号的采样和量化;(2) 离散时间信号的描述和特性分析;(3) 离散时间系统的描述和特性分析;(4) Z 变换。这一章提出了一些重要的概念,例如单位脉冲响应、线性卷积、系统函数和常系数差分方程等。同时,关于系统的介绍部分对各种不同的系统进行了分析,对线性移不变系统、稳定系统、因果系统的定义进行了说明,对无限脉冲响应系统(IIR:Infinite Impulse Response)和有限脉冲响应系统(FIR:Finite Impulse Response)在系统函数和差分方程表示上的特征和区别进行了分析。

1.1　连续时间信号的采样与量化

　　大多数离散时间信号是对连续时间信号的采样。把模拟信号转换为数字形式的过程称为模拟—数字转换(A/D 转换:Analog to Digital Conversion),其相反过程是将数字信号转换成模拟信号,称为数字—模拟转换(D/A 转换:Digital to Analog Conversion)。

1.1.1　连续时间信号的采样

　　采样可以看作对信号进行数字化处理的第一环节。信号的采样由采样器来进行,采样器就像一个电子开关,如图 1.1 所示,$x_a(t)$ 为输入的连续时间信号,$\hat{x}_a(t)$ 为采样后的离散时间信号。

　　对连续时间信号的采样有很多方法,其中最常见的是等间隔采样,即每隔时间 T_s,电子开关闭合一次,闭合持续时间为 $\tau \ll T_s$,则在电子开关的输出端得到对 $x_a(t)$

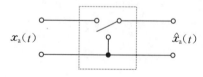

图 1.1　采样电路

的采样信号 $\hat{x}_a(t)$。这种开关的作用等同于乘法器,采样信号 $\hat{x}_a(t)$ 就是 $x_a(t)$ 与开关函数 $p_\tau(t)$(实际采样)相乘或 $x_a(t)$ 与开关函数 $p_\delta(t)$(理想采样)相乘的结果,若 $\tau \approx 0$,则实际采样即为理想采样,如图 1.2 和图 1.3 所示。

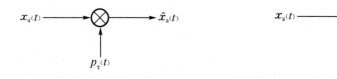

（a）实际采样模型 　　　　　　　　（b）理想采样模型

图 1.2　采样模型

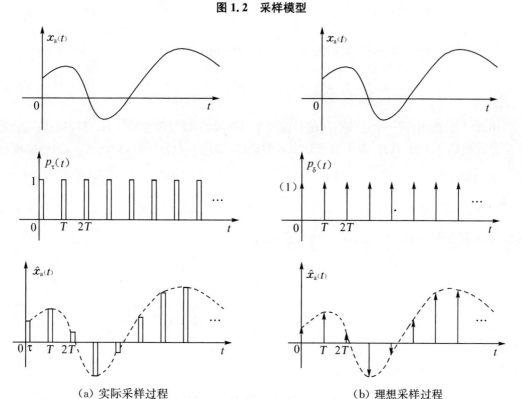

（a）实际采样过程 　　　　　　　　（b）理想采样过程

图 1.3　连续时间信号的采样

下面讨论理想采样的过程,周期性的单位冲激函数 $p_\delta(t)$ 表示为

$$p_\delta(t) = \sum_{n=-\infty}^{\infty} \delta(t-nT_s) \tag{1.1}$$

式中,采样间隔即采样周期为 T_s,采样频率 $f_s = \dfrac{1}{T_s}$,采样角频率 $\Omega_s = \dfrac{2\pi}{T_s}$。则

$$\hat{x}_a(t) = x_a(t)p_\delta(t) = \sum_{n=-\infty}^{\infty} x_a(nT_s)\delta(t-nT_s) \tag{1.2}$$

1.1.2　采样前后频谱的变化

理想采样前后信号的频谱会发生变化。用 FT[·] 表示傅立叶变换,设 $X_a(\mathrm{j}\Omega) = \mathrm{FT}[x_a(t)]$,$P_\delta(\mathrm{j}\Omega) = \mathrm{FT}[p_\delta(t)]$,$\hat{x}_a(\mathrm{j}\Omega) = \mathrm{FT}[\hat{x}_a(t)]$。由于

$$P_\delta(\mathrm{j}\Omega) = \mathrm{FT}[p_\delta(t)] = 2\pi \sum_{n=-\infty}^{\infty} A_n\delta(\mathrm{j}\Omega - \mathrm{j}n\Omega_s) \tag{1.3}$$

其中

$$A_n = \frac{1}{T_s} \int_{-T_s/2}^{T_s/2} \delta(t) e^{-jn\Omega_s t} dt = \frac{1}{T_s} \qquad (1.4)$$

因此

$$P_\delta(j\Omega) = \Omega_s \sum_{n=-\infty}^{\infty} \delta(j\Omega - jn\Omega_s) \qquad (1.5)$$

$$\hat{X}_a(j\Omega) = FT[\hat{x}_a(t)] = FT[x_a(t) \cdot p_\delta(t)] = \frac{1}{2\pi} X_a(j\Omega) * P_\delta(j\Omega)$$

$$= \frac{1}{2\pi} X_a(j\Omega) * \Omega_s \sum_{n=-\infty}^{\infty} \delta(j\Omega - jn\Omega_s)$$

$$= \frac{1}{T_s} \sum_{n=-\infty}^{\infty} X_a(j\Omega - jn\Omega_s) \qquad (1.6)$$

由式(1.6)得出，若一个连续时间信号的频带是有限的，经过理想采样后，其频谱 $\hat{X}_a(j\Omega)$ 是原信号的频谱 $X_a(j\Omega)$ 以 Ω_s 为周期重复出现形成的，如图 1.4(f) 所示，并且 $\hat{X}_a(j\Omega)$ 的幅度是 $X_a(j\Omega)$ 的幅度的 $\frac{1}{T_s}$。

如图 1.4(b) 所示，假设 $x_a(t)$ 是频带有限的信号，且其最高截止频率为 Ω_c，若开关函数 $p_\delta(t)$ 的采样角频率 $\Omega_s \geqslant 2\Omega_c$，在 $|\Omega| \leqslant \frac{\Omega_s}{2}$ 区间

$$\hat{X}_a(j\Omega) = \begin{cases} \frac{1}{T_s} X_a(j\Omega), & |\Omega| < \frac{\Omega_s}{2} \\ 0, & |\Omega| \geqslant \frac{\Omega_s}{2} \end{cases} \qquad (1.7)$$

可以看到 $\hat{X}_a(j\Omega)$ 的频谱是不重叠的。此时如果将 $\hat{X}_a(j\Omega)$ 通过一个带宽为 $\frac{\Omega_s}{2}$，幅度增益为 T_s 的理想低通滤波器，可以得到不失真的原信号 $x_a(t)$ 的频谱，也就是说，可以不失真地还原出原来的信号 $x_a(t)$。

若 $x_a(t)$ 不是频带有限的信号，或者其最高截止频率为 $\Omega_c > \frac{\Omega_s}{2}$，在 $\hat{X}_a(j\Omega)$ 的频谱中，频谱就会互相交叠，这就是频谱的混叠现象，如图 1.4(g) 所示。因此，采样频率的一半，即 $\frac{\Omega_s}{2}$，也称作折叠频率。

综上所述，采样过程的注意点如下：

(1) 对带限的连续时间信号进行等间隔采样形成采样信号，采样信号的频谱是原信号频谱以采样频率为周期进行周期性延拓形成的，用式(1.6)表示。

(2) 奈奎斯特(Nyquist)采样定理：若要从采样后的信号频谱中不失真地恢复原信号，则采样频率 Ω_s 必须大于等于两倍的原信号频谱的最高截止频率 Ω_c，即 $\Omega_s \geqslant 2\Omega_c$ 或 $f_s \geqslant 2f_c$。

由奈奎斯特采样定理得知，在数字信号处理系统中，其输入连续时间信号 $x_a(t)$ 在 A/D 转换前需要经过前置滤波器，其作用是将 $x_a(t)$ 中高于 $\Omega_s/2$ 的频率分量滤除，这样才能避免频谱混叠现象。因为实际应用中不具备理想低通滤波器，所以通常选取采样频率为信号最高频率的三到四倍。

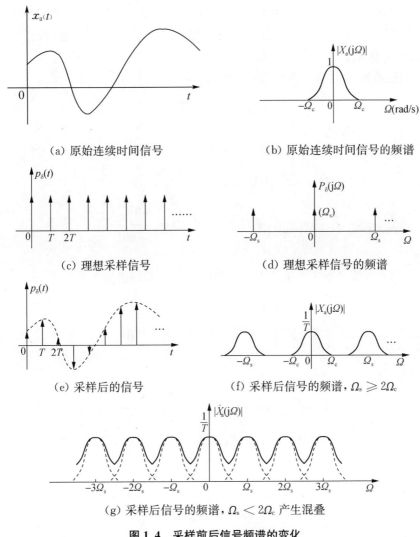

（a）原始连续时间信号　　　　　　（b）原始连续时间信号的频谱

（c）理想采样信号　　　　　　（d）理想采样信号的频谱

（e）采样后的信号　　　　　（f）采样后信号的频谱，$\Omega_s \geqslant 2\Omega_c$

（g）采样后信号的频谱，$\Omega_s < 2\Omega_c$ 产生混叠

图 1.4　采样前后信号频谱的变化

1.1.3　量化

连续时间信号经采样后仅在时间上被离散化,还需将离散的时间信号幅度转换为数字量才能被计算机等数字系统处理,如转换为二进制或十六进制数,这一过程称为量化编码。一个连续时间信号只有经过采样和量化,才能变成数字信号,进行数字信号处理。

量化的示意图见绪论部分。量化在信号幅度上会引起失真,即量化噪声。一般而言,量化比特越多,量化噪声越小,增加 1 个量化比特对应的信噪比（SNR：Signal to Noise Ratio）大约提高 6dB。关于量化的进一步介绍可参考 7.4 节和其他文献。

1.1.4　从采样信号恢复连续时间信号

下面介绍如何从采样信号 $\hat{x}_a(t)$ 恢复连续时间信号 $x_a(t)$。

设连续时间信号 $x_a(t)$ 的频谱是带限的,对其采样满足奈奎斯特采样定理,让采样信号的

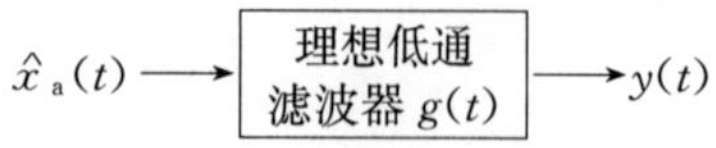

$\hat{x}_a(t) \longrightarrow$ 理想低通 滤波器 $g(t)$ $\longrightarrow y(t)$

图 1.5 采样恢复

频谱 $\hat{X}_a(j\Omega)$ 通过一个幅度增益为 T_s，截止频率为 $\Omega_s/2$ 的理想低通滤波器，可以唯一地恢复原连续时间信号 $x_a(t)$，如图 1.5 所示。

理想低通滤波器 $g(t)$ 的频谱 $G(j\Omega)$ 特性如下：

$$G(j\Omega) = \begin{cases} T_s, & |\Omega| < \dfrac{\Omega_s}{2} \\[2mm] 0, & |\Omega| \geqslant \dfrac{\Omega_s}{2} \end{cases} \tag{1.8}$$

$$g(t) = \text{IFT}[G(j\Omega)]$$

$$= \frac{1}{2\pi} \int_{-\infty}^{\infty} G(j\Omega) \cdot e^{j\Omega t} \, d\Omega = \frac{\sin\left(\dfrac{\Omega_s t}{2}\right)}{\dfrac{\Omega_s t}{2}} \tag{1.9}$$

IFT[·] 表示傅立叶反变换。图 1.5 中系统的响应 $y(t)$ 的频谱为

$$Y(j\Omega) = \hat{X}_a(j\Omega)G(j\Omega) \tag{1.10}$$

其中，输入信号、系统、输出响应信号的频谱关系如图 1.6 所示。

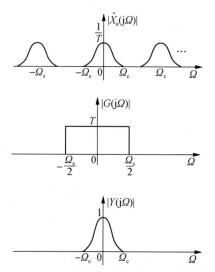

图 1.6 采样后信号的频谱 $\hat{X}_a(j\Omega)$ 通过理想低通滤波器 $G(j\Omega)$

由卷积定理得

$$y(t) = \hat{x}_a(t) * g(t)$$

$$= \left[x_a(t) \cdot \sum_{n=-\infty}^{\infty} \delta(t - nT_s)\right] * g(t)$$

$$= \left[\sum_{n=-\infty}^{\infty} x_a(nT_s) \cdot \delta(t - nT_s)\right] * \frac{\sin\left(\dfrac{\Omega_s t}{2}\right)}{\dfrac{\Omega_s t}{2}}$$

$$= \sum_{n=-\infty}^{\infty} x_{\mathrm{a}}(nT_{\mathrm{s}}) \cdot \frac{\sin \dfrac{\Omega_{\mathrm{s}}(t-nT_{\mathrm{s}})}{2}}{\dfrac{\Omega_{\mathrm{s}}(t-nT_{\mathrm{s}})}{2}} \tag{1.11}$$

其中，$\dfrac{\sin \dfrac{\Omega_{\mathrm{s}}(t-nT_{\mathrm{s}})}{2}}{\dfrac{\Omega_{\mathrm{s}}(t-nT_{\mathrm{s}})}{2}}$ 称为内插函数，式(1.11)称为采样内插公式，表明连续时间函数 $y(t)$

是如何从其采样信号 $\hat{x}_{\mathrm{a}}(t)$ 重构的。内插函数的波形如图 1.7 所示。其特点是：当在 $t=nT_{\mathrm{s}}$

处(图中设 $T_{\mathrm{s}}=1$)，$\dfrac{\sin \dfrac{\Omega_{\mathrm{s}}(t-nT_{\mathrm{s}})}{2}}{\dfrac{\Omega_{\mathrm{s}}(t-nT_{\mathrm{s}})}{2}}=1$；当在 $t=mT_{\mathrm{s}}(m \neq n)$ 处，$\dfrac{\sin \dfrac{\Omega_{\mathrm{s}}(t-nT_{\mathrm{s}})}{2}}{\dfrac{\Omega_{\mathrm{s}}(t-nT_{\mathrm{s}})}{2}}=0$。

这样就保证了在各个采样点上，恢复的 $x_{\mathrm{a}}(t)$ 在该点的值等于原来的 $x_{\mathrm{a}}(t)$ 的值，而在采样点

之间的值等于 $x_{\mathrm{a}}(nT_{\mathrm{s}})$ 乘以对应的内插函数的叠加。由此可见 $\dfrac{\sin \dfrac{\Omega_{\mathrm{s}}(t-nT_{\mathrm{s}})}{2}}{\dfrac{\Omega_{\mathrm{s}}(t-nT_{\mathrm{s}})}{2}}$ 的作用是

在各采样点之间的内插，故称之为内插函数，采样内插恢复如图 1.8 所示。

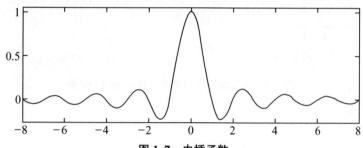

图 1.7　内插函数

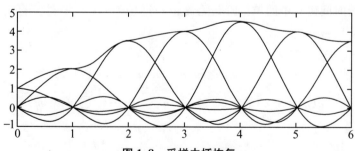

图 1.8　采样内插恢复

　　这种由理想低通滤波器恢复的连续时间信号完全等同于原始连续时间信号 $x_{\mathrm{a}}(t)$，故称为无失真恢复。在实际应用中，理想低通滤波器是不存在的，因此无失真恢复是不可实现的。

1.2 离散时间信号——序列

一般地,离散时间信号是通过周期地采样一个连续时间信号形成的,因此离散时间信号表示为 $x(n)$,n 代表不同时刻,定义为一个整数变量,$x(n)$ 只有在 n 为整数时才有意义,n 不是整数时 $x(n)$ 是没有定义的。

1.2.1 典型序列

(1) 单位脉冲序列 $\delta(n)$

$$\delta(n) = \begin{cases} 1, & n=0 \\ 0, & n\neq 0 \end{cases} \tag{1.12}$$

单位脉冲序列又称单位采样序列,它有别于单位冲激函数 $\delta(t)$,$\delta(t)$ 是在 $t=0$ 处脉冲宽度趋于零,而其幅度值趋于无穷大,但是面积为 1 的信号。单位脉冲序列 $\delta(n)$ 在 $n=0$ 处的值为 1,其余均为零。$\delta(n)$ 在离散信号处理中所起的作用等同于 $\delta(t)$ 在连续时间信号处理中的作用。

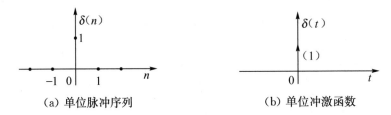

(a) 单位脉冲序列   (b) 单位冲激函数

图 1.9　单位脉冲序列与单位冲激函数的比较

(2) 单位阶跃序列 $u(n)$

$$u(n) = \begin{cases} 1, & n \geqslant 0 \\ 0, & n < 0 \end{cases} \tag{1.13}$$

$u(n)$ 类似于连续时间信号中的单位阶跃函数 $u(t)$,但 $u(t)$ 在 $t=0$ 处没有定义,而 $u(n)$ 在 $n=0$ 处的定义为 1。

$\delta(n)$ 与 $u(n)$ 的关系为

$$\delta(n) = u(n) - u(n-1) \tag{1.14}$$

$$u(n) = \delta(n) + \delta(n-1) + \delta(n-2) + \cdots = \sum_{m=0}^{\infty} \delta(n-m) \tag{1.15}$$

(a) 单位阶跃序列   (b) 单位阶跃函数

图 1.10　单位阶跃序列与单位阶跃函数的比较

(3) 矩形序列 $R_N(n)$

$$R_N(n) = \begin{cases} 1, & 0 \leqslant n \leqslant N-1 \\ 0, & \text{其他} \end{cases} \tag{1.16}$$

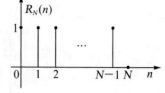

图 1.11 矩形序列

式中，N 称为矩形序列的长度，$R_N(n)$ 可以用 $u(n)$、$\delta(n)$ 来表示：

$$R_N(n) = u(n) - u(n-N) \tag{1.17}$$

$$R_N(n) = \sum_{m=0}^{N-1} \delta(n-m) \tag{1.18}$$

（4）单边实指数序列

$$x(n) = a^n u(n) \tag{1.19}$$

式中，a 为实数。若 $|a| < 1$ 时，序列 $x(n)$ 为收敛的；若 $|a| > 1$ 时，序列 $x(n)$ 为发散的，波形如图 1.12 所示。

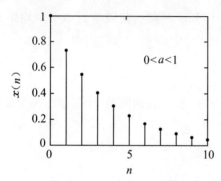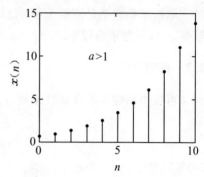

图 1.12 单边实指数序列

（5）复指数序列

$$x(n) = e^{(\sigma + j\omega_0)n} \tag{1.20}$$

式中，σ 为收敛因子，ω_0 称为数字角频率。当 $\sigma \neq 0$ 时，$x(n)$ 写作

$$x(n) = e^{(\sigma + j\omega_0)n} = e^{\sigma n}(\cos \omega_0 n + j\sin \omega_0 n) \tag{1.21}$$

当 $\sigma = 0$ 时，$x(n)$ 写作

$$x(n) = e^{j\omega_0 n} = \cos \omega_0 n + j\sin \omega_0 n \tag{1.22}$$

（6）正弦序列

$$x(n) = A\cos(\omega n + \Phi) \tag{1.23}$$

式中，ω 称为正弦序列的数字角频率，单位是弧度。

若正弦序列是由正弦模拟信号采样得到的，假设正弦模拟信号 $x_a(t) = \cos(\Omega t)$，则对它进行采样得离散信号 $x_a(t)|_{t=nT_s} = \cos(\Omega n T_s)$ 或 $x(n) = \cos(\omega n)$。其中，Ω 为正弦模拟信号的模拟角频率，单位是弧度；T_s 为采样周期，单位是秒。$x_a(t)|_{t=nT_s}$ 与 $x(n)$ 在采样点 nT_s 上的数值相等，因此得到模拟角频率 Ω 与数字角频率 ω 之间的关系为

$$\omega = \Omega T_s \tag{1.24}$$

式(1.24)表示由模拟信号采样得到的序列的模拟角频率 Ω 与序列的数字角频率 ω 呈线性关系，这一关系等式还可由 Z 变换与拉普拉斯变换的关系得到。式(1.24)还可以表示为

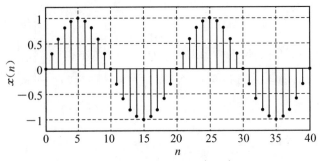

图 1.13 正弦序列 $x(n) = \sin\left(\dfrac{\pi}{10}n\right)$ 的波形

$$\omega = \frac{\Omega}{f_s} \tag{1.25}$$

式(1.25)表示数字角频率是模拟角频率 Ω 对采样频率的归一化频率。本书中均用 Ω 表示模拟角频率,ω 表示数字角频率。

1.2.2 周期序列

序列又可按周期性与非周期性来划分。若对序列 $x(n)$ 的所有 n,都存在一个最小的正整数 N,

$$x(n) = x(n + rN), \qquad r = 0,\ \pm 1, \pm 2, \cdots \tag{1.26}$$

则称 $x(n)$ 是周期序列,N 为基本周期。

首先讨论正弦序列 $x(n)$ 的周期。若

$$x(n) = A \cos(\omega_0 n + \Phi) \tag{1.27}$$

(1) 当 $\dfrac{2\pi}{\omega_0} = K$, K 为整数,则称 $x(n)$ 是周期序列,其基本周期 $N = \dfrac{2\pi}{\omega_0}$。例如,

$x(n) = \sin\left(\dfrac{\pi}{8}n\right)$,基本周期 $N = \dfrac{2\pi}{\omega_0} = 16$,波形如图 1.14 所示。

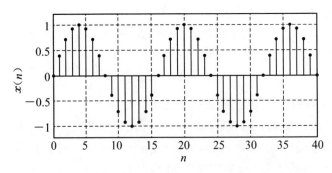

图 1.14 $x(n) = \sin\left(\dfrac{\pi}{8}n\right)$ 的波形

(2) 当 $\dfrac{2\pi}{\omega_0} = \dfrac{P}{Q}$,其中 $\dfrac{P}{Q}$ 为有理数,即 P、Q 为没有公约数的两个整数,则称 $x(n)$ 是周期序列,其基本周期 $N = P$。例如,$x(t) = \sin\left(\dfrac{3\pi}{4}t\right)$, $\dfrac{2\pi}{\omega_0} = \dfrac{8}{3}$,基本周期 $T = \dfrac{8}{3}$,波形如图 1.15

(a)所示。另外，$x(n)=\sin\left(\dfrac{3\pi}{4}n\right)$，$\dfrac{2\pi}{\omega_0}=\dfrac{8}{3}$，基本周期 $N=8$，波形如图 1.15(b)所示。

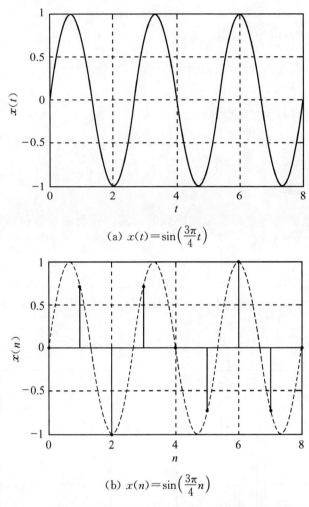

(a) $x(t)=\sin\left(\dfrac{3\pi}{4}t\right)$

(b) $x(n)=\sin\left(\dfrac{3\pi}{4}n\right)$

图 1.15　连续时间正弦信号与离散时间正弦序列的周期比较

(3) 当 $\dfrac{2\pi}{\omega_0}$ 为无理数时，此时 $x(n)$ 不是周期序列。

设复合信号 $y(n)$ 是由离散时间信号 $x_1(n)$ 与 $x_2(n)$ 组成，即 $y(n)=x_1(n)+x_2(n)$。若离散时间信号 $x_1(n)$ 与 $x_2(n)$ 的周期都存在，则复合信号 $y(n)$ 的周期存在，其基本周期为

$$N=\frac{N_1 N_2}{\gcd(N_1,\ N_2)} \tag{1.28}$$

其中，N_1 是周期离散时间信号 $x_1(n)$ 的基本周期，N_2 是周期离散时间信号 $x_2(n)$ 的基本周期，$\gcd(N_1,\ N_2)$ 表示 N_1 与 N_2 的最大公约数。这种情况对于乘积同样成立，即 $y(n)=x_1(n)\cdot x_2(n)$，其周期仍为式(1.28)，但是其基本周期可能小于式(1.28)。

例 1-1　若复合信号 $y(n)=4\sin\left(\dfrac{2n\pi}{5}\right)+2\cos\left(\dfrac{3n\pi}{10}\right)$，求 $y(n)$ 的基本周期。

解　设 $x_1(n)=4\sin\left(\dfrac{2n\pi}{5}\right)$，则

$$\frac{2\pi}{\omega_1}=\frac{2\pi}{\frac{2\pi}{5}}=5, x_1(n) \text{ 的基本周期 } N_1=5。$$

同样设 $x_2(n)=2\cos\left(\frac{3n\pi}{10}\right)$，则

$$\frac{2\pi}{\omega_2}=\frac{2\pi}{\frac{3\pi}{10}}=\frac{20}{3}, x_2(n) \text{ 的基本周期 } N_2=20。$$

所以，复合信号 $y(n)$ 的基本周期为

$$N=\frac{N_1 N_2}{\gcd(N_1, N_2)}=\frac{5\times 20}{5}=20$$

1.2.3 序列的运算

对离散信号与系统的研究都要考虑序列的运算。序列的运算包括移位、翻折、尺度变换、加法、乘法、卷积和差分等。

（1）移位

假设 $n_0>0$，序列 $x(n-n_0)$ 表示序列 $x(n)$（图 1.16(a)）沿时间轴依顺序右移 n_0（图 1.16 (b)）；反之，序列 $x(n+n_0)$ 表示序列 $x(n)$ 沿时间轴依顺序左移 n_0（图 1.16(c)）。

（2）翻折

序列 $x(-n)$（图 1.16(d)）表示序列 $x(n)$ 以纵轴为对称，翻折形成的。

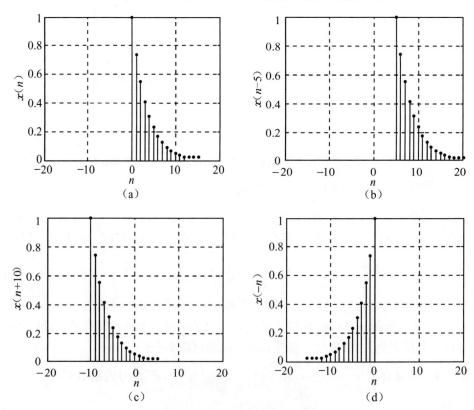

图 1.16 序列的移位与翻折

（3）抽取和插值

假设 M 为整数，序列 $x(Mn)$ 表示序列 $x(n)$ 的抽取，即从 $x(n)$ 中每隔 M 点抽取一个值。序列 $x(n/M)$ 表示序列 $x(n)$ 的插值，即在 $x(n)$ 相邻两点之间插入 $M-1$ 个零值点。例如，序列 $x(n)=(0.75)^n R_N(n)$ 对应的抽取 $x(2n)$ 与插值 $x\left(\dfrac{n}{2}\right)$，如图 1.17 所示。

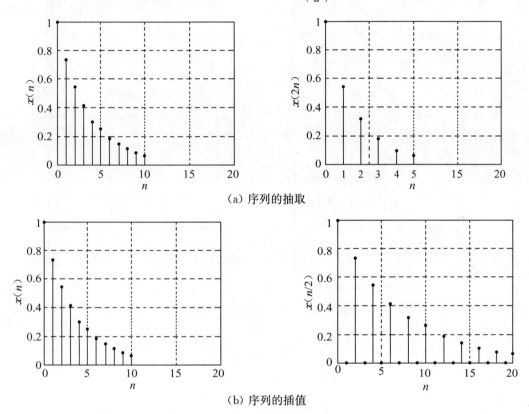

（a）序列的抽取

（b）序列的插值

图 1.17　序列的尺度变换

（4）加法

两个或两个以上序列之和定义如下：

$$y(n)=x_1(n)+x_2(n) \qquad (1.29)$$

序列之和是对序列值逐点对应相加得到的。这里要注意的是对应相加是指同一序号 n 的序列值相加。

（5）乘法

两个或两个以上序列之积定义如下：

$$y(n)=x_1(n) \cdot x_2(n) \qquad (1.30)$$

序列之积是对序列值逐点对应相乘得到的。同样，这里的对应相乘也是指同一序号 n 的序列值相乘。

设有两个序列 $x_1(n)=4\sin\left(\dfrac{\pi}{10}n\right)[u(n+10)-u(n-10)]$ 与 $x_2(n)=8\sin\left(\dfrac{\pi}{30}n\right)[u(n)-u(n-20)]$，则 $y_1(n)=x_1(n)+x_2(n)$ 与 $y_2(n)=x_1(n) \cdot x_2(n)$ 的波形如图 1.18 所示。

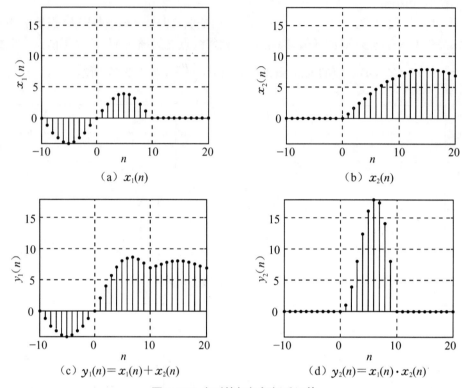

（a） $x_1(n)$ （b） $x_2(n)$

（c） $y_1(n) = x_1(n) + x_2(n)$ （d） $y_2(n) = x_1(n) \cdot x_2(n)$

图 1.18   序列的相加与相乘运算

（6）差分

前向差分：$\qquad\qquad \Delta x(n) = x(n+1) - x(n)$

后向差分：$\qquad\qquad \nabla x(n) = x(n) - x(n-1)$

则 $\qquad\qquad\qquad \nabla x(n) = \Delta x(n-1)$

1.2.4   线性卷积

序列的一个重要运算是线性卷积,它对于线性移不变系统的描述和分析有着重要意义。

假设有序列 $x_1(n)$ 和 $x_2(n)$,线性卷积的定义为

$$y(n) = x_1(n) * x_2(n) = \sum_{m=-\infty}^{\infty} x_1(m) \cdot x_2(n-m) \qquad (1.31)$$

线性卷积也称卷积和,它描述线性移不变离散时间系统的输入激励与输出响应之间的关系。线性卷积符合交换律、分配律和结合律。

交换律：$\qquad\qquad y(n) = x_1(n) * x_2(n) = x_2(n) * x_1(n) \qquad (1.32)$

分配律：$\quad x_1(n) * [x_2(n) + x_3(n)] = x_1(n) * x_2(n) + x_1(n) * x_3(n) \qquad (1.33)$

结合律：$\quad x_1(n) * [x_2(n) * x_3(n)] = [x_1(n) * x_2(n)] * x_3(n) \qquad (1.34)$

下面介绍几种卷积和的求解方法。

例 1 - 2   设输入 $e(n) = \begin{cases} n+1, & 0 \leqslant n \leqslant 2 \\ 0, & 其他 \end{cases}$,$h(n) = \begin{cases} 4, & 0 \leqslant n \leqslant 1 \\ 0, & 其他 \end{cases}$,如图 1.19 所示,

求它们的线性卷积输出信号 $r(n) = e(n) * h(n)$。

（1）卷积和的代数求解方法

代数方法求解卷积和，是从卷积和的定义出发。根据例题的已知条件，求解如下：

$$r(n) = e(n) * h(n)$$
$$= \sum_{m=0}^{2} e(m) \cdot h(n-m)$$

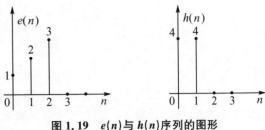

图 1.19　$e(n)$ 与 $h(n)$ 序列的图形

当 $n < 0$ 时，$h(n - m) = 0$，所以 $r(n) = 0$，表示 $e(n)$ 与 $h(n)$ 无非零的交叠项。

当 $n = 0$ 时，$r(0) = e(0) \cdot h(0) + e(1) \cdot h(-1) + e(2) \cdot h(-2) = 1 \times 4 + 2 \times 0 + 3 \times 0 = 4$。

当 $n = 1$ 时，$r(1) = e(0) \cdot h(1) + e(1) \cdot h(0) + e(2) \cdot h(-1) = 1 \times 4 + 2 \times 4 + 3 \times 0 = 12$。

当 $n = 2$ 时，$r(2) = e(0) \cdot h(2) + e(1) \cdot h(1) + e(2) \cdot h(0) = 1 \times 0 + 2 \times 4 + 3 \times 4 = 20$。

当 $n = 3$ 时，$r(3) = e(0) \cdot h(3) + e(1) \cdot h(2) + e(2) \cdot h(1) = 1 \times 0 + 2 \times 0 + 3 \times 4 = 12$。

当 $n \geqslant 4$ 时，$h(n-m) = 0$，所以 $r(n) = 0$，表示 $e(n)$ 与 $h(n)$ 无非零的交叠项。

从解题过程可以看到，卷积和 $r(n)$ 的每一个值都需要一个对应算式，结果由 $e(n)$ 与 $h(n)$ 非零项的相乘、相加计算得到，尤其是当待卷积的序列 $e(n)$ 与 $h(n)$ 的长度增加时，运算比较繁琐。

（2）卷积和的图解方法

离散卷积和的作图求解分为四步：翻折、移位、相乘、累加。

首先将 $h(m)$ 翻折为 $h(-m)$，逐点移位依次得到 $h(1-m)$、$h(2-m)$ 等。经过卷积和图解运算得到 $r(n)$，如图 1.20 和图 1.21 所示。其中"∘"表示 $h(n)$ 与 $e(n)$ 交叠的项。

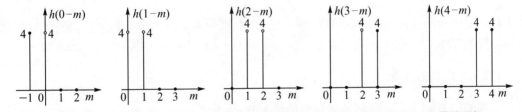

图 1.20　$h(m)$ 翻折、右移 1 位、右移 2 位、右移 3 位、右移 4 位时分别与 $e(n)$ 交叠的图解

从解题过程可以看到，卷积和 $r(n)$ 的每一个值都需要对 $h(-m)$ 作对应的移位图形，并判断与 $e(n)$ 是否有交叠项，再进行计算得到，需要对 $h(-m)$ 作 $N = N_1 + N_2 - 1$ 次移位，其中 N_1 和 N_2 分别为 $h(n)$ 和 $e(n)$ 的长度。

（3）卷积和的时域竖式乘法

当输入激励 $e(n)$ 与系统单位脉冲响应 $h(n)$ 均为有限长序列时，可以用一种特殊的"乘法"快速地计算卷积和，得到系统的输出响应 $r(n)$。具体算法是：将两序列向右依次由低位向高位排列，最高位对齐，乘法运算时不进位，乘积保留在当前位置，排列与运算过程如下：

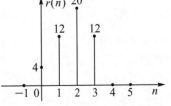

图 1.21　$e(n)$ 与 $h(n)$ 的离散卷积和 $r(n)$

	低位		高位	
输入 $e(n)$:		1	2	3
$h(n)$:	$\times$		4	4
		4	8	12
	+ 4	8	12	
输出 $r(n)$:	4	12	20	12

这种快速算法实质上是将卷积和运算中的翻折、移位、相乘、相加综合在数学算式里,通过简单特殊的乘法运算,完成复杂的卷积和运算。这种算法唯一的不足是不能从算式中确定卷积和的起始位,需要根据卷积和的定义来确定,如例题中的 $r(n)$ 的起始位是 $n=0$。这也说明任何一个快速算法都离不开其理论基础。

1.2.5 序列的分解

(1) 序列分解为奇偶序列

任意序列 $x(n)$ 都可以分解为一个奇序列 $x_o(n)$ 与一个偶序列 $x_e(n)$ 之和,即

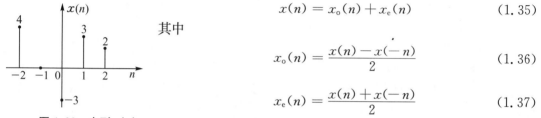

$$x(n) = x_o(n) + x_e(n) \tag{1.35}$$

其中

$$x_o(n) = \frac{x(n) - x(-n)}{2} \tag{1.36}$$

$$x_e(n) = \frac{x(n) + x(-n)}{2} \tag{1.37}$$

图 1.22 序列 $x(n)$

序列奇偶分解处理的应用示例见本章 1.6 节。

(2) 序列分解为单位脉冲序列

任意序列 $x(n)$ 都可以表示为加权移位单位脉冲的和,即

$$x(n) = \sum_{m=-\infty}^{\infty} x(m) \cdot \delta(n-m) \tag{1.38}$$

式中每一项 $x(m) \cdot \delta(n-m)$ 表示在时刻 $n=m$,幅度值为 $x(m)$ 的脉冲信号。例如,设序列 $x(n)$ 如图 1.22 所示,则 $x(n)$ 可以表示为 $x(n) = 4\delta(n+2) - 3\delta(n) + 3\delta(n-1) + 2\delta(n-2)$。

1.2.6 序列的能量

序列的能量 E 定义为序列各采样值的平方和,即

$$E = \sum_{n=-\infty}^{\infty} |x(n)|^2 \tag{1.39}$$

1.2.7 多维序列

前面针对一维离散时间序列的概念及其运算进行了介绍,但对于许多实际问题,特别是动态数据处理来说,由于受各种因素的影响,仅仅考虑一个因素并不能充分揭示相关物理量与被监测物理量之间的关系;同时,在实际工程应用中也存在大量多维特征的复杂时间序列,如静态图像是二维信号、动态图像是三维信号等,因此多维序列处理广泛应用于各个领域。

k 维序列可用 k 个变量的函数表示为 $f(n_1, n_2, n_3, \cdots, n_k)$。对于二维图像信号 $f(x, y)$ 的数字化也是由采样和量化两个步骤来完成的,其中 x 与 y 分别表示图像信号的水平与垂

直分量。如果按矩形格对 $f(x,y)$ 进行采样,样本点水平间隔和垂直间隔分别为 Δx 和 Δy,则采样后的二维序列为 $\{f(m\Delta x,n\Delta y)\}$,其中 $m,n=0,\pm1,\pm2,\cdots$

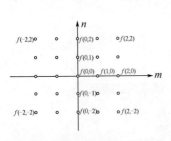

图 1.23　图像信号的二维序列

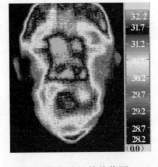

（a）脸部的红外热像图

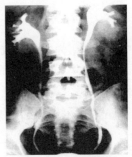

（b）脊柱的 X 光图像

图 1.24　二维图像

图 1.24(a)中,像素 $f(x,y)$ 在图中每一点的值代表该点的温度;图 1.24(b)中,像素 $f(x,y)$ 在图中每一点的值代表该点的强度。因此任何一幅图像都可以用不同点上的点源的线性和来表示,每一个像素相当于图像信号的一个采样值。

1.3　离散时间系统

离散时间系统的输入与输出均为离散时间信号。离散时间系统是一个数学算子,表示为输入序列到输出序列的映射关系,即通过运算把一个输入序列变换成输出序列。一个离散时间系统表示为 $T[\cdot]$,图 1.25 表示输入序列 $x(n)$ 通过离散时间系统变换成输出序列 $y(n)$。

$$x(n) \longrightarrow \boxed{\begin{array}{c}\text{离散时间系统}\\ T[\cdot]\end{array}} \longrightarrow y(n)=T[x(n)]$$

图 1.25　离散时间系统模型

图中输入与输出的关系为

$$y(n) = T[x(n)] \tag{1.40}$$

1.3.1　离散时间系统的类型

下面讨论几种离散时间系统,通过对这些离散时间系统的研究,掌握离散时间系统的特性。

（1）线性系统

线性包含两个方面:齐次性与叠加性,同时满足这两个性质的系统称为线性系统。

① 齐次性　若系统的输入增加 a 倍,则该系统的输出也增加 a 倍,其中 a 为任意常数,即

$$T[ax(n)] = aT[x(n)] = ay(n) \tag{1.41}$$

② 叠加性　若有几个输入同时作用于系统,则系统的输出等效于每一个输入单独作用于该系统所产生输出的累加。

若　　　　　　　$T[x_1(n)] = y_1(n), \qquad T[x_2(n)] = y_2(n)$

则　　　　$T[x_1(n) + x_2(n)] = T[x_1(n)] + T[x_2(n)] = y_1(n) + y_2(n) \tag{1.42}$

线性系统同时具有齐次性和可叠加性。设有激励 $x_1(n)$ 和 $x_2(n)$ 同时作用于同一线性系统，系统的输入与输出表示为

$$T[a_1 x_1(n) + a_2 x_2(n)] = T[a_1 x_1(n)] + T[a_2 x_2(n)] = a_1 y_1(n) + a_2 y_2(n) \qquad (1.43)$$

其中 a_1 与 a_2 为任意常数。

例 1-3 设系统的输入与输出关系为 $y(n) = 2x(n+1) + x(n) + 3$，判断系统是否为线性系统。

解 当系统的输入为 $x_1(n) = cx(n)$（其中 c 为常数）时，该系统的响应为

$$y_1(n) = 2cx(n+1) + cx(n) + 3$$

而线性系统应满足齐次性，即 $cy(n) = c[2x(n+1) + x(n) + 3]$，显然

$$cy(n) \neq y_1(n)$$

所以，该系统不是线性系统。

例 1-4 设系统的输入与输出关系为 $y(n) = 2\sin\left(\dfrac{n\pi}{3}\right)x(n)$，判断系统是否为线性系统。

解 当系统的输入为 $x_1(n) = cx(n)$（其中 c 为常数）时，由差分方程得到该系统的响应为

$$y_1(n) = 2c\sin\left(\dfrac{n\pi}{3}\right)x(n)$$

而线性系统应满足齐次性，即 $cy(n) = c\left[2\sin\left(\dfrac{n\pi}{3}\right)x(n)\right]$，满足

$$cy(n) = y_1(n)$$

说明该系统满足齐次性。下面判断是否满足叠加性。

当系统的输入为 $x_1(n)$ 时，该系统的响应为 $y_1(n) = 2\sin\left(\dfrac{n\pi}{3}\right)x_1(n)$；

当系统的输入为 $x_2(n)$ 时，该系统的响应为 $y_2(n) = 2\sin\left(\dfrac{n\pi}{3}\right)x_2(n)$。

当系统的输入为 $x_3(n) = x_1(n) + x_2(n)$ 时，该系统的响应为 $y_3(n) = 2\sin\left(\dfrac{n\pi}{3}\right)[x_1(n) + x_2(n)]$，显然满足 $y_3(n) = y_1(n) + y_2(n)$，说明该系统满足叠加性。

因此，该系统是线性系统。

（2）移不变系统

在系统中，若输入与输出的运算关系不随时间的变化而改变，这样的系统称为移不变系统，即系统的响应与激励施加于系统的时刻无关。即，若 $T[x(n)] = y(n)$，则移不变系统满足下列条件：

$$T[x(n-n_0)] = y(n-n_0) \qquad (1.44)$$

其中，n_0 为整数。即输入移位 n_0，其输出也移位 n_0，并且其幅值保持不变。在实际应用中，如果一个系统的性质或特征不随时间变化，则该系统就是移不变系统。若系统有一个移变的增益，则此系统一定是移变系统。

例 1-5 判断系统 $y(n) = [x(n)]^2$ 是否为移不变系统。

解 设系统的输入为 $x(n)$，则系统对 $x(n)$ 的响应为

$$y(n) = [x(n)]^2$$

当系统的输入为 $x_1(n) = x(n-n_0)$ 时，则系统的响应为

$$y_1(n) = [x_1(n)]^2 = [x(n-n_0)]^2 = y(n-n_0)$$

显然，输入与输出满足 $T[x(n-n_0)] = y(n-n_0)$ 的关系，说明系统是移不变系统。

例 1-6 判断系统 $y(n) = nx(n)$ 是否为移不变系统。

解 设系统的输入为 $x(n) = \delta(n)$，则系统的响应为

$$y(n) = nx(n) = n\delta(n) = 0$$

当系统的输入为 $x_1(n) = x(n-1) = \delta(n-1)$ 时，则系统的响应为

$$y_1(n) = nx_1(n) = n\delta(n-1) = \delta(n-1)$$

而 $y(n-1) = (n-1)\delta(n-1) \neq y_1(n)$，因此该系统不是移不变系统。

例 1-7 判断系统 $y(n) = x(n) + x(-n)$ 是否为移不变系统。

解 设系统的输入为 $x_1(n) = \delta(n)$，则系统的响应为

$$y_1(n) = x_1(n) + x_1(-n) = \delta(n) + \delta(-n) = 2\delta(n)$$

当系统的输入为 $x_2(n) = \delta(n-1)$，则系统的响应为

$$y_2(n) = x_2(n) + x_2(-n) = \delta(n-1) + \delta(-n-1)$$

而 $y_1(n-1) = 2\delta(n-1)$，显然有 $y_1(n-1) \neq y_2(n)$，因此该系统不是移不变系统。

(3) 线性移不变系统

同时具有线性和移不变性的系统称为线性移不变系统(LSI：Linear Shift Invariant)。当输入序列为 $\delta(n)$ 时，线性移不变系统的响应称为单位脉冲响应 $h(n)$，即

$$T[\delta(n)] = h(n) \tag{1.45}$$

设一个线性移不变系统的输入信号为 $x(n)$，输出信号为 $y(n)$。由式(1.38)可知，输入信号可以分解为加权移位单位脉冲信号的和。因此，可以根据系统的线性和移不变性推导得出系统的输出信号 $y(n)$ 可以用加权移位单位脉冲响应的和来表示，即

$$y(n) = T\left[\sum_{m=-\infty}^{\infty} x(m)\delta(n-m)\right] = \sum_{m=-\infty}^{\infty} x(m)T[\delta(n-m)]$$

$$= \sum_{m=-\infty}^{\infty} x(m)h(n-m) = x(n) * h(n) \tag{1.46}$$

也就是，输出 $y(n)$ 是输入信号 $x(n)$ 和单位脉冲响应 $h(n)$ 的线性卷积和，如图 1.26 所示。

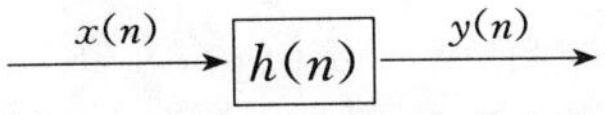

图 1.26 线性移不变系统的数学模型

线性移不变系统可以一定的方式组合，并满足交换律、结合律以及对加法的分配律，图 1.27 是对这些性质的说明。

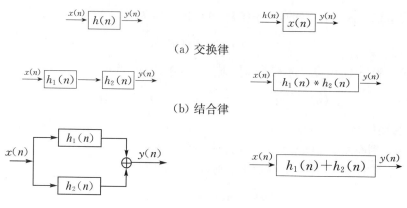

（a）交换律

（b）结合律

（c）分配律

图 1.27　线性卷积在线性移不变系统中的应用

（4）因果系统

一个系统,如果它的当前输出只与它当前和以前的输入有关,即系统在 n_0 时刻的输出 $y(n_0)$ 只取决于输入 $x(n_0),x(n_0-1),x(n_0-2)\cdots$ 这样的系统称为因果系统。如果系统在 n_0 时刻的输出 $y(n_0)$ 还取决于未来的输入 $x(n_0+1),x(n_0+2),x(n_0+3)\cdots$ 则不符合因果关系,因而是非因果系统。非因果系统是不可实现的系统。

线性移不变系统是因果系统的充分必要条件是

$$h(n) \equiv 0, \qquad n < 0 \tag{1.47}$$

或者

$$h(n) = h(n)u(n) \tag{1.48}$$

（5）稳定系统

稳定系统是指有界输入产生有界输出的系统。可以证明,一个线性移不变系统是稳定系统的充分必要条件是

$$\sum_{n=-\infty}^{\infty} |h(n)| < \infty \tag{1.49}$$

即单位脉冲响应绝对可和。因此,因果稳定的线性移不变系统的单位脉冲响应是因果的且是绝对可和的,即

$$\sum_{n=0}^{\infty} |h(n)| < \infty \tag{1.50}$$

1.3.2　离散时间系统的描述

一般地,线性移不变系统用单位脉冲响应表示,除此之外,还可以用差分方程、模拟框图等形式表示。若系统的单位脉冲响应 $h(n)$ 为无限长,即 $n \to \infty$,该系统称为无限脉冲响应系统,也称为 IIR(Infinite Impulse Response)系统;若系统的单位脉冲响应 $h(n)$ 为有限长,即 $0 \leqslant n \leqslant N-1$,该系统称为有限脉冲响应系统,也称为 FIR(Finite Impulse Response)系统。

（1）离散时间系统的常系数线性差分方程

正如连续时间线性移不变系统的输入和输出关系常用常系数线性微分方程表示,离散时间线性移不变系统可以用常系数线性差分方程来描述。差分方程提供了一种对于任意输

入 $x(n)$ 求解系统响应 $y(n)$ 的方法,其一般形式如下:

$$y(n) = \sum_{k=0}^{M} b_k x(n-k) - \sum_{k=1}^{N} a_k y(n-k) \tag{1.51}$$

式(1.51)为 N 阶差分方程,a_k,b_k 均为常系数,该系统的输入为 $x(n)$,输出为 $y(n)$。此式表明当前系统的输出 $y(n)$ 不仅由当前输入 $x(n)$ 及其以前的输入 $x(n-1)$,$\cdots$,$x(n-M)$ 等决定,而且还由以前的输出 $y(n-1)$,$\cdots$,$y(n-N)$,即系统的反馈项所决定,这样的差分方程描述了一个无限脉冲响应系统(IIR)。

若一个系统对应的差分方程可以描述为

$$y(n) = \sum_{k=0}^{M} b_k x(n-k) \tag{1.52}$$

即当前系统的输出 $y(n)$ 仅由当前输入 $x(n)$ 及其以前的输入 $x(n-1)$,$\cdots$,$x(n-M)$ 等决定,与以前的输出 $y(n-1)$,$\cdots$,$y(n-N)$ 无关,同样可以证明,这样的差分方程描述了有限脉冲响应系统(FIR),而且系统单位脉冲响应 $h(n) = \{b_0 \delta(n-0), b_1 \delta(n-1), \cdots, b_M \delta(n-M)\}$。

一个系统的输出 $y(n)$ 是用输入信号 $x(n)$ 和单位脉冲响应 $h(n)$ 的线性卷积表示的。由于 IIR 系统的单位脉冲响应 $h(n)$ 是无限长序列,在实际应用中若通过线性卷积的计算是无法得到系统的输出 $y(n)$ 的。对于 FIR 系统,虽然其单位脉冲响应 $h(n)$ 是有限长序列,但是线性卷积的运算涉及乘法和加法,如 $x(n)$ 的点数为 M,$h(n)$ 的点数为 N,计算 $y(n)$ 需要 $M \times N$ 次乘法及 $M+N-1$ 次加法,在实际应用中采取这种方法计算系统的输出 $y(n)$ 是不可能做到实时处理的。因此采用差分方程可以有效地降低计算复杂度。

式(1.51) 和(1.52)都是对输入信号的一种直接计算,如果已知输入信号 $x(n)$ 以及 a_k、b_k 和 n 时刻以前的 $y(n-k)$(对于式(1.51)),就可以递推出 $y(n)$ 的值。计算差分方程的方法很多,有直接型、级联型、并联型等,不同的算法直接影响到系统的运算误差、运算速度和系统实现的成本等。

(2) 离散时间系统的模拟框图

类似连续时间系统,离散时间系统也可以用模拟框图的形式来描述。描述离散时间系统的模拟框图也是由三个基本运算单元构成:加法器、乘法器和单位延迟器。其中加法器和乘法器的作用分别是表示加法和乘法运算,而单位延迟器的作用是将输入序列延迟一个单位时间,如图 1.28 所示。由式(1.51)可得

图 1.28　单位延迟器

$$y(n) + a_1 y(n-1) + \cdots + a_N y(n-N) = b_0 x(n) + b_1 x(n-1) + \cdots + b_M x(n-M) \tag{1.53}$$

一个 N 阶常系数离散时间系统的模拟框图如图 1.29 所示。

从图 1.29 可以看到,N 阶离散时间系统的模拟框图与 N 阶连续时间系统的模拟框图的结构是一致的,只是离散时间系统的模拟框图中用单位延迟器代替连续时间系统的模拟框图中的单位积分器。

(3) 离散时间系统的单位脉冲响应

设系统的单位脉冲响应为 $h(n)$,对于线性移不变离散时间系统,有

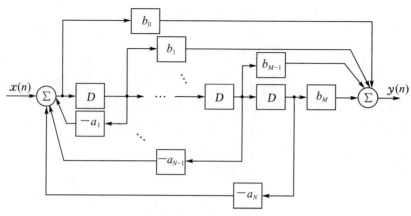

图 1.29 N 阶常系数离散时间系统的模拟框图

$$T[K\delta(n-n_0)] = Kh(n-n_0) \tag{1.54}$$

其中，K、n_0 为常数。下面用递推法计算系统的单位脉冲响应 $h(n)$。

如果描述一个离散时间系统的差分方程为

$$y(n) = x(n) + \frac{1}{2}y(n-1)$$

若系统的输入为 $\delta(n)$，初始条件 $n < 0$ 时，$y(n) = 0$，设系统的单位脉冲响应为 $h(n)$，对上述差分方程有

$$h(n) = \delta(n) + \frac{1}{2}h(n-1)$$

由于该系统的初始条件为零，说明当 $n < 0$ 时，$h(n) = 0$，则

$$h(0) = \delta(0) + \frac{1}{2}h(-1) = 1$$

$$h(1) = \delta(1) + \frac{1}{2}h(0) = \frac{1}{2}$$

$$h(2) = \delta(2) + \frac{1}{2}h(1) = \left(\frac{1}{2}\right)^2$$

$$h(3) = \delta(3) + \frac{1}{2}h(2) = \left(\frac{1}{2}\right)^3$$

$$\vdots$$

显然，依次递推，可以得到

$$h(n) = \begin{cases} \left(\dfrac{1}{2}\right)^n, & n \geqslant 0 \\ 0, & n < 0 \end{cases}$$

1.4 Z 变换

Z 变换在数字信号处理中的作用十分重要，它在离散时间系统分析中的地位等同于拉普拉斯变换在连续时间系统分析中的地位，Z 变换也是一种广义的变换方法。下面将对 Z

变换及其性质进行分析。

1.4.1　Z 变换的定义及其收敛域

（1）Z 变换的定义

序列 $x(n)$ 的 Z 变换定义为

$$X(z) = \sum_{n=-\infty}^{\infty} x(n)z^{-n} \tag{1.55}$$

式中，z 是一个复数变量，定义为

$$z = re^{j\omega} = \mathrm{Re}(z) + j\mathrm{Im}(z) \tag{1.56}$$

z 所在的复平面称为 z 平面。显然式（1.55）是一个无穷级数和，因此 Z 变换存在必须满足的一定条件，也就是 z 的取值必须满足

$$\sum_{n=-\infty}^{\infty} |x(n)z^{-n}| < \infty \tag{1.57}$$

满足式（1.57）条件的所有 z 称为该 Z 变换的收敛域。一般地，如果序列 $x(n)$ 的 Z 变换为 $X(z)$，记作

$$Z[x(n)] = X(z) \quad 或 \quad x(n) \xrightarrow{\ Z\ } X(z)$$

例 1-8　若序列 $x(n) = u(n)$，求序列 $x(n)$ 的 Z 变换。

解　首先根据 Z 变换的定义得出

$$X(z) = \sum_{n=-\infty}^{\infty} x(n)z^{-n} = \sum_{n=0}^{\infty} u(n)z^{-n} = 1 + z^{-1} + z^{-2} + \cdots$$

这是一个关于 z^{-1} 的无穷级数和。当 $|z^{-1}| \geqslant 1$ 时，级数是发散的，只有在 $|z^{-1}| < 1$ 时级数收敛。因此

$$X(z) = 1 + z^{-1} + z^{-2} + \cdots = \frac{1}{1 - z^{-1}} = \frac{z}{z-1}, \qquad |z| > 1$$

由这个例子可以看出，序列 $x(n)$ 的 Z 变换在 z 平面的一定范围内收敛，这个收敛范围 $|z| > 1$ 称为 $Z[u(n)]$ 的收敛域。

（2）Z 变换的收敛域

从 Z 变换的定义可知，在 z 平面上使级数一致收敛的 z 的取值区间称为收敛域。

① 有限长序列

有限长序列分布在时域的有限长的区域，如图 1.30 所示。

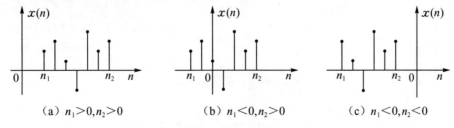

（a）$n_1 > 0, n_2 > 0$　　　（b）$n_1 < 0, n_2 > 0$　　　（c）$n_1 < 0, n_2 < 0$

图 1.30　有限长序列

如果序列 $x(n)$ 是有限长的，则序列 $x(n)$ 的 Z 变换为

$$X(z) = \sum_{n=n_1}^{n_2} x(n)z^{-n} \qquad (1.58)$$

当 $n_1 > 0$, $n_2 > 0$ 时，$X(z)$ 的收敛域为 $0 < |z| \leqslant \infty$，即不包括原点的整个 z 平面。

当 $n_1 < 0$, $n_2 > 0$ 时，$X(z)$ 的收敛域为 $0 < |z| < \infty$，即不包括原点和无穷的整个 z 平面。

当 $n_1 < 0$, $n_2 < 0$ 时，$X(z)$ 的收敛域为 $0 \leqslant |z| < \infty$，即不包括无穷的整个 z 平面。

② 右边序列

右边序列从时域的某个时间点开始一直分布到 $+\infty$，如图 1.31 所示。

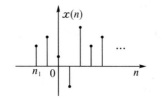 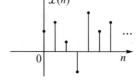

（a）右边序列 　　　　　　　　（b）因果右边序列 $x(n)u(n)$

图 1.31　右边序列

如果序列 $x(n)$ 是右边序列，则序列 $x(n)$ 的 Z 变换为

$$X(z) = \sum_{n=n_1}^{\infty} x(n)z^{-n} \qquad (1.59)$$

判定正项级数收敛的条件是

$$\lim_{n \to \infty} \sqrt[n]{|a_n|} = \rho \qquad (1.60)$$

当 $\rho < 1$ 时正项级数收敛。由式(1.60)得

$$\lim_{n \to \infty} \sqrt[n]{|x(n)z^{-n}|} < 1$$

$$|z| > \lim_{n \to \infty} \sqrt[n]{|x(n)|} = R_{x1} \qquad (1.61)$$

所以，右边序列 $x(n)$ 的 Z 变换的收敛域是 $R_{x1} < |z| < \infty$，如图 1.32 所示。

③ 左边序列

左边序列从时域的 $-\infty$ 开始一直分布到某个时间点，如图 1.33 所示。

如果序列 $x(n)$ 是左边序列，则序列 $x(n)$ 的 Z 变换为

$$X(z) = \sum_{n=-\infty}^{n_2} x(n)z^{-n} \xrightarrow{\text{令}\, n=-m} \sum_{m=-n_2}^{\infty} x(-m)z^{m} = \sum_{n=-n_2}^{\infty} x(-n)z^{n} \qquad (1.62)$$

图 1.32　右边序列 $x(n)$ 的 Z 变换的收敛域 $|z| > R_{x1}$

由式(1.60)得

$$\lim_{n \to \infty} \sqrt[n]{|x(-n)z^{n}|} < 1$$

$$|z| < \lim_{n \to \infty} \frac{1}{\sqrt[n]{|x(-n)|}} = R_{x2} \qquad (1.63)$$

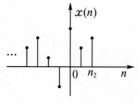
（a）左边序列

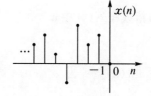
（b）左边因果序列 $x(n)u(-n-1)$

图 1.33　左边序列

所以,左边序列 $x(n)$ 的 Z 变换的收敛域是 $|z| < R_{x2}$,如图 1.34 所示。

④ 双边序列

双边序列在时域的分布范围为 $(-\infty, +\infty)$,如图 1.35 所示。

显然,双边序列可以分解为一个右边序列和一个左边序列的和。如果序列 $x(n)$ 是双边序列,则序列 $x(n)$ 的 Z 变换为

$$X(z) = \sum_{n=-\infty}^{\infty} x(n) z^{-n} \tag{1.64}$$
$$= \underbrace{\sum_{n=-\infty}^{-1} x(n) z^{-n}}_{\text{左边序列}} + \underbrace{\sum_{n=0}^{\infty} x(n) z^{-n}}_{\text{因果序列}}$$

若左边序列的收敛域为 $|z| < R_{x2}$,因果序列的收敛域为 $|z| > R_{x1}$,则

当 $R_{x1} < R_{x2}$ 时,双边序列 $x(n)$ 的 Z 变换存在,收敛域为 $R_{x1} < |z| < R_{x2}$,如图 1.36 所示;

当 $R_{x1} \geqslant R_{x2}$ 时,双边序列 $x(n)$ 的 Z 变换不存在。

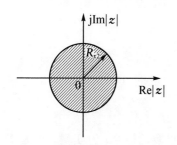

图 1.34　左边序列 $x(n)$ 的 Z 变换的收敛域 $|z| < R_{x2}$

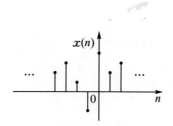

图 1.35　双边序列

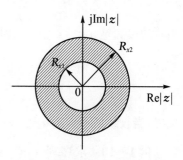

图 1.36　双边序列 $x(n)$ 的 Z 变换的收敛域 $R_{x1} < |z| < R_{x2}$

1.4.2　典型序列的 Z 变换

（1）单位脉冲序列 $\delta(n)$

$$Z[\delta(n)] = \sum_{n=-\infty}^{\infty} \delta(n) z^{-n} = 1 \tag{1.65}$$

收敛域为整个 z 平面。

（2）单位阶跃序列 $u(n)$

$$Z[u(n)] = \sum_{n=-\infty}^{\infty} u(n) z^{-n} = \sum_{n=0}^{\infty} z^{-n} = 1 + z^{-1} + z^{-2} + \cdots = \frac{z}{z-1} \tag{1.66}$$

收敛域为 $|z|>1$。

(3) 单边指数序列(其中 $a>0$)

① $a^n u(n)$

$$Z[a^n u(n)] = \sum_{n=-\infty}^{\infty} a^n u(n) z^{-n} = \sum_{n=0}^{\infty} a^n z^{-n} = 1 + a z^{-1} + a^2 z^{-2} + \cdots = \frac{z}{z-a} \quad (1.67)$$

收敛域为 $|z|>a$。

同理,若 $x(n) = \mathrm{e}^{\mathrm{j}\omega_0 n} u(n)$,则

$$Z[\mathrm{e}^{\mathrm{j}\omega_0 n} u(n)] = \frac{z}{z - \mathrm{e}^{\mathrm{j}\omega_0}} \quad (1.68)$$

收敛域为 $|z|>1$。

② $a^n u(-n-1)$

$$Z[a^n u(-n-1)] = \sum_{n=-\infty}^{\infty} a^n u(-n-1) z^{-n} = \sum_{n=-\infty}^{-1} a^n z^{-n} \xrightarrow{n=-m} \sum_{m=1}^{\infty} a^{-m} z^m$$

$$= a^{-1} z + a^{-2} z^2 + a^{-3} z^3 + \cdots = -\frac{z}{z-a} \quad (1.69)$$

收敛域为 $|z|<a$。

例 1-9 求双边序列 $x(n) = a^{|n|}$ 的 Z 变换,其中 a 为正实数。

解 双边序列 $x(n) = a^{|n|}$ 可以分解为一个左边序列 $a^{-n} u(-n-1)$ 和一个因果序列 $a^n u(n)$,即

$$X(z) = \sum_{n=-\infty}^{\infty} a^{|n|} z^{-n} = \sum_{n=-\infty}^{-1} a^{-n} z^{-n} + \sum_{n=0}^{\infty} a^n z^{-n}$$

当收敛域满足 $a < |z| < \dfrac{1}{a}$ 时,

$$X(z) = \frac{-z}{z - \dfrac{1}{a}} + \frac{z}{z-a}$$

反之,当收敛域不满足 $a < |z| < \dfrac{1}{a}$ 时,则双边序列 $x(n) = a^{|n|}$ 的 Z 变换不存在。

例 1-10 求序列 $x(n) = a^n [u(n) - u(n-N)]$ 的 Z 变换,其中 a 为实数,N 为正整数。

解
$$x(n) = a^n [u(n) - u(n-N)]$$
$$= a^n u(n) - a^N a^{n-N} u(n-N)$$
$$X(z) = \frac{z}{z-a} - a^N z^{-N} \frac{z}{z-a} = \frac{z^N - a^N}{z^{N-1}(z-a)}$$

这是一个因果的有限长序列的 Z 变换。虽然在 $X(z)$ 的结果中 $z=a$ 是极点,但是从分子 $z^N - a^N$ 中可以分解出 $z=a$ 的零点,零极相消,收敛域扩大,所以收敛域为 $|z|>0$。

表 1.1 中列出了常用序列的 Z 变换。

表 1.1 典型序列的 Z 变换及其收敛域 $(a > 0)$

典型序列的 Z 变换	收敛域
$\delta(n) \longleftrightarrow 1$	整个 z 平面
$u(n) \longleftrightarrow \dfrac{z}{z-1}$	$\lvert z \rvert > 1$
$-u(-n-1) \longleftrightarrow \dfrac{z}{z-1}$	$\lvert z \rvert < 1$
$a^n u(n) \longleftrightarrow \dfrac{z}{z-a}$	$\lvert z \rvert > a$
$na^n u(n) \longleftrightarrow \dfrac{az}{(z-a)^2}$	$\lvert z \rvert > a$
$-a^n u(-n-1) \longleftrightarrow \dfrac{z}{z-a}$	$\lvert z \rvert < a$
$\mathrm{e}^{-\mathrm{j}\omega_0 n} u(n) \longleftrightarrow \dfrac{z}{z - \mathrm{e}^{-\mathrm{j}\omega_0}}$	$\lvert z \rvert > 1$
$\cos(\omega_0 n) u(n) \longleftrightarrow \dfrac{1 - z^{-1}\cos\omega_0}{1 - 2z^{-1}\cos\omega_0 + z^{-2}}$	$\lvert z \rvert > 1$
$\sin(\omega_0 n) u(n) \longleftrightarrow \dfrac{z^{-1}\sin\omega_0}{1 - 2z^{-1}\cos\omega_0 + z^{-2}}$	$\lvert z \rvert > 1$
$\lambda^n \cos(\omega_0 n) u(n) \longleftrightarrow \dfrac{1 - \lambda z^{-1}\cos\omega_0}{1 - 2\lambda z^{-1}\cos\omega_0 + \lambda^2 z^{-2}}$	$\lvert z \rvert > \lambda$
$\lambda^n \sin(\omega_0 n) u(n) \longleftrightarrow \dfrac{\lambda z^{-1}\sin\omega_0}{1 - 2\lambda z^{-1}\cos\omega_0 + \lambda^2 z^{-2}}$	$\lvert z \rvert > \lambda$

1.4.3 逆 Z 变换

已知序列的 Z 变换 $X(z)$ 及其收敛域，求序列 $x(n)$ 的过程称为逆 Z 变换或 Z 反变换，表示为 $Z^{-1}[X(z)] = x(n)$ 或 $X(z) \xrightarrow{Z^{-1}} x(n)$。设 $X(z)$ 的收敛域为 $R_{\min} < \lvert z \rvert < R_{\max}$，则相应的逆 Z 变换定义为

$$x(n) = \frac{1}{2\pi\mathrm{j}} \oint_c X(z) z^{n-1} \mathrm{d}z \tag{1.70}$$

其中，围线积分路径 c 是一条在收敛域 $(R_{\min}, R_{\max})$ 内，逆时针方向绕原点的单围线，如图 1.37 所示。

实际上，若采用围线积分计算逆 Z 变换是很繁琐的。通常逆 Z 变换的求解采用以下三种方法。

（1）长除法（幂级数法）

如果 $X(z)$ 的形式比较简单，可以采用分母多项式直接除以分子多项式的长除法来计算序列 $x(n)$。这里需要注意的是，对于右边序列，商应按 z 的降幂次级数排列；对于左边序列，商应按 z 的升幂次级数排列，则序列 $x(n)$ 可以根据商的系数求出。

例 1-11　Z 变换 $X(z) = \dfrac{1}{1 - az^{-1}}$，$\lvert z \rvert > \lvert a \rvert$，求对应信号 $x(n)$。

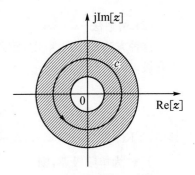

图 1.37　逆 z 变换的围线积分路径 c

解　由于 $|z|>|a|$，说明 $x(n)$ 是右边序列，商应按 z 的降幂次级数排列。运用长除法得

$$
\begin{array}{r}
1+az^{-1}+a^2z^{-2}+\cdots \\
1-az^{-1}\overline{)1} \\
\underline{1-az^{-1}} \\
az^{-1} \\
\underline{az^{-1}-a^2z^{-2}} \\
a^2z^{-2}\ldots
\end{array}
$$

即

$$
X(z)=\frac{1}{1-az^{-1}}=1+az^{-1}+a^2z^{-2}+\cdots
$$

所以

$$
x(n)=a^n u(n)
$$

例 1-12　Z 变换 $X(z)=\dfrac{1}{1-az^{-1}}$，$|z|<|a|$，求对应信号 $x(n)$。

解　由于 $|z|<|a|$，说明 $x(n)$ 是左边序列，商应按 z 的升幂次级数排列。于是

$$
X(z)=\frac{1}{1-az^{-1}}=\frac{z}{-a+z}
$$

运用长除法得

$$
\begin{array}{r}
-a^{-1}z-a^{-2}z^2-\cdots \\
-a+z\overline{)z} \\
\underline{z-a^{-1}z^2} \\
a^{-1}z^2 \\
\underline{a^{-1}z^2-a^{-2}z^3} \\
a^{-2}z^3\ldots
\end{array}
$$

即

$$
X(z)=\frac{1}{1-az^{-1}}=\frac{z}{-a+z}=-a^{-1}z-a^{-2}z^2-\cdots
$$

所以

$$
x(n)=-a^n u(-n-1)
$$

（2）留数法

这种方法基于柯西积分定理。设 $X(z)z^{n-1}$ 在围线积分路径 c 以内的极点是有限的，且所有极点的集合为 $\{z_1,z_2,\cdots,z_k\}$，则根据留数定理，有

$$
x(n)=\frac{1}{2\pi j}\oint_c X(z)z^{n-1}\mathrm{d}z=\sum_i \mathrm{Res}\big[X(z)z^{n-1},z_i\big] \tag{1.71}
$$

其中，$\sum\limits_i \mathrm{Res}\big[X(z)z^{n-1},z_i\big]$ 表示对 $X(z)z^{n-1}$ 在围线积分路径 c 以内所有极点的留数求和。

若 z_i 为单阶极点，则

$$
\mathrm{Res}\big[X(z)z^{n-1},z_i\big]=(z-z_i)X(z)z^{n-1}\big|_{z=z_i} \tag{1.72}
$$

若 z_k 为 N 阶极点，则

$$
\mathrm{Res}\big[X(z)z^{n-1},z_k\big]=\frac{1}{(N-1)!}\frac{\mathrm{d}^{(N-1)}\big[(z-z_i)^N X(z)z^{n-1}\big]}{\mathrm{d}z^{(N-1)}}\bigg|_{z=z_k} \tag{1.73}
$$

例 1 - 13 计算 $X(z) = \dfrac{1}{1 - az^{-1}}$，$|z| > |a|$ 的逆 Z 变换。

解 根据式(1.71)可得

$$x(n) = \frac{1}{2\pi \mathrm{j}} \oint_c X(z) z^{n-1} \mathrm{d}z = \frac{1}{2\pi \mathrm{j}} \oint \frac{z^n}{z - a} \mathrm{d}z$$

其中,围线 c 是半径大于 a 的一个圆。所以,当 $n \geqslant 0$ 时,积分路径仅包含 $z = a$ 的一个极点；当 $n < 0$ 时,积分路径不仅包含 $z = a$ 的一个极点,而且还包含 $z = 0$ 的 n 阶极点,下面分别讨论。

① 当 $n \geqslant 0$ 时,根据式(1.72)可得

$$x(n) = \mathrm{Res}[X(z) z^{n-1}] \big|_{z=a} = a^n$$

② 当 $n < 0$ 时,积分路径不仅包含 $z = a$ 的留数 a^n,还包含 $z = 0$ 的 n 阶极点,由式(1.73)可得

$$\mathrm{Res}[X(z) z^{n-1}, 0] = \frac{1}{(-n-1)!} \frac{\mathrm{d}^{(-n-1)}}{\mathrm{d}z^{(-n-1)}} \left[(z-0)^{-n} \left(\frac{z}{z-a} \right) z^{n-1} \right] \bigg|_{z=0} = -a^n$$

对 $n < 0$ 时的所有极点的留数求和可得

$$x(n) = a^n - a^n = 0$$

所以综合①、② 得

$$x(n) = a^n u(n)$$

从上例可以看到,在 $n < 0$ 时求 $z = 0$ 的多重极点的计算变得很繁琐。

(3) 部分分式展开法

部分分式展开法是把函数 $X(z)$ 展开成部分分式,分别求得各个分式的逆 Z 变换,再将各个序列相加。一般来说序列 $x(n)$ 的 Z 变换通常表示为 z 的有理分式,即

$$X(z) = \frac{\sum\limits_{i=0}^{M} b_i z^{-i}}{1 + \sum\limits_{i=1}^{N} a_i z^{-i}} = \frac{P(z)}{Q(z)} = X_1(z) + X_2(z) + \cdots + X_N(z) \tag{1.74}$$

如果是因果序列,其分母 $Q(z)$ 的阶次不能低于分子 $P(z)$ 的阶次,否则将违背因果律。部分分式展开法是利用 Z 变换的性质和典型序列的 Z 变换形式,将 $X(z)$ 展开成常用的部分分式之和,然后根据收敛域将每个部分分式变换成对应的序列。

设 $X(z)$ 为有理分式,其分母的阶次为 N,分子的阶次为 M,表明 $X(z)$ 中有 N 个极点(单阶)和 M 个零点,$X(z)$ 表示成

$$X(z) = \frac{\sum\limits_{i=0}^{M} b_i z^{-i}}{1 + \sum\limits_{i=1}^{N} a_i z^{-i}} = K z^{N-M} \frac{\prod\limits_{i=1}^{M} (z - c_i)}{\prod\limits_{i=1}^{N} (z - d_i)}, \qquad |z| > \max\{d_1, d_2, \cdots, d_N\}$$

$$\tag{1.75}$$

其中,K 为常系数。

① 若 $N > M$,说明 $X(z)$ 在 $z = 0$ 还有 $(N-M)$ 个零点,则 $X(z)$ 展开为

$$X(z) = \sum_{i=1}^{N} \frac{A_i z}{z - d_i}$$

其中系数

$$A_i = (z - d_i) \frac{X(z)}{z} \Big|_{z = d_i} \tag{1.76}$$

原序列为

$$x(n) = \sum_{i=1}^{N} A_i (d_i)^n u(n) \tag{1.77}$$

② 若 $N < M$，说明 $X(z)$ 在 $z = 0$ 还有 $(M - N)$ 个极点，则 $X(z)$ 展开为

$$X(z) = \sum_{k=0}^{M-N} B_k z^k + \sum_{i=1}^{N} \frac{A_i z}{z - d_i}$$

其中，B_k 是用长除法以分母除以分子得到的，一直除到余因式的阶次低于分母的阶次为止，系数 A_i 的求法同式 (1.76)。则序列

$$x(n) = B_{M-N} \delta(n + M - N) + \cdots + B_1 \delta(n + 1) + B_0 \delta(n) + \sum_{i=1}^{N} A_i (d_i)^n u(n) \tag{1.78}$$

例 1 - 14 求函数 $X(z) = \dfrac{1 + z^{-1}}{1 + 0.2 z^{-1} - 0.24 z^{-2}}$ 的逆 Z 变换。

解
$$X(z) = \frac{1 + z^{-1}}{1 + 0.2 z^{-1} - 0.24 z^{-2}} = \frac{z^2 + z}{(z + 0.6)(z - 0.4)}$$

因此

$$\frac{X(z)}{z} = \frac{A_1}{z + 0.6} + \frac{A_2}{z - 0.4}$$

其中

$$A_1 = (z + 0.6) \frac{X(z)}{z} \Big|_{Z = -0.6} = -0.4$$

$$A_2 = (z - 0.4) \frac{X(z)}{z} \Big|_{z = 0.4} = 1.4$$

所以，部分分式展开为

$$X(z) = \frac{-0.4 z}{z + 0.6} + \frac{1.4 z}{z - 0.4}$$

当收敛域 $|z| > 0.6$ 时，$x(n) = 1.4 \cdot (0.4)^n u(n) - 0.4 \cdot (-0.6)^n u(n)$；
当收敛域 $0.4 < |z| < 0.6$ 时，$x(n) = 1.4 \cdot (0.4)^n u(n) + 0.4 \cdot (-0.6)^n u(-n-1)$；
当收敛域 $|z| < 0.4$ 时，$x(n) = -1.4 \cdot (0.4)^n u(-n-1) + 0.4 \cdot (-0.6)^n u(-n-1)$。

1.4.4 Z 变换的性质

Z 变换是一种线性变换，同样具有很多重要性质，下面逐一讨论。虽然序列存在双边序列和单边序列，但是单边序列和双边序列的性质基本相同，只在某些情况下需要讨论其边界条件，因此我们把单边序列看成双边序列的一个特例。下面我们讨论的性质都是基于双边序列的。

（1）线性特性

若存在 Z 变换

$$Z[x_1(n)] = X_1(z), \qquad R_{1\min} < |z| < R_{1\max}$$
$$Z[x_2(n)] = X_2(z), \qquad R_{2\min} < |z| < R_{2\max}$$

则

$$Z[a_1 x_1(n) + a_2 x_2(n)] = a_1 X_1(z) + a_2 X_2(z) \tag{1.79}$$

其中，a_1、a_2 为常数，收敛域为 $\max(R_{1\min}, R_{2\min}) < |z| < \min(R_{1\max}, R_{2\max})$。

（2）移序特性

若双边序列 $x(n)$ 存在 Z 变换 $Z[x(n)] = X(z)$，则

$$Z[x(n-m)] = z^{-m} X(z) \tag{1.80}$$
$$Z[x(n+m)] = z^m X(z) \tag{1.81}$$

双边序列移位后，其 Z 变换的收敛域不改变。

（3）尺度特性

若存在 $Z[x(n)] = X(z)$，收敛域为 $R_{\min} < |z| < R_{\max}$，则

$$Z[a^n x(n)] = X\left(\frac{z}{a}\right), \qquad \text{收敛域为 } |a| R_{\min} < |z| < |a| R_{\max} \tag{1.82}$$

证明：$\quad Z[a^n x(n)] = \sum\limits_{n=-\infty}^{\infty} a^n x(n) z^{-n} = \sum\limits_{n=-\infty}^{\infty} x(n)\left(\frac{z}{a}\right)^{-n} = X\left(\frac{z}{a}\right)$

（4）翻折特性

若 $Z[x(n)] = X(z)$，收敛域为 $R_{\min} < |z| < R_{\max}$，则

$$Z[x(-n)] = X\left(\frac{1}{z}\right), \qquad \text{收敛域为} \frac{1}{R_{\max}} < |z| < \frac{1}{R_{\min}} \tag{1.83}$$

证明：$\quad Z[x(-n)] = \sum\limits_{n=-\infty}^{\infty} x(-n) z^{-n} \xupdownrightarrow{n=-m} \sum\limits_{m=-\infty}^{\infty} x(m)\left(\frac{1}{z}\right)^{-m} = X\left(\frac{1}{z}\right)$

（5）z 域微分

若存在 $Z[x(n)] = X(z)$，则下式成立，而且收敛域不变：

$$Z[n x(n)] = -z \cdot \frac{\mathrm{d}X(z)}{\mathrm{d}z} \tag{1.84}$$

证明：根据 Z 变换的定义

$$X(z) = \sum\limits_{n=-\infty}^{\infty} x(n) z^{-n}$$

将上式两端同时对 z 微分，有

$$\frac{\mathrm{d}[X(z)]}{\mathrm{d}z} = \sum\limits_{n=-\infty}^{\infty} x(n) \frac{\mathrm{d}(z^{-n})}{\mathrm{d}z} = -z^{-1} \sum\limits_{n=-\infty}^{\infty} n x(n) z^{-n}$$

所以

$$Z[n x(n)] = -z \cdot \frac{\mathrm{d}X(z)}{\mathrm{d}z}$$

由 z 域微分特性可得斜变序列 $nu(n)$ 的 Z 变换为

$$Z[nu(n)] = -z \frac{\mathrm{d}}{\mathrm{d}z}\left[\frac{z}{z-1}\right] = \frac{z}{(z-1)^2}, \qquad |z| > 1 \tag{1.85}$$

同样可得

$$Z[n^m x(n)] = \left(-z\frac{\mathrm{d}}{\mathrm{d}z}\right)^m X(z) \tag{1.86}$$

(6) 卷积定理

若存在 Z 变换

$$Z[x_1(n)] = X_1(z), \qquad R_{1\min} < |z| < R_{1\max}$$
$$Z[x_2(n)] = X_2(z), \qquad R_{2\min} < |z| < R_{2\max}$$

则

$$Z[x_1(n) * x_2(n)] = X_1(z) \cdot X_2(z), \qquad \max(R_{1\min}, R_{2\min}) < |z| < \min(R_{1\max}, R_{2\max}) \tag{1.87}$$

证明:
$$Z[x_1(n) * x_2(n)] = \sum_{n=-\infty}^{\infty}[x_1(n) * x_2(n)]z^{-n}$$
$$= \sum_{n=-\infty}^{\infty}\left[\sum_{m=-\infty}^{\infty}x_1(m)x_2(n-m)\right]z^{-n}$$
$$= \sum_{m=-\infty}^{\infty}x_1(m)\left[\sum_{n=-\infty}^{\infty}x_2(n-m)z^{-n}\right]$$
$$= \left[\sum_{m=-\infty}^{\infty}x_1(m)z^{-m}\right]X_2(z)$$
$$= X_1(z) \cdot X_2(z)$$

收敛域为 $\max(R_{1\min}, R_{2\min}) < |z| < \min(R_{1\max}, R_{2\max})$。这个结论和连续时间系统中的拉普拉斯变换的卷积定理是完全一致的。

例 1-15 已知序列 $x_1(n) = 3^n u(n)$, $x_2(n) = \left(\frac{3}{5}\right)^n u(n)$, 求 $y(n) = x_1(n) * x_2(n)$。

解
$$X_1(z) = Z[x_1(n)] = \frac{z}{z-3}, \qquad |z| > 3$$

$$X_2(z) = Z[x_2(n)] = \frac{z}{z-\frac{3}{5}}, \qquad |z| > \frac{3}{5}$$

根据 Z 变换的卷积性质,有

$$Y(z) = X_1(z) \cdot X_2(z) = \frac{z}{z-3} \cdot \frac{z}{z-\frac{3}{5}} = \frac{\frac{5}{4}z}{z-3} + \frac{-\frac{1}{4}z}{z-\frac{3}{5}}, \qquad |z| > 3$$

因此

$$y(n) = Z^{-1}[Y(z)] = \frac{5}{4}(3)^n u(n) - \frac{1}{4}\left(\frac{3}{5}\right)^n u(n)$$

(7) 序列的乘积(复卷积定理)

若
$$y(n) = x(n)h(n)$$

且
$$X(z) = Z[x(n)], \qquad R_{x\min} < |z| < R_{x\max}$$
$$H(z) = Z[h(n)], \qquad R_{h\min} < |z| < R_{h\max}$$

则
$$Y(z) = \frac{1}{2\pi\mathrm{j}}\oint_c X\left(\frac{z}{v}\right)H(v)v^{-1}\mathrm{d}v, \qquad R_{x\min}R_{h\min} < |z| < R_{x\max}R_{h\max} \tag{1.88}$$

其中,c 是 v 平面上 $X\left(\dfrac{z}{v}\right)$ 与 $H(v)$ 的公共收敛域内环绕原点的一条逆时针旋转的单封闭围线。

证明：
$$Y(z)=Z[y(n)]=Z[x(n)h(n)]=\sum_{n=-\infty}^{\infty}x(n)h(n)z^{-n}$$
$$=\sum_{n=-\infty}^{\infty}x(n)\left[\frac{1}{2\pi\mathrm{j}}\oint_{c}H(v)v^{n-1}\mathrm{d}v\right]z^{-n}$$
$$=\frac{1}{2\pi\mathrm{j}}\sum_{n=-\infty}^{\infty}x(n)\left[\oint_{c}H(v)v^{n}\frac{\mathrm{d}v}{v}\right]z^{-n}$$
$$=\frac{1}{2\pi\mathrm{j}}\left[\oint_{c}H(v)\sum_{n=-\infty}^{\infty}x(n)\left(\frac{z}{v}\right)^{-n}\right]\frac{\mathrm{d}v}{v}$$
$$=\frac{1}{2\pi\mathrm{j}}\oint_{c}H(v)X\left(\frac{z}{v}\right)v^{-1}\mathrm{d}v$$

收敛域为 $R_{x\mathrm{min}}R_{h\mathrm{min}}<|z|<R_{x\mathrm{max}}R_{h\mathrm{max}}$。

（8）帕斯维尔（Parseval）定理

设存在 Z 变换
$$X(z)=Z[x(n)],\qquad R_{x\mathrm{min}}<|z|<R_{x\mathrm{max}}$$
$$H(z)=Z[h(n)],\qquad R_{h\mathrm{min}}<|z|<R_{h\mathrm{max}}$$

并且收敛域存在关系
$$R_{x\mathrm{min}}R_{h\mathrm{min}}<1<R_{x\mathrm{max}}R_{h\mathrm{max}}$$

则
$$\sum_{n=-\infty}^{\infty}x(n)h^{*}(n)=\frac{1}{2\pi\mathrm{j}}\oint_{c}X(v)H^{*}\left(\frac{1}{v^{*}}\right)v^{-1}\mathrm{d}v \tag{1.89}$$

积分闭合围线 c 在 $X(v)$ 和 $H^{*}\left(\dfrac{1}{v^{*}}\right)$ 的公共收敛域内,即
$$\max\left[R_{x\mathrm{min}},\frac{1}{R_{h\mathrm{max}}}\right]<|v|<\min\left[R_{x\mathrm{max}},\frac{1}{R_{h\mathrm{min}}}\right]$$

证明:设 $y(n)=x(n)h^{*}(n)$,因为 $z[h^{*}(n)]=H^{*}(z^{*})$,则有
$$Y(z)=Z[y(n)]=\sum_{n=-\infty}^{\infty}x(n)h^{*}(n)z^{-n}=\frac{1}{2\pi\mathrm{j}}\oint_{c}X(v)H^{*}\left(\frac{z^{*}}{v^{*}}\right)v^{-1}\mathrm{d}v$$
$$R_{x\mathrm{min}}R_{h\mathrm{min}}<|z|<R_{x\mathrm{max}}R_{h\mathrm{max}}$$

假设 $R_{x\mathrm{min}}R_{h\mathrm{min}}<1<R_{x\mathrm{max}}R_{h\mathrm{max}}$ 成立,$Y(z)$ 在单位圆上收敛,则有
$$Y(z)|_{z=1}=\sum_{n=-\infty}^{\infty}x(n)h^{*}(n)=\frac{1}{2\pi\mathrm{j}}\oint_{c}X(v)H^{*}\left(\frac{1}{v^{*}}\right)v^{-1}\mathrm{d}v$$

若 $h(n)$ 是实序列,且 $X(z)$、$H(z)$ 在单位圆上都收敛,则围线 c 可取单位圆,即 $v=\mathrm{e}^{\mathrm{j}\omega}$,则
$$\sum_{n=-\infty}^{\infty}x(n)h^{*}(n)=\frac{1}{2\pi}\int_{-\pi}^{\pi}X(\mathrm{e}^{\mathrm{j}\omega})H^{*}(\mathrm{e}^{\mathrm{j}\omega})\mathrm{d}\omega$$

若 $h(n)=x(n)$,则有
$$\sum_{n=-\infty}^{\infty}|x(n)|^{2}=\frac{1}{2\pi}\int_{-\pi}^{\pi}|X(\mathrm{e}^{\mathrm{j}\omega})|^{2}\mathrm{d}\omega \tag{1.90}$$

式(1.90)说明在时域中求序列的能量与在频域中用频谱密度计算能量是一致的。

1.4.5　Z 变换与拉普拉斯变换的关系

拉普拉斯变换是连续时间信号在复频域的变换方法,是连续时间信号到频谱的一种广义变换;Z 变换是离散时间信号在 z 平面(复平面)的变换方法,也是离散时间信号到频谱的一种广义变换。由于离散时间信号是对连续时间信号采样得到的,因此 Z 变换与拉普拉斯变换之间也具有一定的关系。

设连续时间信号为 $x_a(t)$,经理想采样后得到的信号为 $\hat{x}_a(t)$,它们的拉普拉斯变换分别为

$$X_a(s) = \int_{-\infty}^{\infty} x_a(t) \mathrm{e}^{-st} \, \mathrm{d}t$$

$$\hat{X}_a(s) = \int_{-\infty}^{\infty} \hat{x}_a(t) \mathrm{e}^{-st} \, \mathrm{d}t$$

由于 $\hat{x}_a(t) = \sum\limits_{n=-\infty}^{\infty} x_a(t) \delta(t-nT_s)$,其中 T_s 为理想采样周期,则

$$
\begin{aligned}
\hat{X}_a(s) &= \int_{-\infty}^{\infty} \hat{x}_a(t) \mathrm{e}^{-st} \, \mathrm{d}t = \int_{-\infty}^{\infty} \Big[\sum_{n=-\infty}^{\infty} x_a(t) \delta(t-nT_s) \Big] \mathrm{e}^{-st} \, \mathrm{d}t \\
&= \sum_{n=-\infty}^{\infty} \int_{-\infty}^{\infty} \big[x_a(nT_s) \delta(t-nT_s) \big] \mathrm{e}^{-snT_s} \, \mathrm{d}t \\
&= \sum_{n=-\infty}^{\infty} x_a(nT_s) \mathrm{e}^{-snT_s}
\end{aligned}
\tag{1.91}
$$

序列 $x(n) = x_a(nT_s)$ 的 Z 变换为

$$X(z) = \sum_{n=-\infty}^{\infty} x(n) z^{-n} \tag{1.92}$$

比较式(1.91)与(1.92),当 $z = \mathrm{e}^{sT_s}$ 时,序列 $x(n)$ 的 Z 变换等于信号 $\hat{x}_a(t)$ 的拉普拉斯变换,即

$$X(z)\big|_{z=\mathrm{e}^{sT_s}} = X(\mathrm{e}^{sT_s}) = \hat{X}_a(s) \tag{1.93}$$

由此可见,Z 变换与拉普拉斯变换之间的关系即为复变量 s 到复变量 z 的映射,其映射关系为

$$z = \mathrm{e}^{sT_s} \tag{1.94}$$

由于 s 平面是用直角坐标系来描述,$s = \sigma + \mathrm{j}\Omega$;$z$ 平面是用极坐标系来描述,$z = r\mathrm{e}^{\mathrm{j}\omega}$,分别代入式(1.94)得到

$$r\mathrm{e}^{\mathrm{j}\omega} = \mathrm{e}^{(\sigma+\mathrm{j}\Omega)T_s} \tag{1.95}$$

因此有 $r = \mathrm{e}^{\sigma T_s}$,$\omega = \Omega T_s$。

下面讨论 z 平面的收敛半径 r 与 s 平面的实部 σ 的对应关系,以及 z 平面的相角 w 与 s 平面的虚部 Ω 的对应关系。

(1) $r = \mathrm{e}^{\sigma T_s}$ \hfill (1.96)

$\sigma = 0$(s 平面虚轴)对应于 $r = 1$(z 平面单位圆上);

$\sigma < 0$(s 的左半平面)对应于 $r < 1$(z 平面单位圆内部);

$\sigma > 0$(s 的右半平面)对应于 $r > 1$(z 平面单位圆外部)。其映射关系如图 1.38 所示。

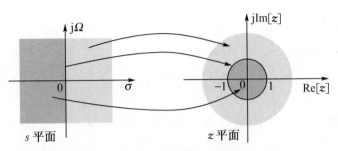

图 1.38　r 与 σ 的对应关系

(2) $\omega = \Omega T_s$ (1.97)

$\Omega = 0$（s 平面实轴）对应于 $\omega = 0$（z 平面正实轴）；

$\Omega = \Omega_0$（常数，s 平面平行于实轴的直线）对应于 $\omega = \Omega_0 T_s$（z 平面上始于原点，辐角为 $\omega = \Omega_0 T_s$ 的辐射线）。

Ω 由 $-\dfrac{\pi}{T_s}$ 变化到 $\dfrac{\pi}{T_s}$ 对应于 ω 由 $-\pi$ 变化到 π，这表明 s 平面上每一条宽度为 $\dfrac{2\pi}{T_s}$ 的水平条带都相当于 z 平面的辐角转一周，即映射到 z 平面的整个平面上。由此可以看出 s 平面的 $j\Omega$ 轴上每增加一个采样角频率 $\Omega_s = \dfrac{2\pi}{T_s}$，$z$ 平面上的 ω 相应增加一个 2π，是 ω 的周期函数。所以 s 平面到 z 平面是多值映射的对应关系，如图 1.39 所示。

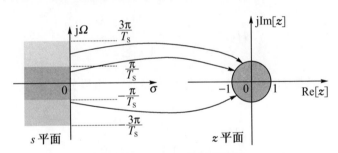

图 1.39　Ω 与 ω 的对应关系

数字角频率 ω 与模拟角频率 Ω 还可以看成 $\omega = \Omega T_s = \dfrac{\Omega}{f_s}$，即数字角频率 ω 是模拟角频率 Ω 对采样频率 f_s 的归一化值。

1.5　离散时间系统的 Z 变换分析法

对连续时间系统可以用时域分析或变换域分析，变换域分析包括傅立叶变换作频域分析和拉普拉斯变换作复频域分析，其中拉普拉斯变换是广义的傅立叶变换。离散时间系统的分析方法有三种：经典法，这种方法比较繁琐，根据系统的差分方程和边界条件，求出系统的特征根和齐次根；递推法，高阶的差分方程的解不易求得；变换域法，这种方法可以将差分方程进行变换，如 Z 变换、离散时间的傅立叶变换（DTFT）等，利用变换性质求得系统的解。

1.5.1 系统函数

线性移不变系统的系统函数 $H(z)$ 定义为

$$H(z) = \sum_{n=-\infty}^{\infty} h(n)z^{-n} \qquad (1.98)$$

由本章前面的分析可知,若线性移不变系统的输入为 $x(n)$,系统的单位脉冲响应为 $h(n)$,则系统的输出为

$$y(n) = x(n) * h(n)$$

根据 Z 变换的卷积和性质,对等式两端做 Z 变换得

$$Y(z) = X(z)H(z)$$

因此,系统函数为

$$H(z) = \frac{Y(z)}{X(z)} \qquad (1.99)$$

设一个线性移不变系统用下列常系数差分方程描述:

$$y(n) = \sum_{k=0}^{M} b_k x(n-k) - \sum_{k=1}^{N} a_k y(n-k)$$

对方程两边求 Z 变换,根据 Z 变换的线性与移序性质可得

$$H(z) = \frac{Y(z)}{X(z)} = \frac{\sum_{k=0}^{M} b_k z^{-k}}{1 + \sum_{k=1}^{N} a_k z^{-k}} \qquad (1.100)$$

由此可见,系统函数 $H(z)$ 的分子、分母均为多项式,可以分解为

$$H(z) = A \frac{\prod_{i=1}^{M}(1 - c_i z^{-1})}{\prod_{i=1}^{N}(1 - d_i z^{-1})} \qquad (1.101)$$

其中,A 为比例因子,$z = c_i$ 为系统的零点,$z = d_i$ 为系统的极点。

若系统函数具有如下形式:

$$H(z) = \sum_{k=0}^{M} b_k z^{-k} \qquad (1.102)$$

该系统只有零点,除原点外没有极点,称为全零点模型,又称为滑动平均(MA:Moving Average)系统。

FIR 系统具有式(1.52)的差分方程,对方程作 Z 变换得

$$Y(z) = \sum_{k=0}^{M} b_k z^{-k} X(z)$$

因此 FIR 系统的系统函数为

$$H(z) = \sum_{k=0}^{M} b_k z^{-k}$$

将上式与式(1.102)比较,可以得出 MA 系统也是 FIR 系统。

若系统函数具有

$$H(z) = \frac{1}{1 + \sum\limits_{k=1}^{N} a_k z^{-k}}$$ (1. 103)

该系统只有极点,除原点外没有零点,称为全极点模型,又称为自回归(AR:Auto-Regressive)系统。

若系统函数具有

$$H(z) = \frac{\sum\limits_{k=0}^{M} b_k z^{-k}}{1 + \sum\limits_{k=1}^{N} a_k z^{-k}}$$ (1. 104)

该系统不仅有零点还有极点,称为零极点模型,又称为自回归滑动平均(ARMA:Auto-Regressive and Moving Average)系统。

由于 IIR 系统具有式(1.51)的差分方程,对方程作 Z 变换,得

$$Y(z) = \sum_{k=0}^{M} b_k z^{-k} X(z) - \sum_{k=1}^{N} a_k z^{-k} Y(z)$$

则系统函数为

$$H(z) = \frac{\sum\limits_{k=0}^{M} b_k z^{-k}}{1 + \sum\limits_{k=1}^{N} a_k z^{-k}}$$

将上式分别与式(1.103)、式(1.104)比较,可以得出 AR 系统、ARMA 系统都属于 IIR 系统。

例 1 - 16　一个离散时间系统的差分方程如下:

$$y(n+2) - 3y(n+1) + 2y(n) = x(n+1) - 2x(n)$$

(1) 试求该系统的系统函数 $H(z)$;

(2) 若 $x(n) = u(n)$,求系统的单位阶跃响应 $y(n)$。

解　(1) 对差分方程 $y(n+2) - 3y(n+1) + 2y(n) = x(n+1) - 2x(n)$ 两边求 Z 变换得

$$(z^2 - 3z + 2)Y(z) = (z - 2)X(z)$$

即

$$Y(z) = \frac{z-2}{z^2 - 3z + 2} X(z)$$

所以,系统函数为

$$H(z) = \frac{Y(z)}{X(z)} = \frac{z-2}{z^2 - 3z + 2}$$

(2) 当激励 $x(n) = u(n)$ 输入时,该输入信号的 Z 变换为

$$x(n) = u(n) \xrightarrow{\ Z\ } X(z) = \frac{z}{z-1}$$

所以

$$Y(z) = \frac{z-2}{z^2 - 3z + 2} \cdot \frac{z}{z-1} = \frac{z}{(z-1)^2}$$

因此,系统的单位阶跃响应为

$$y(n) = nu(n)$$

1.5.2 逆系统

对于一个线性移不变系统,设系统函数为 $H(z)$,其逆系统的系统函数为 $G(z)$。逆系统定义如下:

由式(1.101)得

$$G(z) = \frac{1}{H(z)} \tag{1.105}$$

$$G(z) = A^{-1} \frac{\prod_{i=1}^{N}(1 - d_i z^{-1})}{\prod_{i=1}^{M}(1 - c_i z^{-1})} \tag{1.106}$$

逆系统的收敛域是由 $H(z)$ 和 $G(z)$ 的重叠收敛域确定的。

例 1 - 17　设一个线性移不变系统的系统函数为

$$H(z) = \frac{0.5 - z^{-1}}{1 - 0.8z^{-1}}, \qquad |z| > 0.8$$

求其逆系统的单位脉冲响应 $g(n)$。

解　逆系统的系统函数为

$$G(z) = \frac{1}{H(z)} = \frac{1 - 0.8z^{-1}}{0.5 - z^{-1}} = \frac{2z - 1.6}{z - 2}$$

极点在 $z = 2$ 处。如果 $|z| > 2$,则 $g(n)$ 为右序列;如果 $|z| < 2$,则 $g(n)$ 为左序列。

当 $|z| > 2$ 时,逆系统的单位脉冲响应为

$$g(n) = 2 \cdot (2)^n u(n) - 1.6 \cdot (2)^{n-1} u(n-1)$$

当 $|z| < 2$ 时,逆系统的单位脉冲响应为

$$g(n) = -2 \cdot (2)^n u(-n-1) + 1.6 \cdot (2)^{n-1} u(-n)$$

1.5.3　因果稳定系统的 Z 变换分析

(1) 因果系统

线性移不变系统是因果系统的充分必要条件是当 $n < 0$ 时,$h(n) \equiv 0$。同样,在系统 Z 变换分析中,线性移不变系统是因果系统的充分必要条件是系统函数 $H(z)$ 的收敛域包含 $z = \infty$。

(2) 稳定系统

线性移不变系统是稳定系统的充分必要条件是

$$\sum_{n=-\infty}^{\infty} |h(n)| < \infty$$

假设 $|z| = 1$,则上式可等效于

$$\sum_{n=-\infty}^{\infty} |h(n)| z^{-n} < \infty \tag{1.107}$$

所以在系统 Z 变换分析中,线性移不变系统是稳定系统的充分必要条件是系统函数 $H(z)$ 的收敛域一定包含 $|z|=1$,即单位圆。

(3) 因果稳定系统

在系统 Z 变换分析中,综合因果系统和稳定系统的充分必要条件,线性移不变系统是因果稳定系统的充分必要条件是系统函数 $H(z)$ 的收敛域应包含 $r \leqslant |z| \leqslant \infty, 0 < r < 1$,即 $H(z)$ 的所有极点均在单位圆内。

例 1-18 不进行逆 Z 变换的计算,判断下列系统在不同收敛域下的因果性与稳定性。

$$H(z) = \frac{3 + z^{-1}}{(1 + 0.8z^{-1})(1 - 6z^{-1})}$$

解 系统函数 $H(z)$ 的极点 $z_1 = -0.8$, $z_2 = 6$。

当 $|z| > 6$ 时,该系统的收敛域包含 $|z| = \infty$,是因果系统,但是非稳定系统;

当 $0.8 < |z| < 6$,该系统的收敛域包含 $|z| = 1$,该系统是非因果系统,但是是稳定系统;

当 $|z| < 0.8$,该系统是非因果系统,而且是非稳定系统。

1.5.4 离散时间系统的信号流图描述

如连续时间系统一样,描述离散时间系统的结构可以用模拟框图的形式,也可以用信号流图的形式。在 1.3 节中已讲述了离散时间系统的模拟框图,下面介绍用信号流图来表示离散时间系统的结构。

离散时间系统结构中的三个基本运算单元用信号流图表示如图 1.40 所示。

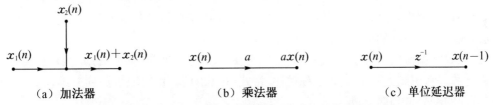

（a）加法器 （b）乘法器 （c）单位延迟器

图 1.40 离散时间系统结构中基本运算单元的信号流图表示

离散时间系统的系统函数可表示为

$$H(z) = \frac{\sum_{k=0}^{M} b_k z^{-k}}{1 + \sum_{k=1}^{N} a_k z^{-k}}$$

系统结构的描述基于如下梅森公式:

$$H = \frac{1}{\Delta} \sum_k G_k \Delta_k \tag{1.108}$$

其中,$\Delta = 1 - \sum_i L_i + \sum_{i,j} L_i L_j - \sum_{i,j,k} L_i L_j L_k + \cdots$;$G_k$ 为正向传输路径的传输值;Δ_k 为与传输值是 G_k 的第 k 条正向传输路径不接触部分的 Δ 值,通常称为第 k 条路径的路径因子。

例 1-19 设一个离散时间系统用差分方程表示为

$$y(n) = b_0 x(n) + b_1 x(n-1) + a_1 y(n-1)$$

则系统的信号流图如图 1.41 所示。

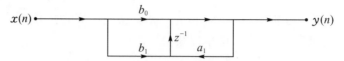

图 1.41　一阶离散时间系统的信号流图

在系统函数保持不变的前提下,系统的结构形式可以进行改变和优化,方法之一是通过信号流图的转置定理来改变。

转置定理:如果将信号流图中的所有支路方向倒向,再将输入与输出位置互换,则其系统函数不变。

对图 1.41 的一阶离散时间系统的信号流图运用转置定理可得到另一种信号流图形式,如图 1.42 所示。

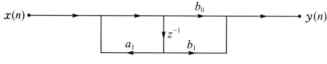

图 1.42　转置后的信号流图

关于 IIR 和 FIR 系统结构的信号流图表示在第 4 章和第 5 章还有详细的介绍。一般来说,由于系统结构分解和组合的多样性,例如级联形式、并联形式等,相应的信号流图表示也可以有多种形式,实际应用中应选择最具稳定性的来实现系统。

1.6　奇偶序列分解的应用

将序列分解为奇序列与偶序列之和这一方法可用于分析信号的对称性、提取信号特征。下面以人脸数字图像的处理为例介绍其应用。

二维数字图像用 $x(n_1,n_2)$ 表示,其中 n_1 表示水平方向变量,即列数;n_2 表示垂直方向变量,即行数。考虑到人脸主要呈左右对称,将式(1.109)和(1.110)扩展到二维,求出图像在水平方向的奇分量和偶分量:

$$x_o(n_1,n_2) = \frac{x(n_1,n_2) - x(-n_1,n_2)}{2} \tag{1.109}$$

$$x_e(n_1,n_2) = \frac{x(n_1,n_2) + x(-n_1,n_2)}{2} \tag{1.110}$$

对图 1.43(a)中的人脸图像进行分解,取鼻梁中心作为对称轴,所得的奇、偶分量图像分别如图 1.43(b)、(c)所示。从图中可以看出两个分量的明显特征:奇分量关于对称轴呈反对称(浅色与深色分别对应正负信号值),而偶分量呈完全镜像对称。

（a）原图像　　　　　（b）奇分量图像　　　　　（c）偶分量图像

图 1.43　人脸图像的奇偶分量分解

1.6.1　人脸图像合成

有科学研究表明,对称的人脸更为美观。因此调整人脸图像中对称的偶分量和反对称的奇分量的比例,可观察到对人脸的美化或丑化作用。合成公式为

$$x(n_1,n_2)=\alpha x_e(n_1,n_2)+(1-\alpha)x_o(n_1,n_2)\tag{1.111}$$

其中,α 为介于 0 和 1 之间的比例因子,α 越接近于 1,偶分量比例越大,合成人脸图像越对称。图 1.44 所示为不同 α 取值下的合成人脸图像效果。可以看出 α 由大至小变化时人脸图像由对称到不对称,由美到丑的变化趋势。

（a）$\alpha=0.8$　　　　（b）$\alpha=0.6$　　　　（c）$\alpha=0.4$　　　　（d）$\alpha=0.2$

图 1.44　通过调整奇偶分量合成人脸图像

实际的人脸图像合成中,仍需对合成后的人脸图像进行伪影去除、对比度调整等后处理,以达到更真实的效果。

1.6.2　双胞胎人脸识别

同卵双胞胎长相非常相似,有时人眼也很难识别,由机器视觉自动识别双胞胎人脸更是人脸识别中的一个难点。而人脸图像的奇分量能反映人脸的细微特征,采用奇分量进行人脸识别有助于提高识别率。

图 1.45(a)为一对双胞胎姐妹的人脸图像,1.45(b)、(c)分别为其对应的奇分量和偶分量图像。用式(1.112)计算图像 A、B 间的归一化距离,以衡量图像间的差异:

$$D=\frac{\sqrt{\sum[A(n_1,n_2)-B(n_1,n_2)]^2}}{\sqrt{\sum A(n_1,n_2)^2+\sum B(n_1,n_2)^2}}\tag{1.112}$$

可得双胞胎人脸的原图像距离 $D=0.1326$,奇分量距离 $D_o=0.8032$,偶分量距离 $D_e=0.1022$。

(a) 双胞胎人脸原图像

(b) 双胞胎人脸奇分量图像　　　(c) 双胞胎人脸偶分量图像

图 1.45　双胞胎人脸图像的奇偶分量分解

从图像和数据都可看出,双胞胎人脸原图像间的差异很小,偶分量图像间的差异更小,而奇分量图像间的差异要远大于前两者,由此说明:人脸奇分量图像间的区分度大于原图像间的区分度,奇分量间距离可作为区分双胞胎人脸的一个有效指标。

除人脸图像处理外,奇偶分量分解也可应用于人体红外图像分析中。因为人体也是一个对称体,通过提取奇分量和偶分量的特征,对人体红外热成像中的不对称区域进行研究,可判断温度异常部位,检测病变。

1.7　本章小结

本章主要介绍连续时间信号的离散化处理及离散时间信号与系统的特点,内容包括:模拟信号的均匀采样,模拟信号可以用其采样唯一表示的严格条件,即 Nyquist 采样定理;离散时间信号与系统的分类、描述及特点;Z 变换及其应用,为离散信号的频谱分析与频谱处理奠定理论基础。

Nyquist 采样定理主要描述的是带限连续时间信号的等间隔采样,对于数据压缩处理这样的应用来说,这种传统的方法会产生大量的冗余采样数据,占用过多的存储和传输资源。2004 年由 Donoho 和 Candes 等人提出了压缩感知理论(Donoho, D. L. Compressed Sensing. IEEE Transactions on Information Theory,2006,52(4):1289-1306),将信号的采样、压缩编码发生在同一个步骤,利用信号的稀疏性,以远低于 Nyquist 采样率的速率对信号进行非自适应的测量编码,实现从少量的非适应性随机测量数据重建原始信号。该方法在超宽带雷达信号获取与高分辨率成像等领域得到了广泛应用。

习　　题

1-1　画出下列序列的示意图。

(1) $x(n) = \begin{cases} 2^n, & n \geqslant 0 \\ n+1, & n < 0 \end{cases}$

(2) $x(n) = 3\delta(n+2) - 0.5\delta(n) + \delta(n-1) + 1.5\delta(n-2)$

(3) $x(n) = R_5(n)$

1-2 已知序列 $x(n)$ 的图形如图 1.46 所示,试画出下列序列的示意图。

(1) $y_1(n) = x(n-4)$ (2) $y_2(n) = x(2n-4)$

(3) $y_3(n) = x(-2n-4)$ (4) $y_4(n) = x\left(\dfrac{n}{2} - 4\right)$

(5) $y_5(n) = x(n)[\delta(n) + \delta(n-4)]$ (6) $y_6(n) = x(2n) * \delta(n-4)$

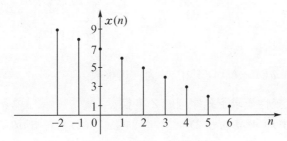

图 1.46 信号 $x(n)$ 的波形

1-3 判断下列序列是否满足周期性? 若满足求其基本周期。

(1) $x(n) = 2\cos\left(\dfrac{n}{5} + \dfrac{\pi}{3}\right)$ (2) $x(n) = 2\cos\left(\dfrac{2\pi n}{5} + \dfrac{\pi}{3}\right)$

(3) $x(n) = \cos\left(\dfrac{2\pi n}{5} + \dfrac{\pi}{3}\right) + \sin\left(\dfrac{3\pi n}{4}\right)$ (4) $x(n) = \dfrac{1}{2} e^{j\frac{\pi}{4}n} \cos\left(\dfrac{2\pi n}{5}\right)$

1-4 判断下列系统是否为线性的? 是否为移不变的?

(1) $y(n) = ax(n) + b$ (2) $y(n) = \sin\left(\dfrac{2\pi n}{3}\right) x(n)$

(3) $y(n) = \log[x(n)]$ (4) $y(n) = \sum\limits_{k=-\infty}^{n} x(k)$

(5) $y(n) = x(-n)$

1-5 判断下列系统是否为因果的? 是否为稳定的?

(1) $h_1(n) = a^n u(n)$,其中 $a > 1$ (2) $h_2(n) = \dfrac{1}{n!} u(-n)$

(3) $h_3(n) = 5\delta(n+1)$ (4) $h_4(n) = (0.5)^n u(-n-1)$

(5) $h_5(n) = (0.5)^n u(n-1)$

1-6 已知线性移不变系统的输入为 $x(n)$,系统的单位脉冲响应为 $h(n)$,试求系统的输出 $y(n)$ 及其示意图。

(1) $x(n) = \delta(n) + \delta(n-1)$,$h(n) = R_5(n)$

(2) $x(n) = R_3(n)$,$h(n) = R_5(n)$

(3) $x(n) = R_3(n-2)$,$h(n) = R_5(n)$

1-7 若采样信号 $m(t)$ 的采样频率为 $f_s = 1\,500$ Hz,下列信号经 $m(t)$ 采样后,哪些信号不失真?

(1) $x_1(t) = 3\cos(800\pi t)$

(2) $x_2(t) = 3\cos(1\,400\pi t)$

(3) $x_3(t) = 2\sin(1\,000\pi t)\cos(2\,000\pi t)$

1-8 已知 $x(t) = \sin(200\pi t)$，采样信号 $m(t)$ 的采样周期为 T_s。

(1) $x(t)$ 的截止模拟角频率 Ω_c 是多少？

(2) 将 $x(t)$ 进行 A/D 采样后，$x(n)$ 的数字角频率 ω 与 $x(t)$ 的模拟角频率 Ω 的关系如何？

(3) 若 $T_s = 0.005$ s，求 $x(n)$ 的数字截止角频率 ω_c。

1-9 计算下列序列的 Z 变换，并标明收敛域。

(1) $\left(\dfrac{1}{4}\right)^n u(n)$ (2) $\left(\dfrac{1}{4}\right)^n u(-n-1)$

(3) $\left(\dfrac{1}{4}\right)^n u(-n)$ (4) $\left(\dfrac{1}{4}\right)^{|n|}$

(5) $\left(\dfrac{1}{4}\right)^n [u(n) - u(n-N)]$，其中 N 为一正整数。

1-10 利用 Z 变换性质求下列序列的 Z 变换。

(1) $\delta(n-2) + 2\delta(n) + 4\delta(n+2)$ (2) $(n-1)u(n-1)$

(3) $2^n u(-n+1)$ (4) $n(2)^{n-1}u(n)$

1-11 利用 Z 变换性质求下列序列的卷积和。

(1) $2^n u(n) * \left(\dfrac{2}{3}\right)^n u(n)$ (2) $2^n u(-n-1) * \left(\dfrac{2}{3}\right)^n u(n)$

(3) $e^{\lambda n} u(n) * nu(n)$ (4) $nu(n) * nu(n)$

(5) $3^n u(n-2) * \left(\dfrac{1}{3}\right)^n u(n-1)$ (6) $4^n u(-n-1) * \left(\dfrac{3}{5}\right)^n u(n-2)$

1-12 序列 $x(n)$ 的自相关序列 $\varphi(n)$ 定义为

$$\varphi(n) = \sum_{m=-\infty}^{\infty} x(m)x(n+m)$$

试用 $x(n)$ 的 Z 变换 $X(z)$ 来表示 $\varphi(n)$ 的 Z 变换。

1-13 求序列 $x(n) = \sum_{m=0}^{+\infty} 2^m u(n-m)$ 的单边 Z 变换 $X(z)$。

1-14 试求下列函数的逆 Z 变换。

(1) $X(z) = \dfrac{1}{1 + \dfrac{1}{3}z^{-1}}$, $|z| > \dfrac{1}{3}$

(2) $X(z) = \dfrac{1 - \dfrac{1}{2}z^{-1}}{1 + \dfrac{3}{4}z^{-1} + \dfrac{1}{8}z^{-2}}$, $|z| > \dfrac{1}{2}$

(3) $X(z) = \dfrac{1 - z^{-1}}{1 + \dfrac{1}{2}z^{-1} + \dfrac{1}{4}z^{-2}}$, $|z| > \dfrac{1}{2}$

(4) $X(z) = 3 + z^{-2} + 4z^{-3}$，整个 Z 平面（除 $z = 0$ 点）

(5) $X(z) = \dfrac{z}{(z^2-1)(z-1)}$, $|z| > 1$

(6) $X(z) = \dfrac{z(z^2 - 4z + 5)}{(z-3)(z-2)(z-1)}$, $2 < |z| < 3$

1-15 已知因果序列 $x(n)$ 的 Z 变换如下,试求该序列的初值 $x(0)$ 及终值 $x(\infty)$。

(1) $X(z) = \dfrac{1 + z^{-1} + z^{-2}}{(1 + z^{-1})(1 - 2z^{-1})}$

(2) $X(z) = \dfrac{z^{-1}}{1 - \dfrac{3}{2}z^{-1} + 0.5z^{-2}}$

(3) $X(z) = \dfrac{1}{(1 - 0.5z^{-1})(1 + 0.5z^{-1})}$

1-16 若存在一离散时间系统的系统函数

$$H(z) = \frac{z(z + 5)}{(z - 3)\left(z - \dfrac{1}{3}\right)}$$

根据下面的收敛域,求系统的单位脉冲响应 $h(n)$,并判断系统是否因果? 是否稳定?

(1) $|z| > 3$　　　(2) $\dfrac{1}{3} < |z| < 3$　　　(3) $|z| < \dfrac{1}{3}$

1-17 一个因果系统由下面的差分方程描述:

$$y(n) + \frac{5}{6}y(n - 1) + \frac{1}{6}y(n - 2) = x(n) + 2x(n - 1)$$

(1) 求系统函数 $H(z)$ 及其收敛域。

(2) 求系统的单位脉冲响应 $h(n)$。

1-18 若当 $n < 0$ 时,$x(n) = 0$;当 $n \geqslant 0$ 时,$x(n) = x(n + N)$,其中 N 为整数。试证明:

$$X(z) = \frac{z^N}{z^N - 1}\sum_{n=0}^{N-1} x(n)z^{-n}, \text{收敛域 } |z| > 1$$

1-19 一系统的系统方程及初始条件分别如下:

$$y(n + 2) - 3y(n + 1) + 2y(n) = x(n + 1) - 3x(n)$$

$$y(0) = y(1) = 1, \qquad x(n) = u(n)$$

(1) 试求零输入响应 $y_{zi}(n)$、零状态响应 $y_{zs}(n)$ 以及全响应 $y(n)$。

(2) 画出系统的模拟框图。

1-20 若线性移不变离散时间系统的单位阶跃响应 $g(n) = \left[\dfrac{4}{3} - \dfrac{3}{7}(0.5)^n + \dfrac{2}{21}(-0.2)^n\right]u(n)$,

(1) 求系统函数 $H(z)$ 和单位脉冲响应 $h(n)$。

(2) 设系统的零状态响应 $y(n) = \dfrac{10}{7}\left[(0.5)^n - (-0.2)^n\right]u(n)$,求输入序列 $x(n)$。

(3) 若已知激励 $x(n) = u(n)$,求系统的稳态响应 $y_s(n)$。

1-21 设连续时间函数 $f(t)$ 的拉普拉斯变换为 $F(s)$,现对 $f(t)$ 以周期 T 进行抽样得到离散时间函数 $f(n)$,试证明 $f(n)$ 的 Z 变换 $F(z)$ 满足:

$$F(z) = \frac{1}{2\pi j}\int_{\sigma - j\infty}^{\sigma + j\infty} \frac{zF(s)}{z - e^{sT}}ds$$

1-22 设序列 $f(n)$ 的自相关序列定义为

$$c(n) = \sum_{m=-\infty}^{\infty} f(m) f(n+m)$$

$f(n) \longleftrightarrow F(z)$，$c(n) \longleftrightarrow C(z)$。试证明：当 z_p 为 $C(z)$ 的一个极点时，$\dfrac{1}{z_p}$ 是 $C(z)$ 的极点。

1-23 研究一个具有如下系统函数的线性移不变因果系统,其中 a 为常数:

$$H(z) = \frac{z^{-1} - a^*}{1 - az^{-1}}$$

（1）求使系统稳定的 a 的取值范围。

（2）在 z 平面上用图解法证明该系统是一个全通系统。

1-24 一离散时间系统如图 1.47 所示,其中 z^{-1} 为单位延时单元,$x(n)$ 为激励,$y(n)$ 为响应。

（1）求系统的差分方程。

（2）写出系统转移函数 $H(z)$ 并画出 z 平面极点分布图。

（3）求系统单位脉冲响应 $h(n)$。

（4）保持 $H(z)$ 不变,画出节省了一个延时单元的系统模拟图。

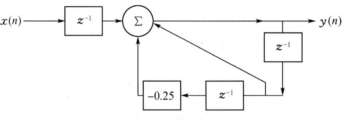

图 1.47　系统框图

1-25 线性移不变离散时间系统的差分方程为

$$y(n) + y(n-1) + Ay(n-2) = 2f(n-1) + f(n-2)$$

（1）求系统函数 $H(z)$。

（2）画出系统的一种模拟框图。

（3）求使系统稳定的 A 的取值范围。

实验　离散时间信号与系统分析

一、实验目的

（1）熟悉 MATLAB 的主要操作命令。

（2）掌握连续时间信号的离散化过程,理解采样定理。

（3）掌握典型离散时间信号的特性。

二、实验内容

对带限的连续时间信号进行等间隔采样形成采样信号,采样信号的频谱是原信号频谱以采样频率为周期进行周期性延拓形成的。

$$\hat{X}_a(j\Omega) = \frac{1}{T_s} \sum_{n=-\infty}^{\infty} X_a(j\Omega - jn\Omega_s)$$

从采样后的频谱中不失真地恢复原信号,则采样频率 Ω_s 必须大于等于两倍的原信号频谱的最高截止频率 Ω_c,即 $\Omega_s \geqslant 2\Omega_c$ 或 $f_s \geqslant 2f_c$,这称为奈奎斯特采样定理。

(1) 用 MATLAB 实现下列序列:

① $x(n) = 0.8^n, 0 \leqslant n \leqslant 15$

② $x(n) = 3\cos(0.125\pi n + 0.2\pi) + 2\sin(0.25\pi n + 0.1\pi), 0 \leqslant n \leqslant 15$

③ $x(n) = \delta(n)$

(2) 序列的翻折与移位:

序列 $x(n) = 0.8^n (0 \leqslant n \leqslant 15)$,分别求 $x(-n)$、$x(n+4)$、$x(n-4)$。

(3) 若有两个序列 $x_1(n) = 4\sin\left(\frac{\pi}{10}n\right)[u(n+10) - u(n-10)]$ 与 $x_2(n) = 8\sin\left(\frac{\pi}{30}n\right)[u(n) - u(n-20)]$。试求:

① 序列的相加 $y_1(n) = x_1(n) + x_2(n)$。

② 序列的相乘 $y_2(n) = x_1(n)x_2(n)$。

(4) 采样:对连续时间信号 $x(t) = \sin\left(\frac{\pi}{10}t\right)$ 以 $f_s = 10\text{Hz}$ 进行采样得到 $x_1(n)$;以 $f_s = 40\text{Hz}$ 进行采样得到 $x_2(n)$。

(5) 恢复:采用抽样内插函数 $h(t) = Sa\left(\frac{\pi}{T_s}t\right)$ (其中 $T_s = \frac{1}{f_s}$)对上述 $x_1(t)$ 与 $x_2(t)$ 分别恢复,并与原信号 $x(t)$ 作比较。

三、思考题

(1) 在 Matlab 命令窗里运行 demo 指令,运行其中的样例程序,体会 Matlab 的强大功能。编辑 Matlab 库函数的要点是什么?

(2) 理想采样和实际采样有何区别? 在实际工程应用中,如何确定采样速率?

(3) 通过实验比较采样速率不同时信号恢复的差异。

四、实验要求

(1) 简述实验目的和原理。

(2) 按实验内容顺序给出实验结果。

(3) 回答思考题。

2 傅立叶变换与频谱分析

■ 离散时间信号的傅立叶变换及其特性
■ 线性移不变系统的频率响应
■ 频谱分析及其应用

这一章介绍信号与系统的频域分析和频域处理的理论与方法。频域是区别于时域的另一种数据域,这里信号以各种正弦谐波的叠加形式表现,有些谐波成分的能量较大,有些则较小。频域分析的目的是获取信号的正弦谐波分布范围以及各谐波的能量大小和延迟信息,从而更加全面地分析信号的特征,为进一步的处理、传输和分类识别等提供基础。

频域分析的主要手段是傅立叶变换。离散时间信号通过傅立叶变换得到的频谱(spectrum)是周期性频谱,是相应连续时间信号频谱的一种周期性延拓,并具有对称性。傅立叶变换得到的频谱是一个复数值,由实部和虚部构成,但一种更常用的形式是用幅度和相位来表示,分别称作幅度谱(magnitude spectrum)和相位谱(phase spectrum)。实际应用中,大部分情况下我们感兴趣的是幅度谱,因为其包含了信号频域的主要特征信息,如频谱峰值和谷点等。另外,为了实时处理非平稳信号,一般会采用短时傅立叶变换。

2.1 离散时间信号的傅立叶变换

离散时间信号通过傅立叶变换得到信号的频域分布,也就是信号的频谱,反映了构成信号的频率成分和大小。

2.1.1 离散时间信号的傅立叶变换的定义

离散时间信号 $x(n)$ 的傅立叶变换的定义如式(2.1)所示,简称为离散时间傅立叶变换(DTFT:Discrete Time Fourier Transform):

$$X(e^{j\omega}) = \sum_{n=-\infty}^{\infty} x(n) e^{-j\omega n} \tag{2.1}$$

这里,ω 称为角频率,其与普通频率 f 和采样频率 f_s 的关系如式(2.2)所示:

$$\omega = \frac{2\pi f}{f_s} \tag{2.2}$$

通过离散时间傅立叶变换,时域信号 $x(n)$ 被转化为频域分布信号 $X(e^{j\omega})$。一般,$X(e^{j\omega})$ 是一个随角频率 ω 变化的复数,并且 ω 分布在 $(-\infty, +\infty)$ 之间。尽管 $x(n)$ 在时域是离散分布的,但 $X(e^{j\omega})$ 却是连续分布的,对任意一个实数域的 ω 都有相应的取值。信号 $x(n)$ 的离散时间傅立叶变换 $X(e^{j\omega})$ 在实际应用中的一个通常叫法是频谱,即一系列随频率而变化的值,反映了信号的频域分布和变化规律。

离散时间傅立叶变换 $X(e^{j\omega})$ 可以表示成式(2.3)的形式或相应的极坐标形式,如式(2.4)所示,它们的关系由式(2.5)和(2.6)表示。

$$X(e^{j\omega}) = \text{Re}[X(e^{j\omega})] + j\text{Im}[X(e^{j\omega})] = X_r(e^{j\omega}) + jX_i(e^{j\omega}) \tag{2.3}$$

$$X(e^{j\omega}) = |X(e^{j\omega})| e^{j\theta_X(\omega)} \tag{2.4}$$

$$|X(e^{j\omega})| = \sqrt{X_r^2(e^{j\omega}) + X_i^2(e^{j\omega})} \tag{2.5}$$

$$\theta_X(\omega) = \tan^{-1}\left[\frac{X_i(e^{j\omega})}{X_r(e^{j\omega})}\right] \tag{2.6}$$

式(2.5)中的 $|X(e^{j\omega})|$ 是信号 $x(n)$ 的频率响应幅度谱,而式(2.6)中的 $\theta_X(\omega)$ 为相位谱。幅度谱的值随频率的变化不会小于零,相位谱的值随频率可以在 $(-\pi, +\pi)$ 之间变化。

例 2 - 1 设一指数离散时间信号 $x(n)$ 如式(2.7)所示:

$$x(n) = \begin{cases} 0.5^n, & n \geqslant 0 \\ 0, & n < 0 \end{cases} \tag{2.7}$$

求其傅立叶变换,并画出 $[-\pi, +\pi]$ 区间的幅度谱和相位谱。

解 运用式(2.1)求 $X(e^{j\omega})$ 得

$$X(e^{j\omega}) = \sum_{n=0}^{\infty} 0.5^n e^{-j\omega n} = \sum_{n=0}^{\infty} (0.5e^{-j\omega})^n \tag{2.8}$$

$$= \frac{1}{1 - 0.5e^{-j\omega}}$$

$$= \frac{1}{1 - 0.5\cos\omega + j0.5\sin\omega}$$

幅度谱为

$$|X(e^{j\omega})| = \frac{1}{\sqrt{(1 - 0.5\cos\omega)^2 + (0.5\sin\omega)^2}} \tag{2.9}$$

$$= \frac{1}{\sqrt{1.25 - \cos\omega}}$$

相位谱为

$$\theta_X(\omega) = \tan^{-1}\left(\frac{0.5\sin\omega}{0.5\cos\omega - 1}\right) \tag{2.10}$$

幅度谱和相位谱随角频率 ω 的变化如图 2.1 和 2.2 所示。

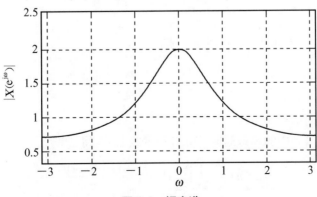

图 2.1 幅度谱

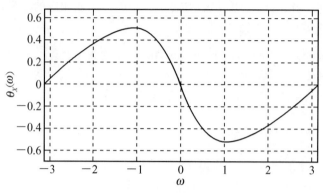

图 2.2 相位谱

2.1.2 离散时间信号的傅立叶反变换

式(2.1)将时域信号转换到频域,如果给定某个信号的离散时间傅立叶变换 $X(\mathrm{e}^{\mathrm{j}\omega})$,则可以通过式(2.11)将其转换到时域,得到相应的离散时间信号 $x(n)$。即

$$x(n) = \frac{1}{2\pi}\int_{-\pi}^{\pi} X(\mathrm{e}^{\mathrm{j}\omega})\mathrm{e}^{\mathrm{j}\omega n}\,\mathrm{d}\omega \tag{2.11}$$

因此,习惯上将式(2.1)称作离散时间傅立叶正变换,而将式(2.11)称作离散时间傅立叶反变换。两者之间的关系可以证明如下:

将式(2.1)的右边代入式(2.11)的右边得到式(2.12):

$$\frac{1}{2\pi}\int_{-\pi}^{\pi} \Big(\sum_{r=-\infty}^{\infty} x(r)\mathrm{e}^{-\mathrm{j}\omega r}\Big)\mathrm{e}^{\mathrm{j}\omega n}\,\mathrm{d}\omega = \frac{1}{2\pi}\sum_{r=-\infty}^{\infty} x(r)\int_{-\pi}^{\pi} \mathrm{e}^{\mathrm{j}\omega(n-r)}\,\mathrm{d}\omega \tag{2.12}$$

显然,当 $n \neq r$ 时,上式中的积分值为零,即

$$\int_{-\pi}^{\pi} \mathrm{e}^{\mathrm{j}\omega(n-r)}\,\mathrm{d}\omega = \frac{1}{\mathrm{j}(n-r)}\Big[\mathrm{e}^{\mathrm{j}\omega(n-r)}\big|_{\omega=\pi} - \mathrm{e}^{\mathrm{j}\omega(n-r)}\big|_{\omega=-\pi}\Big]$$

$$= \frac{2\sin((n-r)\pi)}{(n-r)} = 0 \tag{2.13}$$

仅当 $n = r$ 时,式(2.12)中的积分值为 2π,即

$$\frac{1}{2\pi}\sum_{r=-\infty}^{\infty} x(r)\int_{-\pi}^{\pi} \mathrm{e}^{\mathrm{j}\omega(n-r)}\,\mathrm{d}\omega = \frac{1}{2\pi}x(n)\int_{-\pi}^{\pi}\mathrm{d}\omega = x(n) \tag{2.14}$$

因此,式(2.11)成立。

例 2-2 设一信号的频谱如式(2.15)所示:

$$X(\mathrm{e}^{\mathrm{j}\omega}) = \begin{cases} 1, & -\omega_{\mathrm{c}} \leqslant \omega \leqslant \omega_{\mathrm{c}} \\ 0, & \text{其他} \end{cases} \tag{2.15}$$

求其相应的离散时间信号 $x(n)$。

解 运用式(2.11)中的离散时间傅立叶反变换公式,得

$$x(n) = \frac{1}{2\pi}\int_{-\omega_{\mathrm{c}}}^{\omega_{\mathrm{c}}} \mathrm{e}^{\mathrm{j}\omega n}\,\mathrm{d}\omega = \frac{\sin(\omega_{\mathrm{c}} n)}{\pi n} \tag{2.16}$$

当 $n = 0$ 时,其极大值为 ω_c/π。信号 $x(n)$ 总体表现出振荡衰减特征,并在无穷大处趋向零。

2.1.3 离散时间信号的傅立叶变换与 Z 变换的关系

离散时间信号的傅立叶变换与 Z 变换的关系可以用式(2.17)来表示:

$$X(e^{j\omega}) = X(Z)\big|_{Z=e^{j\omega}} \tag{2.17}$$

上式的含义是,单位圆上的 Z 变换就是离散时间信号的傅立叶变换。当然,上式成立的前提条件是单位圆上存在 Z 变换,而这个条件与离散时间信号的收敛稳定性是一致的。因此,离散时间信号的傅立叶变换存在的条件是信号是收敛的,即

$$\sum_{n=-\infty}^{\infty} |x(n)| < \infty \tag{2.18}$$

2.2 离散时间信号的傅立叶变换的特性

首先,可以看到式(2.1)所表示的离散时间傅立叶变换与连续时间傅立叶变换一样是连续分布的,只是频率由角频率 ω 表示,而不是普通频率 f。离散时间傅立叶变换具有以下四大特性,即对称特性、周期特性、线性特性和卷积特性。

2.2.1 对称特性

所谓对称特性,是指实信号的傅立叶变换 $X(e^{j\omega})$ 的实部和幅度谱是以纵轴对称分布的,而虚部和相位谱是以纵轴反对称分布的。其对称特性公式如下:

$$X_r(e^{j\omega}) = X_r(e^{-j\omega}), \qquad |X(e^{j\omega})| = |X(e^{-j\omega})| \tag{2.19}$$

$$X_i(e^{j\omega}) = -X_i(e^{-j\omega}), \qquad \theta_X(\omega) = -\theta_X(-\omega) \tag{2.20}$$

以上对称特性公式可以很容易从式(2.21)推导得出:

$$X(e^{j\omega}) = \sum_{n=-\infty}^{\infty} x(n)\cos(\omega n) - j\sum_{n=-\infty}^{\infty} x(n)\sin(\omega n) \tag{2.21}$$

从例 2-1 中的幅度谱和相位谱也可以清楚地看到两者的对称特性。当然,从整体上来看,离散时间傅立叶变换是共轭对称的,即具有式(2.22)的特性:

$$X(e^{j\omega}) = X^*(e^{-j\omega}) \tag{2.22}$$

2.2.2 周期特性

离散时间傅立叶变换 $X(e^{j\omega})$ 区别于连续时间傅立叶变换的一个重要特点是其呈现出的周期特性,即随 ω 以一定的周期(2π)连续重复分布。周期特性公式如式(2.23)所示:

$$X(e^{j\omega}) = X(e^{j(\omega \pm 2k\pi)}), \qquad k = 0, 1, 2, \cdots \tag{2.23}$$

由式(2.21)可以清晰地看到,$X(e^{j\omega})$ 实际上是一系列正弦信号的叠加,因此其周期特性不足为奇。从例 2-1 中的幅度谱和相位谱也可以清楚地看到周期特性。

周期特性和对称特性使得实际描述离散时间信号的傅立叶变换或频谱时无须将所有重复部分求出,只需要求出 ω 在 $[0,\pi]$ 内的频谱值就可以了。根据式(2.2),角频率 ω 的分布区间 $[0,\pi]$ 对应频率 f 的分布区间为 $[0,f_s/2]$。这是符合实际的,因为在采样频率符合奈奎斯特定理时,该区间将包含 $x(n)$ 所对应的连续时间信号 $x(t)$ 的所有频谱成分。

2.2.3 线性特性

所谓线性特性,是指离散时间傅立叶变换是一种线性变换,其符合线性叠加原理,即

$$ax_1(n)+bx_2(n) \Leftrightarrow aX_1(e^{j\omega})+bX_2(e^{j\omega}) \tag{2.24}$$

证明:设 $x_1(n)$ 和 $x_2(n)$ 的 DTFT 分别是 $X_1(e^{j\omega})$ 和 $X_2(e^{j\omega})$,则根据 DTFT 的变换公式, $ax_1(n)+bx_2(n)$ 的离散傅立叶变换如式(2.25)所示:

$$\sum_{n=-\infty}^{\infty}[ax_1(n)+bx_2(n)]e^{-j\omega n} = \sum_{n=-\infty}^{\infty}ax_1(n)e^{-j\omega n}+\sum_{n=-\infty}^{\infty}bx_2(n)e^{-j\omega n}$$
$$=aX_1(e^{j\omega})+bX_2(e^{j\omega}) \tag{2.25}$$

因此,式(2.24)成立。

2.2.4 卷积特性

离散时间傅立叶变换的卷积特性也是非常重要的一个特性。这一特性说明时域上两个离散时间信号线性卷积的傅立叶变换是每个信号的傅立叶变换的乘积,而时域上两个离散时间信号乘积的傅立叶变换是每个信号的傅立叶变换的线性卷积。

$$x_1(n) * x_2(n) \Leftrightarrow X_1(e^{j\omega})X_2(e^{j\omega}) \tag{2.26}$$

$$x_1(n)x_2(n) \Leftrightarrow \frac{1}{2\pi}X_1(e^{j\omega}) * X_2(e^{j\omega}) \tag{2.27}$$

以下对式(2.26)的特性进行证明,式(2.27)的证明是相似的。

设 $x(n)=x_1(n) * x_2(n)$,对两边求傅立叶变换得

$$X(e^{j\omega}) = \sum_{n=-\infty}^{\infty}[x_1(n) * x_2(n)]e^{-j\omega n} = \sum_{n=-\infty}^{\infty}\left[\sum_{k=-\infty}^{\infty}x_1(k)x_2(n-k)\right]e^{-j\omega n}$$
$$= \sum_{k=-\infty}^{\infty}x_1(k)\left[\sum_{n=-\infty}^{\infty}x_2(n-k)e^{-j\omega n}\right] \tag{2.28}$$

令 $n-k=m$,上式成为

$$X(e^{j\omega}) = \sum_{k=-\infty}^{\infty}x_1(k)\left[\sum_{m=-\infty}^{\infty}x_2(m)e^{-j\omega m}e^{-j\omega k}\right]$$
$$= \sum_{k=-\infty}^{\infty}x_1(k)e^{-j\omega k}\left[\sum_{m=-\infty}^{\infty}x_2(m)e^{-j\omega m}\right]$$
$$=X_1(e^{j\omega})X_2(e^{j\omega}) \tag{2.29}$$

因此,式(2.26)描述的卷积特性成立。

2.2.5 帕斯维尔定理

帕斯维尔(Parseval)定理描述了信号能量与其傅立叶频谱之间的关系。根据 Z 变换的复卷积定理可得

$$\sum_{n=-\infty}^{\infty} x(n)x^*(n)Z^{-n} = \frac{1}{2\pi j}\oint_c X(v)X^*\left(\frac{z}{v^*}\right)v^{-1}\mathrm{d}v, \qquad R_{x-} < |z| < R_{x+} \tag{2.30}$$

假设收敛域包括单位圆,则 $Z=1$ 时式(2.30)成立,即

$$\sum_{n=-\infty}^{\infty} x(n)x^*(n) = \frac{1}{2\pi j}\oint_c X(v)X^*\left(\frac{1}{v^*}\right)v^{-1}\mathrm{d}v \tag{2.31}$$

令 $v = \mathrm{e}^{\mathrm{j}\omega}$,代入式(2.31)得

$$\sum_{n=-\infty}^{\infty} x(n)x^*(n) = \frac{1}{2\pi}\int_{-\pi}^{\pi} X(\mathrm{e}^{\mathrm{j}\omega})X^*(\mathrm{e}^{\mathrm{j}\omega})\mathrm{d}\omega = \frac{1}{2\pi}\int_{-\pi}^{\pi} |X(\mathrm{e}^{\mathrm{j}\omega})|^2\mathrm{d}\omega \tag{2.32}$$

如果信号 $x(n)$ 是实信号,上式成为

$$\sum_{n=-\infty}^{\infty} x^2(n) = \frac{1}{2\pi}\int_{-\pi}^{\pi} |X(\mathrm{e}^{\mathrm{j}\omega})|^2\mathrm{d}\omega \tag{2.33}$$

其中,$|X(\mathrm{e}^{\mathrm{j}\omega})|^2$ 称为信号的功率谱或功率谱密度函数。因此,式(2.33)的帕斯维尔定理说明:信号的能量等于平均功率谱。

2.3 线性移不变系统的频率响应

线性移不变系统的输入与输出信号之间的关系在时域是线性卷积关系,而在频域是乘积关系。系统单位脉冲响应 $h(n)$ 的傅立叶变换 $H(\mathrm{e}^{\mathrm{j}\omega})$ 称为系统的频率响应,其公式为

$$H(\mathrm{e}^{\mathrm{j}\omega}) = \sum_{n=-\infty}^{\infty} h(n)\mathrm{e}^{-\mathrm{j}\omega n} \tag{2.34}$$

考察输入一个复正弦信号 $\mathrm{e}^{\mathrm{j}\omega n}$ 到线性移不变系统 $h(n)$ 的情况以更好地理解为什么将 $H(\mathrm{e}^{\mathrm{j}\omega})$ 称为系统的频率响应。

设输入信号 $x(n) = \mathrm{e}^{\mathrm{j}\omega n}$,系统单位脉冲响应为 $h(n)$,则系统的输出 $y(n)$ 为

$$\begin{aligned}
y(n) &= \sum_{k=-\infty}^{\infty} h(k)x(n-k) \\
&= \sum_{k=-\infty}^{\infty} h(k)\mathrm{e}^{\mathrm{j}\omega(n-k)} \\
&= \left(\sum_{k=-\infty}^{\infty} h(k)\mathrm{e}^{-\mathrm{j}\omega k}\right)\mathrm{e}^{\mathrm{j}\omega n} \\
&= H(\mathrm{e}^{\mathrm{j}\omega})\mathrm{e}^{\mathrm{j}\omega n} = H(\mathrm{e}^{\mathrm{j}\omega})x(n)
\end{aligned} \tag{2.35}$$

上式说明,当线性移不变系统的输入信号 $x(n)$ 是一个复正弦信号时,该系统的输出 $y(n)$ 也是一个复正弦信号,与输入信号相比多了系数 $H(\mathrm{e}^{\mathrm{j}\omega})$。

例 2-3 设输入信号为 $3\mathrm{e}^{\mathrm{j}0.5\pi n}$,求线性移不变系统 $h(n)$ 的输出 $y(n)$。

解 根据式(2.35),可以得到相应的输出信号为

$$y(n) = H(e^{j0.5\pi})(3e^{j0.5\pi n}) = 3e^{j0.5\pi n}H(e^{j0.5\pi}) \tag{2.36}$$

当式(2.35)中的系统频率响应用极坐标形式表示时即转化为式(2.37),该式更清楚地说明了系统频率响应的影响:

$$y(n) = | H(e^{j\omega}) | e^{j(\omega n + \theta_H(\omega))} \tag{2.37}$$

当输入信号是实正弦信号,如 $x(n) = \cos(\omega_0 n)$ 时,该信号可以通过欧拉(Euler)公式展开后进行分析:

$$x(n) = \cos(\omega_0 n) = \frac{e^{j\omega_0 n} + e^{-j\omega_0 n}}{2} \tag{2.38}$$

所以,根据前面对复正弦信号的讨论,输出信号为

$$y(n) = \frac{1}{2}\left[H(e^{j\omega_0})e^{j\omega_0 n} + H(e^{-j\omega_0})e^{-j\omega_0 n}\right] \tag{2.39}$$

$$= \frac{| H(e^{j\omega_0}) |}{2}\left[e^{j(\omega_0 n + \theta_H(\omega_0))} + e^{-j(\omega_0 n + \theta_H(\omega_0))}\right]$$

$$= | H(e^{j\omega_0}) | \cos(\omega_0 n + \theta_H(\omega_0)) \tag{2.40}$$

式(2.40)同样说明,当线性移不变系统中输入频率为 ω_0 的正弦信号时,输出信号也是一个具有相同频率 ω_0 的正弦信号,但该信号的幅度和相位都发生了变化。幅度的变化由系统频率响应在该频率 ω_0 处的值 $| H(e^{j\omega_0}) |$ 决定,而相位的变化则由系统频率响应在该频率 ω_0 处的相位值 $\theta_H(\omega_0)$ 决定。

例2-4 设有一个稳定的因果线性移不变系统,其差分方程如式(2.41)所示,当输入信号 $x(n) = \cos(0.5\pi n)$ 时,求系统的输出 $y(n)$。

$$y(n) - 0.5y(n-1) = x(n) \tag{2.41}$$

解 对式(2.41)两边求 Z 变换,得到如下系统函数 $H(z)$

$$H(z) = \frac{1}{1 - 0.5z^{-1}}, \qquad | z | > 0.5 \tag{2.42}$$

由于收敛域包含单位圆,因此相应的傅立叶变换存在,由 $H(z)$ 推导得

$$H(e^{j\omega}) = \frac{1}{1 - 0.5e^{-j\omega}} = \frac{1}{1 - 0.5\cos\omega + 0.5j\sin\omega} \tag{2.43}$$

当输入正弦信号 $x(n) = \cos(0.5\pi n)$ 时,系统的频率响应为 $H(e^{j0.5\pi})$,相应的幅度频率响应和相位频率响应为

$$| H(e^{j0.5\pi}) | = \left| \frac{1}{1 + j0.5} \right| = \frac{1}{\sqrt{1 + 0.5^2}} = 0.894 \tag{2.44}$$

$$\theta_H(\omega) = -\tan^{-1}(0.5) = -0.4636 \tag{2.45}$$

因此,系统的输出信号 $y(n)$ 为

$$y(n) = 0.894 \cos(0.5\pi n - 0.4636) \tag{2.46}$$

2.4　系统函数零极点与频率响应的关系

第 1 章中关于线性移不变系统 Z 变换的分析指出,系统函数的收敛域是以极点为边界的圆形区域,在极点处系统函数的值为无穷大,而在零点处系统函数的值为零。这一节分析系统函数的零极点对系统的频率响应的影响。

对于稳定的线性移不变系统,其系统函数 $H(z)$ 的收敛域包含单位圆,因此系统的频率响应 $H(e^{j\omega})$ 存在。并且,由于不可能在单位圆上存在极点,所以频率响应不可能出现无穷大值。

设线性移不变系统的系统函数如式(2.47)所示:

$$H(z) = \frac{G \prod\limits_{k=1}^{M} (1 - \lambda_k z^{-1})}{\prod\limits_{k=1}^{N} (1 - p_k z^{-1})} \tag{2.47}$$

其中,λ_k 和 p_k 分别是系统函数的零点和极点。这些零点和极点在 z 平面上的分布可以用实部和虚部来描述,也可以以极坐标或向量的形式表示。

图 2.3 表示了两个极点 $p_1 = 0.8e^{j\pi/4}$,$p_2 = 0.8e^{-j\pi/4}$ 和零点 $\lambda_1 = -0.5$ 的情况。式(2.47)对应的系统频率响应为

$$H(e^{j\omega}) = \frac{G \prod\limits_{k=1}^{M} (1 - \lambda_k e^{-j\omega})}{\prod\limits_{k=1}^{N} (1 - p_k e^{-j\omega})} \tag{2.48}$$

相应的幅度谱为

$$|H(e^{j\omega})| = \frac{|G| \prod\limits_{k=1}^{M} |1 - \lambda_k e^{-j\omega}|}{\prod\limits_{k=1}^{N} |1 - p_k e^{-j\omega}|} \tag{2.49}$$

其中,分子和分母的基本项 $|1 - \lambda_k e^{-j\omega}|$ 和 $|1 - p_k e^{-j\omega}|$ 可以作以下变换,从而看出它们分别表示零点和极点到单位圆上某点 $e^{j\omega}$ 的距离:

$$|1 - \lambda_k e^{-j\omega}| = |e^{j\omega} - \lambda_k| \tag{2.50}$$

$$|1 - p_k e^{-j\omega}| = |e^{j\omega} - p_k| \tag{2.51}$$

如果用 $\overrightarrow{Dz_k}$ 表示零点 λ_k 到 $e^{j\omega}$ 的向量,$\overrightarrow{Dp_k}$ 表示极点 p_k 到 $e^{j\omega}$ 的向量,则它们之间的向量关系如图 2.4 所示,而式(2.49)可以表示成以下形式:

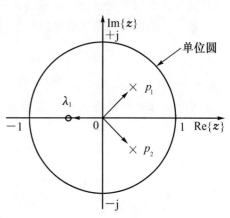

图 2.3　零极点在 z 平面上的向量表示

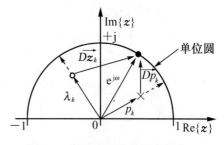

图 2.4　零极点到单位圆上的点
（对应频率 ω）的向量表示

$$| H(\mathrm{e}^{\mathrm{j}\omega}) | = \frac{| G | \prod_{k=1}^{M} | \overrightarrow{Dz_k} |}{\prod_{k=1}^{N} | \overrightarrow{Dp_k} |} \tag{2.52}$$

从式(2.52)和图 2.4 可以看出，$\overrightarrow{Dz_k}$和$\overrightarrow{Dp_k}$是随着角频率 ω 的变化而变化的。当 λ_k 与 $\mathrm{e}^{\mathrm{j}\omega}$ 两个向量方向一致时（如图 2.4 中虚线所示），$\overrightarrow{Dz_k}$向量的模 $| \overrightarrow{Dz_k} |$ 得到极小值，系统的频率响应幅度谱会得到一个局部的极小值。当 p_k 与 $\mathrm{e}^{\mathrm{j}\omega}$ 两个向量方向一致时（如图 2.4 中虚线所示），$\overrightarrow{Dp_k}$向量的模 $| \overrightarrow{Dp_k} |$ 得到极小值，系统的频率响应幅度谱会得到一个局部的极大值。

因此，从频谱上看，零点会对系统的频率响应幅度谱产生一个谷点，而极点会产生一个峰值，并且，零极点越是靠近单位圆，这种效果越明显。当然，若一对零极点靠得较近或离单位圆较远的话，会因两者作用的相互抵消而不引起以上现象或表现不明显。

例 2 - 5　设有一稳定的线性移不变系统，其系统函数为

$$H(z) = \frac{(1 - \mathrm{e}^{\mathrm{j}\pi/4} z^{-1})(1 - \mathrm{e}^{-\mathrm{j}\pi/4} z^{-1})}{(1 - 0.9\mathrm{e}^{\mathrm{j}\pi/3} z^{-1})(1 - 0.9\mathrm{e}^{-\mathrm{j}\pi/3} z^{-1})} \tag{2.53}$$

分析其零极点以及频率响应幅度谱。

解　从给定的系统函数可以看出，其零极点分别为

$$\text{零点：} \lambda_1 = \mathrm{e}^{\mathrm{j}\pi/4}, \ \lambda_2 = \mathrm{e}^{-\mathrm{j}\pi/4}$$
$$\text{极点：} p_1 = 0.9\mathrm{e}^{\mathrm{j}\pi/3}, \ p_2 = 0.9\mathrm{e}^{-\mathrm{j}\pi/3}$$

从系统函数零极点的位置以及前面的分析可以得出，系统的频率响应幅度谱应该在 $\omega = \pm \pi/4$ 处有两个局部极小值，而在 $\omega = \pm \pi/3$ 处有两个局部极大值。

由系统函数得到以下系统频率响应：

$$\begin{aligned} H(\mathrm{e}^{\mathrm{j}\omega}) &= \frac{(1 - \mathrm{e}^{\mathrm{j}\pi/4} \mathrm{e}^{-\mathrm{j}\omega})(1 - \mathrm{e}^{-\mathrm{j}\pi/4} \mathrm{e}^{-\mathrm{j}\omega})}{(1 - 0.9\mathrm{e}^{\mathrm{j}\pi/3} \mathrm{e}^{-\mathrm{j}\omega})(1 - 0.9\mathrm{e}^{-\mathrm{j}\pi/3} \mathrm{e}^{-\mathrm{j}\omega})} \\ &= \frac{(\mathrm{e}^{\mathrm{j}\omega} - \mathrm{e}^{\mathrm{j}\pi/4})(\mathrm{e}^{\mathrm{j}\omega} - \mathrm{e}^{-\mathrm{j}\pi/4})}{(\mathrm{e}^{\mathrm{j}\omega} - 0.9\mathrm{e}^{\mathrm{j}\pi/3})(\mathrm{e}^{\mathrm{j}\omega} - 0.9\mathrm{e}^{-\mathrm{j}\pi/3})} \end{aligned} \tag{2.54}$$

相应的幅度谱计算式如下：

$$\begin{aligned} | H(\mathrm{e}^{\mathrm{j}\omega}) | &= \frac{| \mathrm{e}^{\mathrm{j}\omega} - \mathrm{e}^{\mathrm{j}\pi/4} | | \mathrm{e}^{\mathrm{j}\omega} - \mathrm{e}^{-\mathrm{j}\pi/4} |}{| \mathrm{e}^{\mathrm{j}\omega} - 0.9\mathrm{e}^{\mathrm{j}\pi/3} | | \mathrm{e}^{\mathrm{j}\omega} - 0.9\mathrm{e}^{-\mathrm{j}\pi/3} |} \\ &= \frac{\sqrt{\left(\cos\omega - \cos\frac{\pi}{4}\right)^2 + \left(\sin\omega - \sin\frac{\pi}{4}\right)^2} \sqrt{\left(\cos\omega - \cos\frac{\pi}{4}\right)^2 + \left(\sin\omega + \sin\frac{\pi}{4}\right)^2}}{\sqrt{\left(\cos\omega - 0.9\cos\frac{\pi}{3}\right)^2 + \left(\sin\omega - 0.9\sin\frac{\pi}{3}\right)^2} \sqrt{\left(\cos\omega - 0.9\cos\frac{\pi}{3}\right)^2 + \left(\sin\omega + 0.9\sin\frac{\pi}{3}\right)^2}} \end{aligned} \tag{2.55}$$

幅度谱如图 2.5 所示，由于有效频谱的 ω 分布范围为 $[0, \pi]$，所以图中仅画出了这一范围的幅度谱。可以很明显地从图中看到，在极点 $p_1 = \mathrm{e}^{\mathrm{j}\pi/3}$ 所对应的频率 $\omega_\mathrm{p} = \pi/3$ 处有一个峰值，而在零点 $\lambda_1 = \mathrm{e}^{\mathrm{j}\pi/4}$ 所对应的频率 $\omega_\lambda = \pi/4$ 处有一个谷点。

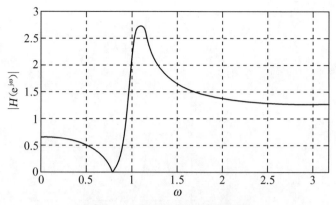

图 2.5　系统的频率响应幅度谱

2.5　离散信号频谱与模拟信号频谱之间的关系

尽管模拟信号的傅立叶变换(FT:Fourier Transform)不是本书的内容,但为了更好地理解离散信号的傅立叶变换,即离散时间傅立叶变换(DTFT),有必要清楚认识两者之间的关系。特别是对于离散信号的傅立叶变换的角频率 ω 与频率 f(以 Hz 为单位)的关系式(2.2),也有必要明白其关系的来历。

2.5.1　模拟信号的傅立叶变换

模拟信号 $x_{\mathrm{a}}(t)$ 的傅立叶变换如式(2.56)所示:

$$X_{\mathrm{a}}(f) = \int_{-\infty}^{\infty} x_{\mathrm{a}}(t)\mathrm{e}^{-\mathrm{j}2\pi ft}\mathrm{d}t \tag{2.56}$$

$X_{\mathrm{a}}(f)$ 被称为模拟信号的频谱,反映了模拟信号在频域随频率变化的特征,并且是一个复数形式,相应的频谱幅度和频谱相位为

$$频谱幅度: |X_{\mathrm{a}}(f)| = \sqrt{X_{\mathrm{r}}^2(f) + X_{\mathrm{i}}^2(f)} \tag{2.57}$$

$$频谱相位: \theta_X(f) = \tan^{-1}\left[\frac{X_{\mathrm{i}}(f)}{X_{\mathrm{r}}(f)}\right] \tag{2.58}$$

显然,模拟信号的幅度谱也是对称分布的。

例 2-6　设有一指数信号如下:

$$x(t) = \begin{cases} \mathrm{e}^{-t}, & t > 0 \\ 0, & t \leqslant 0 \end{cases} \tag{2.59}$$

求其傅立叶变换并画出频谱幅度。

解　由式(2.56)得信号的傅立叶变换为

$$X(f) = \int_{-\infty}^{\infty} \mathrm{e}^{-t}\mathrm{e}^{-\mathrm{j}2\pi ft}\mathrm{d}t$$

$$= \frac{1}{1+\mathrm{j}2\pi f} \tag{2.60}$$

因此,相应的频谱幅度为

$$|X(f)| = \frac{1}{\sqrt{1+(2\pi f)^2}} \tag{2.61}$$

图 2.6 是模拟信号 $x(t)$ 的幅度谱图形。

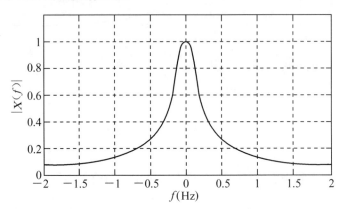

图 2.6 模拟信号 $x(t)$ 的幅度谱

2.5.2 离散时间傅立叶变换的导出

对模拟信号 $x_a(t)$ 的采样在理论上可以通过图 2.7 所示的采样函数与模拟信号的乘积实现。设采样频率为 f_s,采样周期为 $T = 1/f_s$,则采样函数 $\delta_T(t)$ 和采样形成的信号 $x_s(t)$ 的具体形式如下:

$$\delta_T(t) = \sum_{n=-\infty}^{\infty} \delta(t-nT) \tag{2.62}$$

$$x_s(t) = x_a(t)\delta_T(t)$$

$$= x_a(t)\sum_{n=-\infty}^{\infty} \delta(t-nT)$$

$$= \sum_{n=-\infty}^{\infty} x_a(t)\delta(t-nT) \tag{2.63}$$

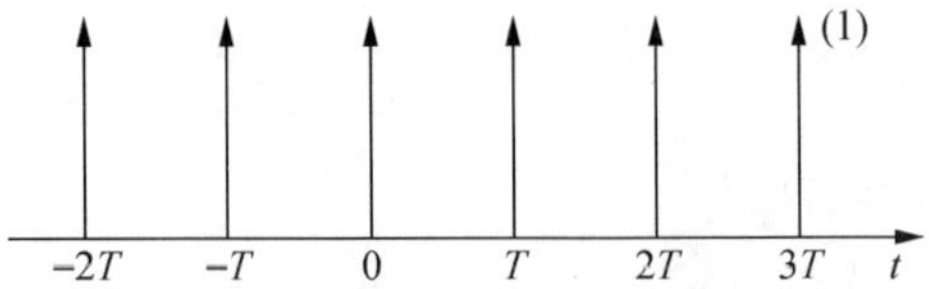

图 2.7 采样函数 $\delta_T(t)$ 的波形

由于 $\delta_T(t-nT)$ 除了采样点 $t = nT$ 之外处处为零,因此式(2.63)中的 $x_a(t)$ 可以由 $x_a(nT)$ 替代表示。这样,式(2.63)与下式是等价的:

$$x_s(t) = \sum_{n=-\infty}^{\infty} x_a(nT)\delta(t-nT) \tag{2.64}$$

根据傅立叶变换公式(2.56)求得 $x_s(t)$ 的傅立叶变换:

$$X_s(f) = \int_{-\infty}^{\infty} x_s(t)\mathrm{e}^{-\mathrm{j}2\pi ft}\mathrm{d}t \tag{2.65}$$

将式(2.64)代入上式得

$$X_s(f) = \int_{-\infty}^{\infty} \left[\sum_{n=-\infty}^{\infty} x_a(nT)\delta(t-nT) \right] e^{-j2\pi ft} dt$$

$$= \sum_{n=-\infty}^{\infty} x_a(nT) \left[\int_{-\infty}^{\infty} \delta(t-nT) e^{-j2\pi ft} dt \right] \quad (2.66)$$

显然,由于冲击函数 $\delta(t-nT)$ 仅在 $t=nT$ 处有值1,所以上式方括弧中的积分可以进一步简化。这样,得到式(2.67):

$$X_s(f) = \sum_{n=-\infty}^{\infty} x_a(nT) e^{-j2\pi fnT} \quad (2.67)$$

因为 $x_a(nT)$ 是模拟信号的离散值,可以用 $x(n)$ 表示,即 $x(n) = x_a(nT)$,因此上式进一步变换为式(2.68):

$$X_s(f) = \sum_{n=-\infty}^{\infty} x(n) e^{-j2\pi fnT} = \sum_{n=-\infty}^{\infty} x(n) e^{-j\omega n}$$

$$= X(e^{j\omega}) \quad (2.68)$$

其中,ω 的定义或 ω 与 f 的关系如式(2.2)所示。显然,上式右边就是离散信号 $x(n)$ 的离散时间傅立叶变换,即 DTFT,它与 $X_s(f)$ 一致。这一结果是当然的,因为 $X_s(f)$ 是由模拟信号 $x_a(t)$ 采样形成的信号,虽然理论上是时域连续信号,但其本质上是离散分布的,与 $x_a(nT)$ 或 $x(n)$ 一致,当然其频谱也应该一致。同样,从以上推导过程中可以看到角频率 ω 与频率 f 的关系为什么如式(2.2)所示。

2.5.3 DTFT 与 FT 的关系

对于连续域模拟信号 $x_a(t)$ 与相应的离散信号 $x(n) = x_a(nT)$,它们的傅立叶变换 $X_a(f)$ 和离散时间傅立叶变换 $X(e^{j\omega})$ 在频域的关系也可以从式(2.63)推导得出。

对式(2.63)两边求傅立叶变换得

$$X_s(f) = \int_{-\infty}^{\infty} x_a(t)\delta_T(t) e^{-j2\pi ft} dt \quad (2.69)$$

上式右边描述的是模拟信号 $x_a(t)$ 与采样信号 $\delta_T(t)$ 乘积的傅立叶变换。根据卷积定理,两个时域信号乘积的傅立叶变换与它们各自的傅立叶变换的卷积相等,因此

$$X_s(f) = \frac{1}{2\pi} X_a(f) * \delta_T(f) \quad (2.70)$$

$\delta_T(t)$ 是周期信号,其周期为 T,频率为 f_s。因此,$\delta_T(t)$ 可以表示成如下傅立叶级数的形式:

$$\delta_T(t) = \sum_{n=-\infty}^{\infty} c_n e^{j2\pi f_s nt} \quad (2.71)$$

其中,c_n 为傅立叶系数,计算式为

$$c_n = \frac{1}{T} \int_{-T/2}^{T/2} \delta_T(t) e^{-j2\pi f_s nt} dt \quad (2.72)$$

尽管 $\delta_T(t)$ 是一个无穷脉冲序列,但在区间 $[-T/2, T/2]$ 内仅有一个脉冲,因此

$$c_n = \frac{1}{T} \int_{-T/2}^{T/2} \delta_T(t) e^{-j2\pi f_s nt} dt = \frac{1}{T} \quad (2.73)$$

这样,式(2.71)成为

$$\delta_{\mathrm{T}}(t) = \frac{1}{T} \sum_{n=-\infty}^{\infty} \mathrm{e}^{\mathrm{j}2\pi f_s nt} \tag{2.74}$$

运用式(2.56)求其傅立叶变换 $\delta_{\mathrm{T}}(f)$ 得

$$\begin{aligned}
\delta_{\mathrm{T}}(f) &= \frac{1}{T} \int_{\infty}^{\infty} \left(\sum_{n=-\infty}^{\infty} \mathrm{e}^{\mathrm{j}2\pi f_s nt} \right) \mathrm{e}^{-\mathrm{j}2\pi ft} \mathrm{d}t \\
&= \frac{1}{T} \sum_{n=-\infty}^{\infty} \int_{-\infty}^{\infty} \mathrm{e}^{-\mathrm{j}2\pi(f-nf_s)t} \mathrm{d}t \\
&= \frac{1}{T} \sum_{n=-\infty}^{\infty} \delta(f-nf_s)
\end{aligned} \tag{2.75}$$

上式中最后一步推导可以运用傅立叶反变换公式来证明。因此,式(2.70)的卷积可以进一步展开如下:

$$\begin{aligned}
X_s(f) &= X_a(f) * \left[\frac{1}{T} \sum_{n=-\infty}^{\infty} \delta(f-nf_s) \right] \\
&= \frac{1}{T} \sum_{n=-\infty}^{\infty} \left[X_a(f) * \delta(f-nf_s) \right] \\
&= \frac{1}{T} \sum_{n=-\infty}^{\infty} \left[\int_{-\infty}^{\infty} \delta(g-nf_s) X_a(f-g) \mathrm{d}g \right] \\
&= \frac{1}{T} \sum_{n=-\infty}^{\infty} X_a(f-nf_s)
\end{aligned} \tag{2.76}$$

上式的结果也可以通过将式(2.74)直接代入式(2.69)计算傅立叶变换得到。结合式(2.68)和式(2.76)可以得出离散信号 $x(n)$ 的傅立叶变换与对应模拟信号 $x_a(t)$ 的傅立叶变换之间的关系如下:

$$X(\mathrm{e}^{\mathrm{j}2\pi fT}) = \frac{1}{T} \sum_{n=-\infty}^{\infty} X_a(f-nf_s) \tag{2.77}$$

或

$$X(\mathrm{e}^{\mathrm{j}\omega}) = \frac{1}{T} \sum_{n=-\infty}^{\infty} X_a(\omega-2\pi n) \tag{2.78}$$

从式(2.77)和式(2.78)可以看出,离散积信号的频谱是其对应模拟信号的频谱的周期性延拓,幅度上差一个常系数。从 f 域看,周期是 f_s;而从 ω 域看,周期是 2π。图 2.8 是频谱关系的说明,设模拟信号 $x(t)$ 的频谱如图 2.8 (a)所示,则相应的离散信号的频谱如图 2.8 (b)所示。

需要指出的是,以上分析与2.2节关于离散时间傅立叶变换的对称特性和周期特性的讨论是一致的。当采样满足采样定理时,即 $f_s \geqslant 2f_c$,完全可以从 $f:[0, f_s/2]$ 或 $\omega:[0, \pi]$ 范围得到正确的信号频谱(如图 2.8 (b)所示)。但是,如果不满足采样定理,即 $f_s < 2f_c$,那么就会出现频谱的混叠现象,则不能从 $f:[0, f_s/2]$ 或 $\omega:[0, \pi]$ 范围得到正确的信号频谱(如图2.8 (c))。

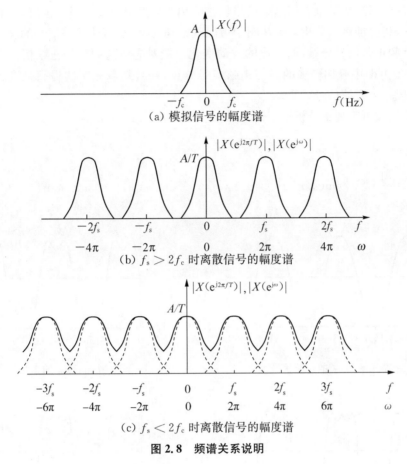

(a) 模拟信号的幅度谱

(b) $f_s > 2f_c$ 时离散信号的幅度谱

(c) $f_s < 2f_c$ 时离散信号的幅度谱

图 2.8 频谱关系说明

2.6 频谱分析及应用

信号和系统的时域分析往往只能得到有限的信息,因此需要其他分析手段来全面揭示信号的特征。频谱分析是目前数字信号处理中常用的一种分析方法,被广泛应用于通信和信息处理领域。离散时间傅立叶变换的作用是获取离散信号的频谱或者系统频率响应,为进行频谱分析提供依据。对信号进行频谱分析可以有效地对信号进行识别和处理,对系统进行频谱分析则可以为设计系统和分析系统提供依据。

2.6.1 信号频谱的基本特征

任何一个信号都是由一系列的正弦信号组合而成,这从模拟信号和离散信号的傅立叶反变换也可以看到。那么,在这个组合中到底包含哪些频率的正弦信号分量,它们的强度或幅度多大? 这些都反映了信号的特征,也是频谱的基本特征。

观察图 2.9 (d) 所示的信号 $x(n)$,它是由 4 个不同幅度和频率的正弦信号组合构成,采样频率为 1 000 Hz,$\omega_0 = 0.1\pi(50\ \text{Hz})$。其表达式如下:

$$x(n) = \frac{4}{\pi}\left[\sin(\omega_0 n) + \frac{1}{3}\sin(3\omega_0 n) + \frac{1}{5}\sin(5\omega_0 n) + \frac{1}{7}\sin(7\omega_0 n)\right] \tag{2.79}$$

显然，从时域波形很难看出这个信号包含的频率分量以及各分量的强度，并且随着分量数目的增加，将更加难以分析。但从图中可以观察到一个现象，那就是信号的缓慢变化部分往往对应低频正弦信号分量，而快速的波动变化一般对应较高频率的正弦信号分量。可以预见，当图 2.9(d) 中叠加更多的高频正弦信号分量，并且随着频率的提高强度逐步减小的话，将会形成一个方波信号。

下面从频域再来观察分析这个信号，为此，对 $x(n)$ 求 DTFT 得

$$
\begin{aligned}
X(\mathrm{e}^{\mathrm{j}\omega}) &= \sum_{n=-\infty}^{\infty} x(n) \mathrm{e}^{-\mathrm{j}\omega n} \\
&= \frac{4}{\pi} \sum_{n=-\infty}^{\infty} \left[\sin(\omega_0 n) + \frac{1}{3}\sin(3\omega_0 n) + \frac{1}{5}\sin(5\omega_0 n) + \frac{1}{7}\sin(7\omega_0 n) \right] \mathrm{e}^{-\mathrm{j}\omega n}
\end{aligned}
\tag{2.80}
$$

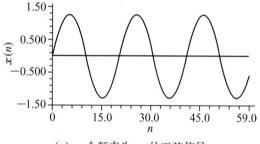

（a）一个频率为 ω_0 的正弦信号

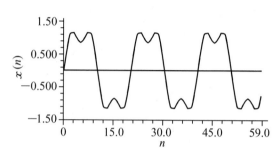

（b）频率为 ω_0，$3\omega_0$ 的正弦信号叠加

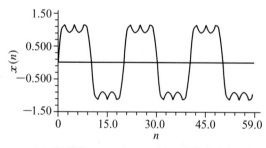

（c）频率为 ω_0，$3\omega_0$，$5\omega_0$ 的正弦信号叠加

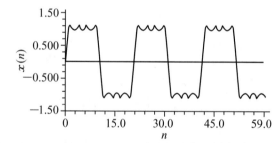

（d）频率为 ω_0，$3\omega_0$，$5\omega_0$，$7\omega_0$ 的正弦信号叠加

图 2.9　正弦信号的叠加逐渐形成方波信号

利用欧拉公式，任意一个正弦信号 $\sin(\omega_0 n)$ 的离散时间傅立叶变换为

$$
\begin{aligned}
\sum_{n=-\infty}^{\infty} \sin(\omega_0 n) \mathrm{e}^{-\mathrm{j}\omega n} &= \frac{1}{2\mathrm{j}} \sum_{n=-\infty}^{\infty} (\mathrm{e}^{\mathrm{j}\omega_0 n} - \mathrm{e}^{-\mathrm{j}\omega_0 n}) \mathrm{e}^{-\mathrm{j}\omega n} \\
&= \frac{1}{2\mathrm{j}} \left[\sum_{n=-\infty}^{\infty} \mathrm{e}^{-\mathrm{j}(\omega-\omega_0)n} - \sum_{n=-\infty}^{\infty} \mathrm{e}^{-\mathrm{j}(\omega+\omega_0)n} \right]
\end{aligned}
\tag{2.81}
$$

从离散时间傅立叶反变换公式容易证明

$$
\sum_{n=-\infty}^{\infty} \mathrm{e}^{-\mathrm{j}\omega n} = 2\pi \sum_{r=-\infty}^{\infty} \delta(\omega - 2\pi r)
\tag{2.82}
$$

所以，式 (2.81) 可进一步推导得到在一个周期 $(-\pi, \pi]$ 内的值如下

$$
\sum_{n=-\infty}^{\infty} \sin(\omega_0 n) \mathrm{e}^{-\mathrm{j}\omega n} = \frac{\pi}{\mathrm{j}} \left[\delta(\omega - \omega_0) - \delta(\omega + \omega_0) \right]
\tag{2.83}
$$

同样,式(2.80)中 $x(n)$ 的离散时间傅立叶变换可进一步推导为

$$X(\mathrm{e}^{\mathrm{j}\omega}) = \frac{4}{\mathrm{j}} \left\{ \delta(\omega - \omega_0) - \delta(\omega + \omega_0) + \frac{1}{3}[\delta(\omega - 3\omega_0) - \delta(\omega + 3\omega_0)] + \right.$$

$$\left. \frac{1}{5}[\delta(\omega - 5\omega_0) - \delta(\omega + 5\omega_0)] + \frac{1}{7}[\delta(\omega - 7\omega_0) - \delta(\omega + 7\omega_0)] \right\} \quad (2.84)$$

幅度谱和相位谱的计算公式分别如式(2.85)和式(2.86)所示,而幅度谱和相位谱的图形则分别表示在图 2.10(a)和图 2.10(b)中。

$$|X(\mathrm{e}^{\mathrm{j}\omega})| = 4\{\delta(\omega - \omega_0) + \delta(\omega + \omega_0) + \frac{1}{3}[\delta(\omega - 3\omega_0) + \delta(\omega + 3\omega_0)] +$$

$$\frac{1}{5}[\delta(\omega - 5\omega_0) + \delta(\omega + 5\omega_0)] + \frac{1}{7}[\delta(\omega - 7\omega_0) + \delta(\omega + 7\omega_0)]\} \quad (2.85)$$

$$\theta_X(\omega) = -\frac{\pi}{2}[\delta(\omega - \omega_0) - \delta(\omega + \omega_0) + \delta(\omega - 3\omega_0) - \delta(\omega + 3\omega_0) +$$

$$\delta(\omega - 5\omega_0) - \delta(\omega + 5\omega_0) + \delta(\omega - 7\omega_0) - \delta(\omega + 7\omega_0)] \quad (2.86)$$

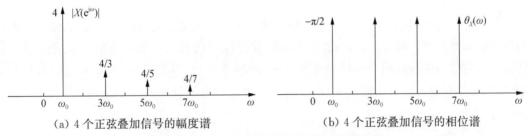

(a) 4 个正弦叠加信号的幅度谱　　　　(b) 4 个正弦叠加信号的相位谱

图 2.10　4 个正弦叠加信号的幅度谱和相位谱

显然,从幅度谱分布可以很清楚地看到在角频率 ω 的有效区域 $[0, \pi]$ 或频率 f 的有效区域 $[0, 500]$ 存在 4 个非零谱值,分别位于 50 Hz、150 Hz、250 Hz 和 350 Hz,并且这几个谱值依次减弱。

以上现象说明,尽管对信号 $x(n)$ 的时域分析很难分辨和判断出它的频率分量特征,但是这些在频域却是一目了然。根据图 2.10 很容易判断信号 $x(n)$ 由 4 个频率的正弦信号分量构成,这几个分量的频率分别是 50 Hz、150 Hz、250 Hz 和 350 Hz,并且后三个分量的强度与第一个相比分别是它的 1/3、1/5 和 1/7。

设想一下通信的情况。如果要求将以上信号 $x(n)$ 从发送端传输到接收端,假如信号是 16 比特量化的,则传输 1 秒的数据量是 $16 \times f_s = 16\,000$ 比特。但是,如果通过频谱分析获得信号的频率分量信息,则仅仅需要传输 4 个正弦信号分量的频率和幅度,共 8 个参数,假设每个参数 16 比特,那么传输的数据量只有 128 比特。通过这个例子看到,实际应用中对信号进行频谱分析,提取频谱分布特征将对信号的传输、数据压缩、分类识别等处理起到十分重要的作用。

总的来说,无论幅度谱还是相位谱,其提供的直接信息是一条随频率变化的曲线。幅度谱包含的内在信息是信号包含哪些频率的正弦信号分量以及每个频率分量的强度,频谱曲线上的每一点对应一个频率分量及其强度。例如,一个在 $f:[0, 500]$ 之间恒等于 1 的幅度谱表示该信号具有 0～500 Hz 范围内所有频率的正弦信号分量,并且每个频率分量的强度

是一样的。相位谱的分布范围与幅度谱是一样的,它提供的额外信息是各频率的正弦信号分量的延迟。不同的信号由于频谱曲线的表现不同而能够被分辨、识别。例如,元音"a"和"u"的频谱曲线是不同的,因此可以通过频谱特征的比较自动识别这两个音。

2.6.2　系统频谱的基本特性

系统的频谱就是频率响应,它反映的是系统对输入信号中各频率分量的响应。根据2.3小节的分析,如果一个LSI系统的输入信号是一个频率为ω_0的正弦信号,那么输出信号仍然是一个正弦信号,并且频率保持不变,只是幅度乘以系统的频率响应幅度值$|H(e^{j\omega_0})|$,而相位加上$\theta_H(\omega_0)$。

对于一个如图2.11所示的线性移不变系统,其输入信号与输出信号之间的关系在时域是一个线性卷积关系,根据式(2.26)的卷积定理,其在频域的关系就是乘积的关系。因此,输出信号与输入信号的幅度谱和相位谱之间的关系如下:

$$|Y(e^{j\omega})| = |H(e^{j\omega})||X(e^{j\omega})| \tag{2.87}$$

$$\theta_Y(\omega) = \theta_H(\omega) + \theta_X(\omega) \tag{2.88}$$

显然,上式告诉我们,对于输入信号中不同频率成分的增强与衰减可以通过系统的频率响应进行调节控制。例如,低通滤波器的幅度谱$|H(e^{j\omega})|$在某一截止频率ω_c之后为零,这样滤波器的输出信号的频谱中将没有大于ω_c的频率成分(如图2.11所示)。式(2.88)说明,如果需要对输入信号的相位进行补偿,也是可以通过设计相应的相位补偿器$H(e^{j\omega})$来实现。

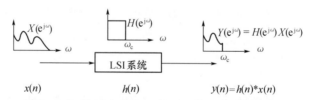

图2.11　线性移不变系统的时域与频域对应关系

总之,系统的频率响应$H(e^{j\omega})$,包括幅频响应$|H(e^{j\omega})|$和相位$\theta_H(\omega)$,都是一条随频率变化的曲线,它反映了系统对输入信号中的哪些频率分量进行响应以及响应的强度,其中每一个点都对应一个频率和幅度值,如果幅度值为零则意味着对该分量不响应。在设计一个系统的时候也往往首先规定系统的频率响应,然后求出系统函数或脉冲响应。

2.6.3　信号调制与解调

数字技术的发展正在逐步改变广播通信的传统方式,而数字广播和软件无线电技术的基础是数字信号处理。例如,数字调制技术就可以应用频谱分析的手段进行。

设有一信号$x(n)$,其离散时间傅立叶变换是$X(e^{j\omega})$。现在将信号$x(n)$应用于幅度调制,载波信号是一复正弦信号$e^{j\phi n}$,则调制后形成的复合调制信号为

$$x_m(n) = e^{j\phi n}x(n) \tag{2.89}$$

求该复合调制信号的傅立叶变换得

$$X_m(\mathrm{e}^{\mathrm{j}\omega}) = \sum_{n=-\infty}^{\infty} \left[\mathrm{e}^{\mathrm{j}\phi n}x(n)\right]\mathrm{e}^{-\mathrm{j}\omega n}$$

$$= \sum_{n=-\infty}^{\infty} x(n)\mathrm{e}^{-\mathrm{j}(\omega-\phi)n}$$

$$= X(\mathrm{e}^{\mathrm{j}(\omega-\phi)}) \tag{2.90}$$

上式说明，将信号 $x(n)$ 对载波进行幅度调制后，复合调制信号的频谱是信号原来频谱 $X(\mathrm{e}^{\mathrm{j}\omega})$ 的移位，移位后频谱的中心频率是载波频率 ϕ。图 2.12 给出了信号的频谱和调制后形成的复合调制信号的频谱 $X_m(\mathrm{e}^{\mathrm{j}\omega})$。

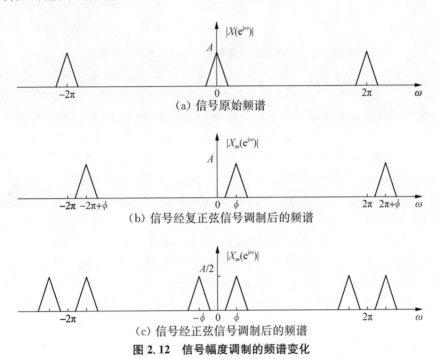

（a）信号原始频谱

（b）信号经复正弦信号调制后的频谱

（c）信号经正弦信号调制后的频谱

图 2.12　信号幅度调制的频谱变化

如果用一个余弦信号 $\cos(\phi n)$ 作为载波信号，则复合调制信号和相应的频谱为

$$x_m(n) = x(n)\cos(\phi n) \tag{2.91}$$

$$X_m(\mathrm{e}^{\mathrm{j}\omega}) = \sum_{n=-\infty}^{\infty} \left[x(n)\cos(\phi n)\right]\mathrm{e}^{-\mathrm{j}\omega n}$$

$$= \sum_{n=-\infty}^{\infty} \left[x(n)\frac{\mathrm{e}^{\mathrm{j}\phi n}+\mathrm{e}^{-\mathrm{j}\phi n}}{2}\right]e^{-\mathrm{j}\omega n}$$

$$= \frac{1}{2}\left[\sum_{n=-\infty}^{\infty} x(n)\mathrm{e}^{-\mathrm{j}(\omega-\phi)n} + \sum_{n=-\infty}^{\infty} x(n)\mathrm{e}^{-\mathrm{j}(\omega+\phi)n}\right]$$

$$= \frac{1}{2}\left[X(\mathrm{e}^{\mathrm{j}(\omega-\phi)}) + X(\mathrm{e}^{\mathrm{j}(\omega+\phi)})\right] \tag{2.92}$$

因此，当复合调制信号变成实余弦信号时，复合调制信号的频谱 $X_m(\mathrm{e}^{\mathrm{j}\omega})$ 是原信号频谱 $X(\mathrm{e}^{\mathrm{j}\omega})$ 的两个移位频谱的累加，移位后频谱的中心频率是载波频率 ϕ 的正值和负值，如图 2.12(c) 所示。

以上分析说明，在发送端对信号的调制可以通过直接乘以载波信号进行，而在接收端的解调处理可以根据载波频率 ϕ 将频谱左移，再用低通滤波器过滤出信号的频谱，求离散时间傅立叶反变换以恢复信号输出。图 2.13 为调制与解调原理图。

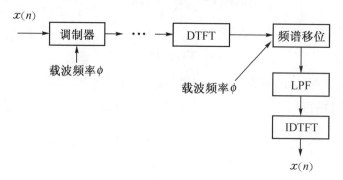

图 2.13　利用频谱分析实现 AM 调制与解调原理图

2.6.4　语音合成

语音合成是指通过某种方式人工地让机器产生语音,在通信、智能计算机、控制和消费电子产品等领域有十分广泛的应用需求。一种最基本的方法是事先将需要输出的语音录下来,然后在需要时输出。但这种方法需要的存储量大,并且只能输出固定语音,不能灵活地合成不同的语音,因此只能应用在简单应用场合,例如公共汽车的报站等。一个好的语音合成方法应该能够根据需要合成任何语音,例如运用频谱分析的峰值合成方法就可以根据需要合成任何语音输出。

例如,一个男性说话人所发元音[a]的语音信号的波形和相应的频谱如图 2.14(a)和图 2.14(b)所示,其中采样频率为 11 025 Hz。从图 2.14(b)可以看到,前 5 个较大的峰值频率依次是 775 Hz、904 Hz、1 162 Hz、645 Hz 和 516 Hz。

频谱的峰值反映了信号的主要能量,即对应频率的正弦信号成分较强。因此,图 2.14(a)所示的元音[a]的语音信号可以用以上 5 个峰值频率 $f_1 \sim f_5$ 所对应正弦信号的加权叠加来近似表示如下:

$$x(n) = a_1 \sin(2\pi f_1 nT) + a_2 \sin(2\pi f_2 nT) + a_3 \sin(2\pi f_3 nT)$$
$$+ a_4 \sin(2\pi f_4 nT) + a_5 \sin(2\pi f_5 nT) \tag{2.93}$$

其中,$a_1 \sim a_5$ 是能量加权系数,根据图 2.14(b)的频谱计算各峰值幅度的比值,可分别选取 0.9、0.88、0.56、0.22 和 0.2;$f_1 \sim f_5$ 是 5 个谱峰频率值,分别是 775 Hz、904 Hz、1 162 Hz、645 Hz 和 516 Hz;T 是采样周期,值为 $1/11\,025 = 0.090\,7$ ms。

由式(2.93)合成的语音信号波形如图 2.15(a)所示,对应的频谱如图 2.15(b)所示。可以看到,合成的语音信号与原始语音信号相比虽然有一定的失真,但总体形状基本得到了保持,另外,合成语音的频谱与原始语音的频谱基本一致,特别是在主要的峰值频率处几乎相同。对图2.15(a)的合成语音进行试听的结果也表明有相当好的可懂度和清晰度。

峰值语音合成方法也可以推广到其他应用领域,特别是对于某些信号,其频谱仅仅在某些频率处不等于零的话就更加适用,如电子音乐合成。

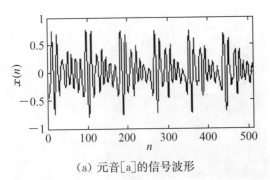
(a) 元音[a]的信号波形

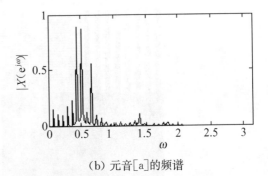
(b) 元音[a]的频谱

图 2.14 自然语音信号[a]的波形及其频谱图

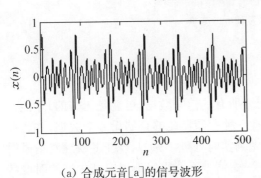
(a) 合成元音[a]的信号波形

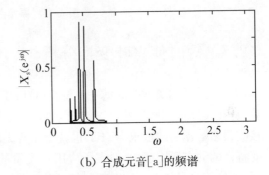
(b) 合成元音[a]的频谱

图 2.15 合成语音信号[a]的波形及其频谱图

2.6.5 图像增强

很多情况下由于光照原因使得拍摄的图像过于灰暗、对比度不高并导致整个图像质量的下降。有很多方法可以改善这种情况,其中之一是采用傅立叶变换方法对图像的高频分量进行提升来增强图像的对比度。

二维离散信号 $x(n,m)$ 的傅立叶变换 $X(e^{j\omega_1}, e^{j\omega_2})$ 定义如下:

$$X(e^{j\omega_1}, e^{j\omega_2}) = \sum_{n=-\infty}^{\infty} \sum_{m=-\infty}^{\infty} x(n,m) e^{-j(\omega_1 n + \omega_2 m)} \tag{2.94}$$

反变换为

$$x(n,m) = \frac{1}{4\pi^2} \int_{-\infty}^{\infty} \int_{-\infty}^{\infty} X(e^{j\omega_1}, e^{j\omega_2}) e^{j(\omega_1 n + \omega_2 m)} d\omega_1 d\omega_2 \tag{2.95}$$

二维傅立叶变换同样具有在二维空间分解信号频率成分的功能,只是分解的方向不是一个方向,而是有许多不同角度方向上的分解。例如竖条纹图像和横条纹图像的傅立叶变换分别具有横向周期点和纵向周期点的傅立叶频谱,如图 2.16(a)所示,其中左上和右上分别是原始图像,而左下和右下分别是对应的傅立叶变换。

图 2.16(b)中左上是一幅对比度较低的 Lena 图像,显得比较灰暗且不够饱满,其下方是对应的傅立叶变换,可以看到中间低频部分具有比较高的幅度,而高频部分的能量下降较大。为了增强图像的对比度,可以将傅立叶变换的低频部分乘以一个系数 $a(a<1)$,同时将高频部分乘以另一个系数 $b(b>1)$,再经过傅立叶反变换得到图 2.16(b)中右上角的图像。可以看到,经过傅立叶变换增强处理后的图像与原始图像相比对比度明显增强。

（a）条纹图像及傅立叶变换　　　（b）原始图像和增强图像及傅立叶变换

图 2.16　原始图像及傅立叶变换

2.7　短时傅立叶变换分析

前面介绍的离散时间傅立叶变换（DTFT）需要所有的信号数据（可能是无穷的）才能计算，这在实际应用中显然是不能成立的，因为没有一种存储器能够存储无穷个数据，并且在接收很多数据后才能求 DTFT 也就意味着无法做到实时处理。另外，DTFT 缺乏对信号时变特性的动态跟踪能力，对实际应用中大量的非平稳信号不能很好地提取其频谱的时变特征（平稳信号是指在不同时刻的统计分布特征是一致的信号，反之则是非平稳信号）。

图 2.17 显示了两种不同的信号，其中（a）是一个平稳信号 $x_s(n)$，而（b）则显示了一个非平稳信号 $x_u(n)$，图中 $x_1(n)\sim x_3(n)$ 表示分段信号。

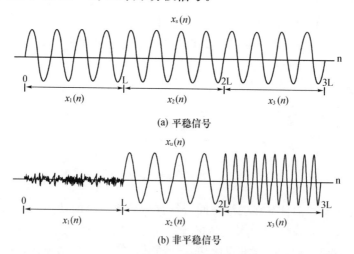

（a）平稳信号

（b）非平稳信号

图 2.17　平稳信号与非平稳信号

对于图 2.17（a）所示的信号 $x_s(n)$，其通过 DTFT 得到的信号频谱 $X_s(e^{j\omega})$ 的特征与各分段信号 $x_1(n)\sim x_3(n)$ 的 DTFT 频谱 $X_1(e^{j\omega})\sim X_3(e^{j\omega})$ 所反映的频谱特征完全一致，即表现为频率 f_0 处的一个脉冲形式。因此，对平稳信号而言，用一个较短的分段信号求 DTFT 就能够反映整个信号的频谱特征，并且既可以从 $X_s(e^{j\omega})$ 恢复原始信号 $x_s(n)$，也可以从 $X_1(e^{j\omega})\sim X_3(e^{j\omega})$ 恢复原始信号。但对于图 2.17（b）所示的非平稳信号 $x_u(n)$，其 DTFT 频

谱 $X_\mathrm{u}(\mathrm{e}^{\mathrm{j}\omega})$ 的特征与各分段信号 $x_1(n){\sim}x_3(n)$ 的 DTFT 频谱 $X_1(\mathrm{e}^{\mathrm{j}\omega}){\sim}X_3(\mathrm{e}^{\mathrm{j}\omega})$ 所反映的特征不同。三个分段信号的频谱特征分别表现为直线形式的白噪声频谱特征、在频率 f_0 处的脉冲形式和在频率 f_1 处的脉冲形式,而 $X_\mathrm{u}(\mathrm{e}^{\mathrm{j}\omega})$ 的频谱形式是这三个分段信号频谱特征的叠加,即既包含了直线形式的白噪声频谱,也包含了 f_0 和 f_1 两个频率处的脉冲形式。因此,对于非平稳信号来说,不能够从 $X_\mathrm{u}(\mathrm{e}^{\mathrm{j}\omega})$ 恢复原始信号 $x_\mathrm{u}(n)$,因为由 $X_\mathrm{u}(\mathrm{e}^{\mathrm{j}\omega})$ 恢复的信号是一个白噪声信号和两个频率分别为 f_0 和 f_1 的正弦信号在整个时域的混合叠加,原始信号只能通过 $X_1(\mathrm{e}^{\mathrm{j}\omega}){\sim}X_3(\mathrm{e}^{\mathrm{j}\omega})$ 分段恢复后连接形成,并且 $X_\mathrm{u}(\mathrm{e}^{\mathrm{j}\omega})$ 和 $X_1(\mathrm{e}^{\mathrm{j}\omega}){\sim}X_3(\mathrm{e}^{\mathrm{j}\omega})$ 中的任何一个都不能表示信号频谱特征的完整信息,完整信息必须由三个分段频谱 $X_1(\mathrm{e}^{\mathrm{j}\omega}){\sim}X_3(\mathrm{e}^{\mathrm{j}\omega})$ 一起表示,以表示信号不同时刻的频谱特征。

实际应用中大部分信号是非平稳信号,因此对原始信号进行分段后求傅立叶变换是一种有效的频谱分析手段,既解决了频谱计算的实时处理问题,同时也能够完整地反映频谱特征信息,这就形成了所谓的短时傅立叶变换(STFT: Short Time Fourier Transform)分析技术。

2.7.1　短时傅立叶变换的定义

如图 2.18 所示,短时傅立叶变换可以通过对信号加短时窗 $w(n)$ 来实现,定义如下:

$$X_m(\mathrm{e}^{\mathrm{j}\omega})=\sum_{n=-\infty}^{\infty}x(n)w(n-m)\mathrm{e}^{-\mathrm{j}\omega(n-m)} \tag{2.96}$$

其中,m 表示短时窗的起点,$\hat{x}(n)$ 是短时窗函数,即

$$\hat{X}(\mathrm{e}^{\mathrm{j}\omega})=\frac{1}{2\pi}X(\mathrm{e}^{\mathrm{j}\omega})*R(\mathrm{e}^{\mathrm{j}\omega}) \tag{2.97}$$

例如,矩形窗的 $\hat{x}(n)$。式(2.96)可以转换成以下更加清晰的形式:

$$X_m(\mathrm{e}^{\mathrm{j}\omega})=\sum_{p=0}^{N-1}x(p+m)w(p)\mathrm{e}^{-\mathrm{j}\omega p} \tag{2.98}$$

上式表示,时间点 m 处的短时傅立叶变换是以 m 为起始点的 N 个信号值与窗函数的乘积的 N 点 DTFT。

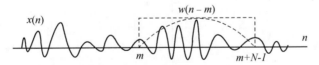

图 2.18　时间点 m 处的 STFT 示意图

一般来说,没有必要对所有时间点求短时离散傅立叶变换,即 m 的移动步长不为 1。至于步长多少合适完全由信号的非平稳性决定,信号变化越快,步长应该越短。例如,对语音信号计算 STFT 时移动步长取 10~20 ms 比较合适。

2.7.2　短时傅立叶变换的特性

令式(2.96)中 $m=0$,则短时信号为

$$\hat{x}(n)=x(n)w(n) \tag{2.99}$$

对上式两边求离散时间傅立叶变换,则根据傅立叶变换的卷积特性,$R(\mathrm{e}^{\mathrm{j}\omega})$ 的傅立叶变换为

$$\hat{X}(e^{j\omega}) = \frac{1}{2\pi} X(e^{j\omega}) * W(e^{j\omega}) \tag{2.100}$$

因此,短时信号 $\hat{x}(n)$ 的傅立叶变换得到的频谱是原始信号 $x(n)$ 的频谱与短时窗频谱的线性卷积。除非 $W(e^{j\omega})$ 是冲击信号(实际上不可能),否则在信号截短后其频谱与原来的频谱相比总是会有一定的畸变和失真,特别是会展宽原始信号的频带,造成频谱泄漏现象。显然,$W(e^{j\omega})$ 越接近冲击信号,这种畸变和失真就越小,反之则越大。

矩形窗函数的离散时间傅立叶频谱如下:

$$
\begin{aligned}
R(e^{j\omega}) &= \sum_{n=0}^{N-1} r(n) e^{-j\omega n} = \sum_{n=0}^{N-1} e^{-j\omega n} \\
&= \frac{1 - e^{-j\omega N}}{1 - e^{-j\omega}} \\
&= e^{-j\omega\left(\frac{N-1}{2}\right)} \frac{\sin\left(\dfrac{\omega N}{2}\right)}{\sin\left(\dfrac{\omega}{2}\right)}
\end{aligned}
\tag{2.101}
$$

幅度谱计算式为

$$|R(e^{j\omega})| = \left| \frac{\sin\left(\dfrac{\omega N}{2}\right)}{\sin\left(\dfrac{\omega}{2}\right)} \right| \tag{2.102}$$

图 2.19 是各种长度下的矩形窗幅度谱,其总体特征表现为一个主瓣和一些旁瓣($N-2$ 个)的衰减振荡形式。可以看到,幅度谱在 $\omega=0$ 处有一个最大值 N,主瓣的宽度为 $4\pi/N$。随着点数 N 的增大,主瓣的峰值越来越大,宽度越来越窄,而旁瓣数目也随之增加。但是,由于第一旁瓣的峰值也是随 N 的增大而增大,因此与主瓣峰值之比几乎保持不变。

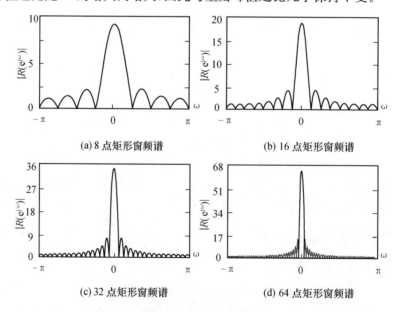

(a) 8 点矩形窗频谱

(b) 16 点矩形窗频谱

(c) 32 点矩形窗频谱

(d) 64 点矩形窗频谱

图 2.19　矩形窗频谱

从图 2.19 所示的矩形窗频谱可以看到有很多周期性过零的震荡,这样就会在与信号原始频谱卷积时在短时谱上形成很多振荡,称之为吉布斯(Gibbs)振荡。

频谱泄漏和吉布斯振荡会造成信号频谱的失真,这可以通过观察一个正弦信号加矩形窗的情况来分析。设信号 $x(n)$ 如下:

$$x(n)=r(n)\cos(\phi n)=\begin{cases}\cos(\phi n), & n=0,1,2,\cdots,N-1\\0, & \text{其他}\end{cases} \tag{2.103}$$

对 $x(n)$ 求傅立叶变换,并根据式(2.100)与式(2.101)得

$$X(\mathrm{e}^{\mathrm{j}\omega})=\frac{1}{2}R(\mathrm{e}^{\mathrm{j}(\omega-\phi)})+\frac{1}{2}R(\mathrm{e}^{\mathrm{j}(\omega+\phi)}) \tag{2.104}$$

根据第 2 章关于正弦信号频谱的讨论,$\cos(\phi n)$ 的频谱是在 $\omega=\phi$ 处的一个冲击。但是当被矩形窗截短后,冲击值变成了矩形窗频谱,这意味着频谱出现了失真,频谱泄漏和吉布斯现象明显,如图 2.20 所示(没有画出负频率轴的频谱)。其中,采样频率等于 1 000 Hz,$\phi=0.4\pi$(200 Hz),矩形窗长 $N=64$ 点。

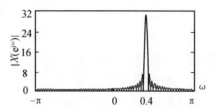

图 2.20　正弦信号加矩形窗后的频谱

可以想象,如果信号是由多个正弦信号叠加合成后加窗的话,则原始频谱(例如图 2.10 (a) 所示)中每个频率分量所对应的冲击值都将变成矩形信号频谱并在频域混叠在一起,整个频谱的失真就会增大,尤其是在窗长较短的时候,如图 2.21 所示。

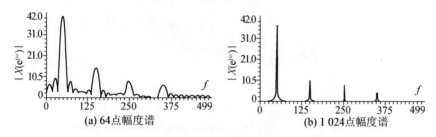

(a) 64点幅度谱　　　　　　　(b) 1 024点幅度谱

图 2.21　4 个频率的混合正弦信号的短时频谱(幅度归一化)

另外,由于矩形窗频谱的主瓣较宽,频谱的频率分辨率降低了,原来两个可以明显区分的相近的频谱峰值可能将变得不可分辨。例如,设信号 $x(n)$ 如式(2.105)所示,采样频率为 1 000 Hz,$\omega_1=0.278\pi$ (139 Hz),$\omega_2=0.3\pi$ (150 Hz),矩形窗长 $N=64$,则其频谱如图 2.22(a) 所示。

$$x(n)=r(n)[1.3(\sin\omega_1 n+0.5\sin\omega_2 n)] \tag{2.105}$$

但是,当加大矩形窗的宽度,即增加矩形窗的点数时,相应的频率分辨率将得到提高,信号的频谱也越来越接近原始频谱。图 2.22(b)是加 1 024 点矩形窗时的信号频谱,显然比图 2.22(a)要更接近图 2.10(a)显示的原始频谱。同样,虽然图 2.22(a)显示的 64 点信号的

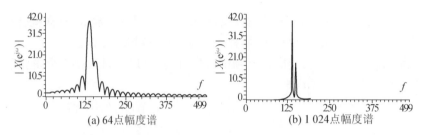

图 2.22 两个频率接近的混合正弦信号的短时频谱(幅度归一化)

频谱不足于区分频率分别为 139 Hz 和 150 Hz 的正弦信号,但图 2.22(b)显示的 1 024 点信号的频谱就可以很清楚地分辨这两个频率成分。

2.7.3 短时频谱的一种表示

短时傅立叶变换得到一系列随时间变化的短时频谱,这些频谱构成了一个(时间-频率-幅度)三维空间。为了表示的方便性,这样的三维空间往往被一种称为谱图(Spectrogram)的二维时频谱表示方式所替代。在谱图中,频谱的幅度是通过颜色或灰度表示,越黑表示能量越大,例如,图 2.23 显示了一个信号波形以及相应的谱图。从谱图中可以清楚地看到信号由 6 个包含不同频率成分的信号段构成,其中第一段是噪声,第三段信号包含了 1 000 Hz 和 3 000 Hz 两个频率成分,并且 3 000 Hz 的频率成分能量较大,而第四段信号则包含了 1 000Hz、2 000 Hz 和 3 000 Hz 三个频率成分。

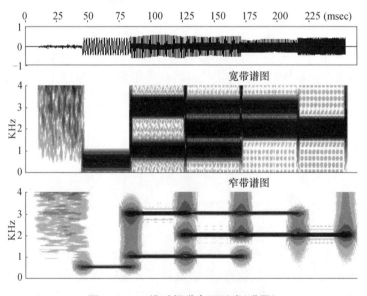

图 2.23 二维时频谱表示形式(谱图)

2.8 本章小结

本章介绍了离散信号傅立叶变换以及基于傅立叶变换的频谱分析和应用,并对实际应用中的短时傅立叶变换分析法做了简要介绍。傅立叶变换是信号处理中广泛应用的一种变换分析技术,其特点是可以揭示信号的频率分量特性和系统的频率响应特性,从而有利于对信号的识别与处理,也有利于系统的分析和设计。

除了傅立叶变换之外,信号处理中还有一些其他的变换,例如离散余弦变换(DCT:Discrete Cosine Transform)和希尔伯特变换(Hilbet Transform)等。不管是何种变换,其目的都是将信号变换到另一个空间进行分析,以得到在原始空间无法得到的信息。

习　　题

2-1　设有信号 $x_a(t) = \cos(2\pi f_0 t)$,$f_0 = 100\,\text{Hz}$。如果该信号采样后形成的离散信号为 $x(n) = \cos(\omega_0 n)$,那么当采样频率分别为 $f_s = 1\,000\,\text{Hz}$ 和 $f_s = 10\,000\,\text{Hz}$ 时,相应的 ω_0 分别是多少?

2-2　设有一信号 $x(n) = A\cos(\omega n + \phi)$ 输入到一个稳定的线性移不变系统,该系统的频率响应为 $H(e^{j\omega})$。证明:系统的输出为

$$y(n) = A\,|\,H(e^{j\omega})\,|\,\cos(\omega n + \phi + \theta_H(\omega))$$

2-3　给定一个线性移不变系统的系统函数为

$$H(z) = (1 - e^{j\pi/4}z^{-1})(1 - e^{-j\pi/4}z^{-1})$$

(1) 求系统频率响应 $H(e^{j\omega})$。

(2) 画出 $0 \leqslant \omega \leqslant 2\pi$ 以及 $-\pi \leqslant \omega \leqslant 2\pi$ 范围的幅度谱 $|\,H(e^{j\omega})\,|$。

(3) 当系统输入信号 $x(n) = A\cos\left(\dfrac{\pi}{4}n\right)$ 时,系统的输出信号 $y(n)$ 是什么?

2-4　设一线性移不变系统的系统函数为

$$H(z) = \frac{1 - z^{-1}}{1 + 0.8z^{-1}}$$

(1) 系统的零极点分别是多少?

(2) $H(e^{j\omega})$ 并画出 $0 \leqslant \omega \leqslant \pi$ 范围的幅度谱。

(3) 求 $\theta_H(\omega)$。

2-5　设有一个处处相等的信号 $x(n) = A$,假设该信号输入到一个系统函数为 $H(z) = 1 - z^{-1}$ 的线性移不变系统,问系统的输出信号 $y(n)$ 是怎样的?(信号可以看成 $x(n) = A\cos(\omega_0 n)$,其中 $\omega_0 = 0$)

2-6　证明以下离散时间傅立叶变换关系式:

(1) $\sin(\omega_0 n) \Longleftrightarrow \dfrac{\pi}{j}\delta(\omega - \omega_0) - \dfrac{\pi}{j}\delta(\omega + \omega_0)$

(2) $x(n)\sin(\omega_0 n) \Longleftrightarrow \dfrac{1}{2j}X(e^{j(\omega - \omega_0)}) - \dfrac{1}{2j}X(e^{j(\omega + \omega_0)})$

(3) $A\delta(n - k) \Longleftrightarrow Ae^{-j\omega k}$

(4) $A \Longleftrightarrow 2\pi A\delta(\omega)$

2-7　设一无限长序列信号为

$$x(n) = \cos\left(\frac{\pi}{3}n\right) + \frac{1}{2}\cos\left(\frac{\pi}{2}n\right) + \frac{1}{4}\cos\left(\frac{3\pi}{4}n\right)$$

求信号的频谱 $X(\mathrm{e}^{\mathrm{j}\omega})$ 并画出其在 $0\leqslant\omega\leqslant\pi$ 内的分布。

2-8 对模拟信号 $x_{\mathrm{a}}(t)=A\cos(2\pi f_0 t)$ 采样形成离散信号 $x(n)$,设 $f_0=10\ \mathrm{Hz}$,采样频率 f_{s} 分别为 $30\ \mathrm{Hz}$、$200\ \mathrm{Hz}$ 和 $15\ \mathrm{Hz}$,求该离散信号的频谱 $X(\mathrm{e}^{\mathrm{j}2\pi f/T})$ 并画出 $0\leqslant f\leqslant f_{\mathrm{s}}$ 区间的幅度谱,同时画出三种采样频率下 $0\leqslant\omega\leqslant2\pi$ 区间的幅度谱 $|X(\mathrm{e}^{\mathrm{j}\omega})|$。

2-9 设有模拟信号如下:

$$x_{\mathrm{a}}(t)=\frac{\sin(2\pi f_{\mathrm{c}}t)}{\pi t},\qquad f_{\mathrm{c}}=100\ \mathrm{Hz}$$

该信号经采样形成离散信号 $x(n)$,采样频率 f_{s} 分别为 $1\,000\ \mathrm{Hz}$、$300\ \mathrm{Hz}$ 和 $150\ \mathrm{Hz}$,求该离散信号的频谱 $X(\mathrm{e}^{\mathrm{j}\omega})$ 并画出三种采样频率下 $0\leqslant\omega\leqslant2\pi$ 区间的幅度谱 $|X(\mathrm{e}^{\mathrm{j}\omega})|$。

2-10 设一模拟信号 $x_{\mathrm{a}}(t)$ 的频谱为 $X_{\mathrm{a}}(f)$,如图 2.24 所示,该信号经采样后输入到一理想的低通滤波器,其截止频率为 $\omega_{\mathrm{c}}=0.25\pi$。画出该低通滤波器在以下 4 种情况下的输出信号的频谱:

(1) $B=100\ \mathrm{Hz}$, $f_{\mathrm{s}}=200\ \mathrm{Hz}$ (2) $B=100\ \mathrm{Hz}$, $f_{\mathrm{s}}=400\ \mathrm{Hz}$

(3) $B=100\ \mathrm{Hz}$, $f_{\mathrm{s}}=800\ \mathrm{Hz}$ (4) $B=20\ \mathrm{Hz}$, $f_{\mathrm{s}}=160\ \mathrm{Hz}$

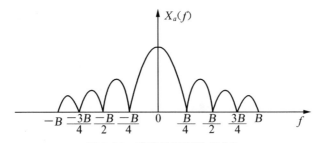

图 2.24 模拟信号频谱 $X_{\mathrm{a}}(f)$

2-11 以下信号 $x(n)$ 由一个 24 点矩形窗截短后形成短时信号 $g(n)$:

$$x(n)=4\cos\left(\frac{\pi n}{3}\right)+2\cos\left(\frac{2\pi n}{3}\right),\qquad g(n)=r(n)x(n)$$

画出 $0\leqslant\omega\leqslant2\pi$ 区间的短时信号 $g(n)$ 的幅度谱 $|G(\mathrm{e}^{\mathrm{j}\omega})|$。

2-12 一个具有两个频率的正弦信号叠加所形成的信号为

$$x(n)=\cos\left(\frac{2\pi}{25}n\right)+\cos\left(\frac{11\pi}{100}n\right)$$

设该信号加 N 点短时矩形窗截短,形成短时信号 $g(n)=r(n)x(n)$,问如果要将原始信号所包含的两个频率成分在短时幅度谱 $|G(\mathrm{e}^{\mathrm{j}\omega})|$ 上完全分开,矩形窗的长度或点数 N 至少为多少?(需要根据矩形窗主瓣的宽度分析)

2-13 一个幅度谱为常量的全通滤波器系统函数为

$$H(z)=G\prod_{k=1}^{M}\frac{(z^{-1}-d_k^{*})}{(1-d_k z^{-1})}$$

这里,$|d_k|<1$, $\forall k$。证明:$|H(\mathrm{e}^{\mathrm{j}\omega})|=|G|$。(提示:运用 $|H(\mathrm{e}^{\mathrm{j}\omega})|^2=H(\mathrm{e}^{\mathrm{j}\omega})H^{*}(\mathrm{e}^{\mathrm{j}\omega})$)

2-14 一个线性移不变系统的输入与输出之间的关系可以用以下差分方程描述：

$$y(n) = \frac{1}{N}\sum_{k=0}^{N-1}x(n-k)$$

(1) 求系统的频率响应 $H(e^{j\omega})$ 和幅度谱 $|H(e^{j\omega})|$。

(2) 画出 N 分别等于 8、16、32 时的幅度谱。

(3) 求系统的单位脉冲响应 $h(n)$。

2-15 一个线性移不变系统如图 2.25(a)所示，其频率响应 $H(e^{j\omega})$ 和输入信号 $x(n)$ 的频谱 $X(e^{j\omega})$ 分别如图 2.25(b) 和图 2.25(c) 所示。

(1) 画出图中①和②处在 $-\pi < \omega < \pi$ 范围的信号频谱。

(2) 求系统的单位脉冲响应 $h(n)$。

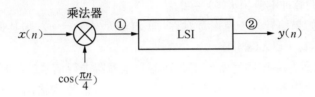

(a)

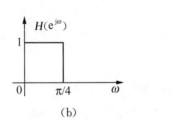

(b)

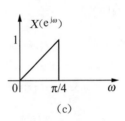

(c)

图 2.25 低通滤波器系统

2-16 设 $f(n)$ 和 $g(n)$ 为稳定的实因果序列信号，它们的傅立叶变换分别为 $F(e^{j\omega})$ 和 $G(e^{j\omega})$，证明：

$$\frac{1}{2\pi}\int_{-\pi}^{\pi}F(e^{j\omega})G(e^{j\omega})d\omega = \left[\frac{1}{2\pi}\int_{-\pi}^{\pi}F(e^{j\omega})d\omega\right]\left[\frac{1}{2\pi}\int_{-\pi}^{\pi}G(e^{j\omega})d\omega\right]$$

2-17 对于离散信号 $x(n)$，设其傅立叶变换为 $X(e^{j\omega})$，证明：

$$\sum_{n=-\infty}^{\infty}x(n)x^*(n) = \frac{1}{2\pi}\int_{-\pi}^{\pi}X(e^{j\omega})X^*(e^{j\omega})d\omega$$

2-18 一个因果线性移不变系统由下列差分方程描述：

$$y(n) - ay(n-1) = bx(n) - x(n-1)$$

试确定能使该系统成为全通系统的 b 值 $(b \neq a)$。所谓全通系统是指其频率响应的模为常数，与频率无关的系统。

2-19 一个理想希尔伯特(Hilbert)系统的频率响应如下：

$$H(e^{j\omega}) = \begin{cases} +j, & -\pi < \omega < 0 \\ 0, & \omega = 0 \\ -j, & 0 < \omega \leqslant \pi \end{cases}$$

(1) 画出 $-\pi < \omega < \pi$ 范围的幅度谱 $|H(\mathrm{e}^{\mathrm{j}\omega})|$。

(2) 画出 $-\pi < \omega < \pi$ 范围的相位谱 $\theta_H(\omega)$。

(3) 设有一输入信号 $x(n)$ 如下,求系统的输出 $y(n)$。

$$x(n) = \cos\left(\frac{\pi n}{10}\right) + \frac{1}{2}\cos\left(\frac{\pi n}{6} - \frac{\pi}{4}\right) + \frac{1}{3}\cos\left(\frac{\pi n}{2} + \frac{\pi}{10}\right)$$

(4) 证明:系统的单位脉冲响应为

$$h(n) = \frac{1 - \cos(\pi n)}{\pi n}, \qquad -\infty < n < \infty$$

(5) 理想希尔伯特系统是因果系统吗?

(6) 证明系统的脉冲响应值 $h(0) = 0$。

2-20 证明:如果信号关于原点奇对称,即 $x(n) = -x(-n)$,则其傅立叶变换 $X(\mathrm{e}^{\mathrm{j}\omega})$ 是关于 ω 的虚函数,即 $\mathrm{Re}\{X(\mathrm{e}^{\mathrm{j}\omega})\} = 0$。

2-21 在信号处理系统中经常使用取样器和压缩器进行信号的抽样和压缩,取样器使输入信号的奇数点值为零,而压缩器将输入信号的偶数点值作为输出信号值,如图 2.26(a) 所示。图 2.26(b) 为两个应用取样器和压缩器的线性移不变系统,其中 FA 和 FB 是因果系统,并且 FA 的频率响应为

$$H_{\mathrm{A}}(\mathrm{e}^{\mathrm{j}\omega}) = \frac{1}{1 - a\mathrm{e}^{-\mathrm{j}\omega}}, \qquad a < 1$$

求图 2.26(b) 中的两个系统等效时,系统 FB 的频率响应 $H_{\mathrm{B}}(\mathrm{e}^{\mathrm{j}\omega})$。

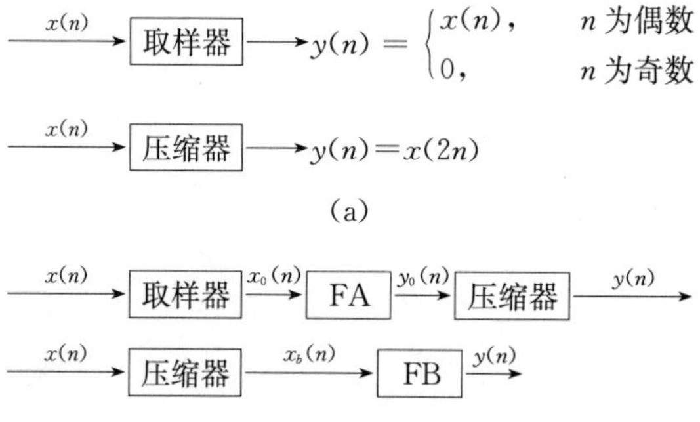

(a)

(b)

图 2.26 取样器、压缩器及其应用

实验 离散信号频谱分析与应用

一、实验目的

(1) 通过实验巩固对离散时间傅立叶变换(DTFT)的认识和理解。

(2) 加深理解应用 DTFT 进行频谱分析的方法。

(3) 理解频谱分析的意义和应用价值。

二、实验内容

数字信号广播通信中调制(AM、FM、PM 等)与解调可以通过软件的方式实现,其中采用的信号处理方法之一就是频谱分析。这个实验通过一个简化的 AM 调幅通信系统说明频谱分析在通信中的应用,其基本原理在 2.6.2 节作了介绍。

AM 的调制很简单,用式(2.91)就可以实现。实际应用中还需要根据功率要求给定一个载波信号幅度 G,使之成为 $G\cos(\phi n)$,因此调制信号为 $x_m(n) = x(n)[G\cos(\phi n)]$。为了简化问题,本实验仅考虑传输信号 $x(n)$ 是复合正弦信号的情况,当然,调制信号 $x_m(n)$ 本身也可能包含多个不同的载波调制信号,如同广播通信中所接收的信号包含不同电台发射的信号一样。相应的解调系统如图 2.27 所示。

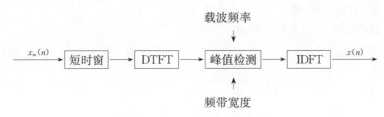

图 2.27 AM 解调系统框图

设采样频率为 2 MHz,短时矩形窗将信号截短为有限长 2 000 点,或者说系统只需要接收 2 000 个信号值就进行解调处理。利用 DTFT 计算调制信号的幅度谱 $|X_m(e^{j\omega})|$,并在 $0 \leqslant \omega < \pi$ 或 $0 \leqslant f < f_s/2$ 范围内等间隔取 1 000 个频谱值。峰值检测根据载波频率 f_ϕ 和带宽 Δf 在 $[f_\phi, f_\phi + \Delta f]$ 范围内搜索频谱峰值。在传输信号是复合正弦信号的限定下,IDFT 并不需要真正计算,只要根据峰值位置 f_0 和幅度 A 就能够确定原始信号包含的一个频率成分是 $(A/G)\sin(2\pi(f_0 - f_\phi)nT)$,幅度 (A/G) 是相对值,绝对值还需要除以 1/4 窗长。

(1)编程实现 AM 解调系统,可选择的载波频率 f_ϕ 为 200 kHz、400 kHz、600 kHz、800 kHz,带宽 Δf 为 80 kHz,载波信号幅度 $G = 1$。

(2)输入调制信号 $x_m(n) = \sin(0.008\pi n)\cos(0.6\pi n)$,$f_\phi = 600$ kHz。理论计算并画出 $0 \leqslant f \leqslant f_s$ 范围的幅度谱,标出峰值频率,观察系统的实际输出结果并分析其正确性。

(3)输入调制信号 $x_m(n) = 2.0 \sin(0.008\pi n)\cos(0.6\pi n) + \sin(0.01\pi n)\cos(0.2\pi n)$,$f_\phi = 200$ kHz。理论计算并画出 $0 \leqslant f \leqslant f_s$ 范围的幅度谱,标出峰值频率,观察系统的实际输出结果并分析其正确性。

(4)输入调制信号 $x_m(n) = [\sin(0.005\pi n) + 0.5 \sin(0.007\pi n)]\cos(0.4\pi n)$,$f_\phi = 400$ kHz。理论计算并画出 $0 \leqslant f \leqslant f_s$ 范围的幅度谱,标出峰值频率,观察系统的实际输出结果并分析其正确性。

(5)输入调制信号 $x_m(n) = [\sin(0.005\pi n) + 0.5 \sin(0.007\pi n)]\cos(0.4\pi n)$,$f_\phi = 800$ kHz。理论计算并画出 $0 \leqslant f \leqslant f_s$ 范围的幅度谱,标出峰值频率,观察系统的实际输出结果并分析其正确性。

(6)输入调制信号 $x_m(n) = \sin(0.16\pi n)\cos(0.2\pi n)$,$f_\phi = 200$ kHz。理论计算并画出 $0 \leqslant f \leqslant f_s$ 范围的幅度谱,标出峰值频率,观察系统的实际输出结果并分析其正确性。

(7)输入调制信号为 $x_m(n) = [\sin(0.005\pi n) + 0.5 \sin(0.007\pi n)]\cos(0.4\pi n) +$

$\sin(0.02\pi n)\cos(0.8\pi n)$ $f_{\phi}=800\,\text{kHz}$。理论计算并画出 $0\leqslant f\leqslant f_{s}$ 范围的幅度谱,标出峰值频率,观察系统的实际输出结果并分析其正确性。

三、思考题

(1) 为什么对连续频谱的取样只在 $0\leqslant\omega\leqslant\pi$ 和 $0\leqslant f\leqslant f_{s}/2$ 范围内进行?

(2) 当输入调制信号 $x_{m}(n)=0.8\sin(0.25\pi n)\cos(0.6\pi n)$ 且 $f_{\phi}=800\,\text{kHz}$ 时,系统能够得到正确的输出结果吗? 为什么?

(3) 为什么根据载波频率和带宽的谱峰搜索范围是 $[f_{\phi},\ f_{\phi}+\Delta f\,]$?

(4) 为什么 f_{0} 处谱峰对应的信号成分是 $(A/G)\sin(2\pi(f_{0}-f_{\phi})nT)$?

四、实验要求

(1) 简述实验目的和原理。

(2) 按实验内容顺序给出实验结果。

(3) 回答思考题。

3 离散傅立叶变换与快速算法

■ 离散傅立叶变换以及离散频谱

■ 频率分辨率和时间分辨率

■ 快速傅立叶变换及其应用

这一章介绍频谱分析的离散傅立叶变换（DFT：Discrete Fourier Transform）方法和快速傅立叶变换（FFT：Fast Fourier Transform）方法。快速傅立叶变换只是离散傅立叶变换的一种快速算法，在功能上两者完全一致，但在处理速度和运行效率方面快速傅立叶变换有明显的优势。

第2章介绍的离散时间傅立叶变换（DTFT）是一种有效的频谱分析理论，可以用来对离散信号和系统的频谱特性进行理论分析，指导具体的数字信号处理系统（如数字滤波器）的设计，但由于以下三个方面的原因，使得 DTFT 不能成为一个可实际应用的方法：(1) 计算任何一个频谱值需要所有的信号数据，这意味着实际处理中需要很大的存储量；(2) 无法实时处理，因为信号的频谱必须在所有信号都输入以后才能计算；(3) 计算得到的频谱是连续的，无法用有限个数字存储器存储。前两个问题可以采用短时傅立叶分析来解决，这在 2.7 节已经进行了介绍。第 3 个问题则可以采用本章介绍的 DFT 来解决。

DFT 和 FFT 是基于实际应用需求提出的频谱分析方法，运用有限个信号值计算信号的离散频谱，解决了存储和实时处理问题，克服了利用 DTFT 计算频谱的缺点。

3.1 周期信号的离散傅立叶级数表示

如第 1 章所述，周期信号 $x(n)$ 是一个长度为 N 的序列信号以该长度 N 为周期在时域上的无限重复，它可以用式(3.1)表示：

$$x(n) = x(n + rN), \qquad r = 0, \pm 1, \pm 2, \cdots \tag{3.1}$$

虽然某些周期信号存在傅立叶变换，例如，根据式(2.85)，正弦信号 $x(n) = \sin(0.5\pi n)$ 的离散时间傅立叶变换为 $-\pi\mathrm{j}[\delta(\omega - 0.5\pi) - \delta(\omega + 0.5\pi)]$；另外，信号 $x(n) = u(n) + u(-n-1)$ 的傅立叶变换为 $\delta(\omega)$。但由于周期信号不满足绝对可和的条件，所以不能保证它相应的傅立叶变换一定存在。

3.1.1 离散傅立叶级数

实际上，对于周期信号来说，所有的时域特征信息都在一个周期内反映出来了，因此相应的频域特征信息也可以通过一个周期的信号进行分析。根据傅立叶理论，一个周期为 N 的离散信号 $x(n)$ 可以展开为 N 个复正弦信号的叠加形式，即离散傅立叶级数（DFS：Discrete Fourier Series),如下:

$$x(n) = \frac{1}{N}\sum_{k=0}^{N-1} c_k e^{j\frac{2\pi}{N}kn} \qquad (3.2)$$

其中,c_k 是傅立叶系数,其计算公式如下:

$$c_k = \sum_{n=0}^{N-1} x(n) e^{-j\frac{2\pi}{N}kn} \qquad (3.3)$$

可以证明式(3.2)和式(3.3)都满足周期为 N 的特性,即 $x(n) = x(n+N)$,$c_k = c_{k+N}$,所以傅立叶系数也具有周期性特征。

式(3.2)说明一个周期为 N 的离散信号可以用 N 个复正弦信号的线性加权表示,而加权系数就是傅立叶系数。从频域的角度来看,式(3.2)说明周期信号 $x(n)$ 共有 N 个频率成分,如下:

$$\omega_k = \frac{2\pi k}{N}, \qquad k = 0 \sim N-1 \qquad (3.4)$$

每个频率成分的能量大小由加权系数,即傅立叶系数 c_k 表示,因此傅立叶系数 c_k,$k = 0 \sim N-1$ 完全描述了周期信号的频谱。

例 3-1 设周期信号 $x(n)$ 的一个周期为

$$x(n) = \begin{cases} 1, & 0 \leqslant n \leqslant 3 \\ 0, & 4 \leqslant n < 8 \end{cases} \qquad (3.5)$$

求该周期信号的频谱。

解 周期信号的频谱由傅立叶系数表示,其计算如式(3.3)所示。将式(3.5)代入式(3.3)得

$$c_k = \sum_{n=0}^{7} x(n) e^{-j\frac{2\pi}{8}kn} = \sum_{n=0}^{3} e^{-j\frac{2\pi}{8}kn}$$

$$= \frac{\sin\left(\frac{\pi k}{2}\right)}{\sin\left(\frac{\pi k}{8}\right)} e^{-j\frac{3\pi}{8}k} \qquad (3.6)$$

因此,幅度谱 $|c_k|$ 和相位谱 θ_k 分别如式(3.7)和(3.8)所示:

$$|c_k| = \left| \frac{\sin\left(\frac{\pi k}{2}\right)}{\sin\left(\frac{\pi k}{8}\right)} \right|, \qquad k = 0 \sim 7 \qquad (3.7)$$

$$\theta_k = -\frac{3\pi}{8}k, \qquad k = 0 \sim 7 \qquad (3.8)$$

信号的波形和幅度谱、相位谱如图 3.1 中黑点所示,对称部分($k = 4 \sim 7$)以及周期性特征没有在图中表示出来。

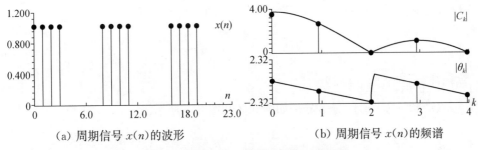

（a）周期信号 $x(n)$ 的波形 （b）周期信号 $x(n)$ 的频谱

图 3.1 周期信号 x(n)的时域波形和频谱

从式(3.3)和图 3.1 中的频谱可以看出,由傅立叶系数表示的周期信号的频谱一定是离散的,而且一个周期最多在 N 个频率分量处有值,这 N 个频率点如式(3.4)所示。另外,傅立叶系数所表示的周期信号频谱具有与离散时间傅立叶变换相同的特性,如:线性变换特性;周期性,周期为 N;共轭对称特性,即幅度谱偶对称,相位谱奇对称。

当一个周期为 N 的周期信号 $x(n)$ 输入到线性移不变系统时,假设系统的频率响应是 $H(e^{j\omega})$,则根据式(2.37)以及 2.3 节的讨论,系统的输出信号 $y(n)$ 如下:

$$y(n) = \frac{1}{N}\sum_{k=0}^{N-1} c_k H(e^{j\frac{2\pi}{N}k}) e^{j\frac{2\pi}{N}kn}$$
$$= \frac{1}{N}\sum_{k=0}^{N-1} \tilde{c}_k e^{j\frac{2\pi}{N}kn} \tag{3.9}$$

其中

$$\tilde{c}_k = c_k H(e^{j\frac{2\pi}{N}k}) \tag{3.10}$$

容易证明:$\tilde{c}_k = \tilde{c}_{k+N}$,$y(n) = y(n+N)$。因此,输出信号 $y(n)$ 亦是一个周期信号,而且周期与输入信号的周期相同。

3.1.2 周期卷积

两个周期为 N 的周期信号 $x_1(n)$ 和 $x_2(n)$,其线性卷积不存在。但对于周期信号来说,有意义的是周期卷积,而非线性卷积。$x_1(n)$ 和 $x_2(n)$ 的周期卷积定义如下:

$$x_1(n) \otimes x_2(n) = \sum_{k=0}^{N-1} x_1(k) x_2(n-k) \tag{3.11}$$

式(3.11)的周期卷积计算公式说明,周期卷积和线性卷积的区别仅仅在于累加求和的范围。线性卷积的累加求和范围是$(-\infty, \infty)$,而周期卷积的累加求和范围是一个周期,即$[0, N-1]$。

设 $x(n)$ 是 $x_1(n)$ 和 $x_2(n)$ 的周期卷积,则 $x(n+N)$ 为

$$x(n+N) = x_1(n+N) \otimes x_2(n+N)$$
$$= \sum_{k=0}^{N-1} x_1(k) x_2(n+N-k)$$
$$= \sum_{k=0}^{N-1} x_1(k) x_2(n-k)$$
$$= x(n) \tag{3.12}$$

因此,$x_1(n)$ 和 $x_2(n)$ 的周期卷积 $x(n)$ 也是一个周期为 N 的周期信号。

例 3 - 2 设有两个周期为 8 的周期信号 $x_1(n)$ 和 $x_2(n)$ 如下:

$$x_1(n) = \begin{cases} 1, & 0 \leqslant n \leqslant 3 \\ 0, & 4 \leqslant n < 8 \end{cases}, \qquad x_2(n) = \begin{cases} 0, & 0 \leqslant n \leqslant 3 \\ 1, & 4 \leqslant n < 8 \end{cases} \qquad (3.13)$$

求它们的周期卷积。

解 $x_1(n)$ 和 $x_2(-n)$ 的波形分别如图 3.2 和图 3.3 所示。

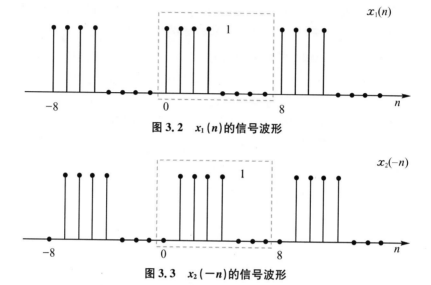

图 3.2 $x_1(n)$ 的信号波形

图 3.3 $x_2(-n)$ 的信号波形

周期卷积的累加求和区域如图中虚线所示。设 $x(n) = x_1(n) \otimes x_2(n)$，则从以上两图可以得到 $x(0) = 3$。随着图 3.3 中信号的右移，将虚线框中的信号相乘并累加，可进一步得到其他信号值，结果如下：

$$x(0) = 3, \qquad x(1) = 2$$
$$x(2) = 1, \qquad x(3) = 0$$
$$x(4) = 1, \qquad x(5) = 2$$
$$x(6) = 3, \qquad x(7) = 4$$

$x(n)$ 的信号波形如图 3.4 所示。

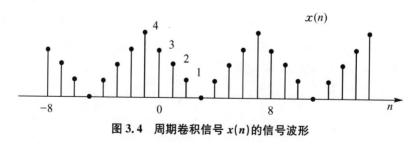

图 3.4 周期卷积信号 $x(n)$ 的信号波形

就像线性卷积和离散时间傅立叶变换的对应关系一样，对于周期信号而言，时域上的周期卷积对应傅立叶系数的乘积，即

$$x_1(n) \otimes x_2(n) \Leftrightarrow c1_k c2_k \qquad (3.14)$$

其中, $c1_k$ 和 $c2_k$ 分别是信号 $x_1(n)$ 和 $x_2(n)$ 的傅立叶系数。式(3.14)的意思是,两个信号的周期卷积形成的信号,其傅立叶系数与每个信号的傅立叶系数的乘积相等。证明如下:

设 $x_1(n)$ 和 $x_2(n)$ 都是周期为 N 的周期信号,则根据式(3.12)的证明,它们的周期卷积 $x(n) = x_1(n) \bigotimes x_2(n)$ 也是一个周期为 N 的周期信号。对两边求傅立叶系数得

$$c_k = \sum_{n=0}^{N-1} \big[x_1(n) \bigotimes x_2(n) \big] e^{-j\frac{2\pi}{N}kn} = \sum_{n=0}^{N-1} \Big[\sum_{r=0}^{N-1} x_1(r) x_2(n-r) \Big] e^{-j\frac{2\pi}{N}kn}$$

$$= \sum_{r=0}^{N-1} x_1(r) \Big[\sum_{n=0}^{N-1} x_2(n-r) e^{-j\frac{2\pi}{N}kn} \Big] \tag{3.15}$$

其中, c_k 是 $x(n)$ 的傅立叶系数。令 $n-r = m$,上式成为

$$c_k = \sum_{r=0}^{N-1} x_1(r) \Big[\sum_{m=-r}^{N-1-r} x_2(m) e^{-j\frac{2\pi}{N}km} e^{-j\frac{2\pi}{N}kr} \Big]$$

$$= \sum_{r=0}^{N-1} x_1(r) e^{-j\frac{2\pi}{N}kr} \Big[\sum_{m=-r}^{N-1-r} x_2(m) e^{-j\frac{2\pi}{N}km} \Big] \tag{3.16}$$

上式方括弧中的求和式可以进一步展开为

$$\sum_{m=-r}^{N-1-r} x_2(m) e^{-j\frac{2\pi}{N}km} = \sum_{m=-r}^{-1} x_2(m) e^{-j\frac{2\pi}{N}km} + \sum_{m=0}^{N-1} x_2(m) e^{-j\frac{2\pi}{N}km} - \sum_{m=N-r}^{N-1} x_2(m) e^{-j\frac{2\pi}{N}km} \tag{3.17}$$

令 $m-N = p$,则上式右边最后一项成为

$$\sum_{m=N-r}^{N-1} x_2(m) e^{-j\frac{2\pi}{N}km} = \sum_{p=-r}^{-1} x_2(p+N) e^{-j\frac{2\pi}{N}k(p+N)}$$

$$= \sum_{p=-r}^{-1} x_2(p) e^{-j\frac{2\pi}{N}kp} \tag{3.18}$$

将式(3.18)代入式(3.17)得到 $x_2(n)$ 的傅立叶系数 $c2_k$。将式(3.17)进一步代入式(3.16)得

$$c_k = \sum_{r=0}^{N-1} x_1(r) e^{-j\frac{2\pi}{N}kr} c2_k = c1_k c2_k \tag{3.19}$$

因此,式(3.14)所示关系成立。

3.2 离散傅立叶变换

离散傅立叶变换与离散时间傅立叶变换的根本区别在于实际可应用性。DTFT 是一种频谱的理论分析方法,但不具有实用性,而 DFT 却是一种可实际应用的频谱分析方法,也是目前实际应用中进行频谱分析的主要方法。

3.2.1 离散傅立叶变换的定义

设 $x(n)$ 是长度为 N 点的有限长信号(注意这个前提),即信号仅仅分布在 $[0, N-1]$ 区间,其余时间均为 0,那么该信号的离散傅立叶变换定义如下:

$$X(k) = \sum_{n=0}^{N-1} x(n) e^{-j\frac{2\pi}{N}kn}, \qquad k = 0 \sim N-1 \tag{3.20}$$

将式(3.20)与离散式(3.3)的傅立叶级数进行比较可以发现两者的相似性。离散傅立叶变换值 $X(k)$ 的计算公式与离散傅立叶系数 c_k 的计算公式一致,只是信号 $x(n)$ 的特性有差别,

前者针对的 $x(n)$ 是长度为 N 的有限长信号,而后者针对的 $x(n)$ 是以 N 为周期的周期信号。另外,$X(k)$ 本身也是长度为 N 的序列,而 c_k 是周期为 N 的周期序列。同时也注意到,尽管傅立叶系数 c_k 的计算针对周期信号,但实际上仅仅利用了一个周期。因此,如果式(3.20)中的有限长信号 $x(n)$ 是式(3.3)中周期信号 $x(n)$ 的一个周期的话,那么离散傅立叶变换值 $X(k)$,$k=0\sim N-1$ 与离散傅立叶系数 c_k 的一个周期即 c_k,$k=0\sim N-1$ 完全相等。

通过以上讨论可以推断,离散傅立叶变换值 $X(k)$ 与傅立叶系数 c_k 具有相同的含义,即都反映了信号的频谱。或者说,离散傅立叶变换值 $X(k)$,$k=0\sim N-1$ 是有限长信号 $x(n)$,$n=0\sim N-1$ 的离散频谱。

可以从另一个方向来分析离散傅立叶变换式(3.20)的含义。因为 $x(n)$,$n=0\sim N-1$ 是一个有限长信号,所以它的离散时间傅立叶变换为

$$X(e^{j\omega}) = \sum_{n=0}^{N-1} x(n)e^{-j\omega n} \tag{3.21}$$

$X(e^{j\omega})$ 是以 2π 为周期的连续频谱,也是 $x(n)$ 在单位圆上的 Z 变换。如果对该连续频谱以等间隔方式采样(频域采样),则频率间隔为 $\Delta\omega = 2\pi/N$,在 $0\sim 2\pi$ 内共有 N 个频率采样点,如下:

$$\omega_k = \Delta\omega \cdot k = \frac{2\pi}{N}k, \qquad k=0\sim N-1 \tag{3.22}$$

从单位圆上的 Z 变换角度看,频率采样的情况如图 3.5 所示。将式(3.22)的离散频率采样点代入式(3.21)得到信号的离散频谱为

$$X(e^{j\frac{2\pi}{N}k}) = \sum_{n=0}^{N-1} x(n)e^{-j\frac{2\pi}{N}kn}, \qquad k=0\sim N-1 \tag{3.23}$$

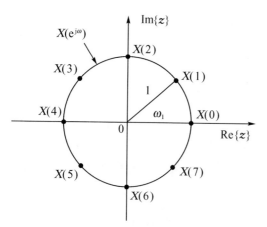

图 3.5 由 8 个频率采样点形成的
离散频谱 $X(k)$,$k=0\sim 7$

将上式左边以简约形式 $X(k)$ 表示,则上式成为离散傅立叶变换式(3.20)。因此,离散傅立叶变换的含义是求有限长信号的离散频谱,严格地说是 $X(e^{j\omega})$ 在 $0\sim 2\pi$ 一个周期内的离散值。图 3.5 描述了一个由频域中 8 个采样点形成的离散频谱 $X(k)$,$k=0\sim 7$。

例 3-3 设一个长度为 8 的有限长信号如下:

$$x(n) = \begin{cases} 2, & 0 \leqslant n \leqslant 3 \\ 1, & 4 \leqslant n \leqslant 7 \\ 0, & \text{其他} \end{cases} \tag{3.24}$$

求它的离散傅立叶变换值 $X(k)$,$k=0\sim 7$。

解 根据离散傅立叶变换公式,$x(n)$ 的离散傅立叶变换为

$$X(k) = \sum_{n=0}^{7} x(n)e^{-j\frac{2\pi}{8}kn} = 2\sum_{n=0}^{3} e^{-j\frac{2\pi}{8}kn} + \sum_{n=4}^{7} e^{-j\frac{2\pi}{8}kn}$$

$$= 2\sum_{n=0}^{3} e^{-j\frac{2\pi}{8}kn} + e^{-j\pi k}\sum_{n=0}^{3} e^{-j\frac{2\pi}{8}kn}$$

$$= (2 + e^{-j\pi k}) \frac{1 - e^{-j\pi k}}{1 - e^{-j\frac{2\pi}{8}k}} \qquad (3.25)$$

进一步简化得

$$X(k) = [2 + \cos(\pi k)] \frac{\sin\left(\frac{\pi k}{2}\right)}{\sin\left(\frac{\pi k}{8}\right)} e^{-j\frac{3}{8}\pi k} \qquad (3.26)$$

离散幅度谱 $|X(k)|$ 为

$$|X(k)| = [2 + \cos(\pi k)] \left| \frac{\sin\left(\frac{\pi k}{2}\right)}{\sin\left(\frac{\pi k}{8}\right)} \right|, \qquad k = 0 \sim 7 \qquad (3.27)$$

图 3.6 中的黑点描述了由式(3.27)计算得到的离散幅度谱 $|X(k)|$，实线为相应的连续幅度谱 $|X(e^{j\omega})|$。可以清楚地看到，$|X(k)|$ 是由 $|X(e^{j\omega})|$ 离散化形成的离散频谱。

根据式(3.22)的频率采样点计算公式，对于 N 点离散傅立叶变换，$k = N/2$ 相当于 $\omega = \pi$，$k = N$ 相当于 $\omega = 2\pi$。将 $\omega = 2\pi f T = 2\pi f / f_s$ 代入式(3.22)，得到 f 与 k 的关系式如下：

$$f = \frac{f_s}{N} k \qquad (3.28)$$

因此，$k = N/2$ 相当于 $f = f_s/2$，而 $k = N$ 相当于 $f = f_s$，对于 N 点的 DFT，其 k 与 ω 和 f 的对应关系如下：

$$
\begin{aligned}
k: &\ 0, \quad 1, \quad 2, \qquad 3, \qquad \cdots, \quad N-2, \qquad N-1 \\
\omega: &\ 0, \quad \frac{2\pi}{N}, \quad \frac{2\pi}{N} \cdot 2, \quad \frac{2\pi}{N} \cdot 3, \quad \cdots, \quad \frac{2\pi}{N}(N-2), \quad \frac{2\pi}{N}(N-1) \\
f: &\ 0, \quad \frac{f_s}{N}, \quad \frac{f_s}{N} \cdot 2, \quad \frac{f_s}{N} \cdot 3, \quad \cdots, \quad \frac{f_s}{N}(N-2), \quad \frac{f_s}{N}(N-1)
\end{aligned} \qquad (3.29)
$$

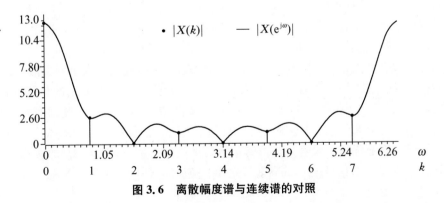

图 3.6　离散幅度谱与连续谱的对照

例 3 - 4　设一个由两个正弦信号叠加形成的有限长信号如式(3.30)所示，采样频率为 1 000 Hz，求离散傅立叶变换 $X(k)$，并画出其离散幅度谱。

$$x(n) = \cos(0.5\pi n) + \sin(0.2\pi n), \qquad 0 \leqslant n < 128 \qquad (3.30)$$

解　信号 $x(n)$ 的波形如图 3.7(a)所示。根据 DFT 计算公式(3.20)得

$$X(k) = \sum_{n=0}^{127} \left[\cos(0.5\pi n) + \sin(0.2\pi n) \right] e^{-j\frac{2\pi}{128}kn} \tag{3.31}$$

对 $X(k)$ 的计算可以通过程序进行,其离散幅度谱如图 3.7(b)所示。

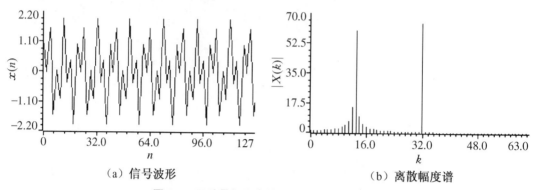

（a）信号波形　　　　　　　　　　　（b）离散幅度谱

图 3.7　正弦叠加混合信号波形与离散幅度谱

图 3.7 仅画出了有效离散幅度谱,没有画出 $k = 64 \sim 127$ 的镜像分量。可以看到在 $k = 13$ 和 $k = 32$ 处有两个峰,根据式(3.29)可以计算其对应的角频率分别是 $0.203\,125\,\pi$ 和 $0.5\,\pi$,对应的频率分别是 101.562 5 Hz 和 250 Hz。显然,第一个峰值频率与由式(3.30)计算所得的理论上的频率值(100 Hz)有一定差异,这是由频谱离散化造成的,因为没有一个整数 k 可以与 $\omega = 0.2\,\pi$ 或 $f = 100\,Hz$ 对应。另外,频谱泄漏(见 2.7.2 节)现象非常明显。第二个峰值与理论上的频率值(250 Hz)一致,而且由于泄漏谱谷点(幅度为零)正好对应频谱离散化采样点而使得频谱泄漏现象被掩盖了。

3.2.2　离散傅立叶反变换

离散傅立叶反变换(IDFT:Inverse Discrete Fourier Transform)的计算公式如下:

$$x(n) = \frac{1}{N} \sum_{k=0}^{N-1} X(k) e^{j\frac{2\pi}{N}kn}, \qquad n = 0 \sim N-1 \tag{3.32}$$

显然,上式与式(3.2)描述的根据傅立叶系数求周期信号的公式一样,只是这里的 $x(n)$ 是有限长信号,但如果将它看作周期信号的一个周期,就一致了。

式(3.32)包含两点含义,一是可以根据 N 个离散傅立叶变换所表示的离散频谱值 $X(k)$ 恢复原始信号 $x(n)$;二是长度为 N 的有限长信号可以用 N 个频率分量的复正弦信号的叠加来构成,这也就反映了信号的频谱一定是 N 个离散值。其中后一点是很有意义的,它说明了任何一个短时分布的信号(有限长)都可以通过正弦信号来合成。例如,可以用一些正弦信号的组合来合成任何一段音乐或语音信号。下面对第一点,即式(3.32)进行证明。

设长度为 N 的短时信号 $x(n)$ 的离散傅立叶变换值为 $X(k)$,$k = 0 \sim N-1$。将式(3.20)代入式(3.32)右边得

$$\frac{1}{N} \sum_{k=0}^{N-1} \left[\sum_{m=0}^{N-1} x(m) e^{-j\frac{2\pi}{N}km} \right] e^{j\frac{2\pi}{N}kn} = \frac{1}{N} \sum_{k=0}^{N-1} \left[\sum_{m=0}^{N-1} x(m) e^{-j\frac{2\pi}{N}k(m-n)} \right]$$

$$= \frac{1}{N} \sum_{m=0}^{N-1} x(m) \left[\sum_{k=0}^{N-1} e^{j\frac{2\pi}{N}k(m-n)} \right] \tag{3.33}$$

上式方括弧中的求和式如下：

$$\sum_{k=0}^{N-1} e^{j\frac{2\pi}{N}k(m-n)} = \frac{1-e^{-j2\pi(m-n)}}{1-e^{-j\frac{2\pi}{N}(m-n)}} \tag{3.34}$$

由于 m 和 n 都是整数，式(3.34)仅当 $m-n = rN$，$r = 0, \pm 1, \pm 2, \cdots$ 时等于 N，其余情况下均等于 0，但由于 $x(n)$ 是有限长信号，因此 m 和 n 的取值不能超过 $N-1$，所以式(3.34)不为零的条件是 $m = n$。将以上结果代入式(3.33)右边得

$$\frac{1}{N}\sum_{m=0}^{N-1} x(m)\left[\frac{1-e^{-j2\pi(m-n)}}{1-e^{-j\frac{2\pi}{N}(m-n)}}\right] = \frac{1}{N}x(n) \cdot N = x(n) \tag{3.35}$$

因此，式(3.32)成立。

例 3 - 5 设一个信号的 10 点离散傅立叶变换值如表 3.1 所示，求其对应的有限长信号 $x(n)$。

表 3.1 10 点离散傅立叶变换值

k	0	1	2	3	4	5	6	7	8	9
$X(k)$	0	$-j5$	0	0	0	0	0	0	0	$j5$

解 根据离散傅立叶反变换计算公式(3.32)和表 3.1 的 DFT 值，原始信号 $x(n)$ 为

$$\begin{aligned}
x(n) &= \frac{1}{10}\sum_{k=0}^{9} X(k)e^{j\frac{2\pi}{10}kn} \\
&= \frac{1}{10}\left[(-j5)e^{j\frac{2\pi}{10}n} + (j5)e^{j\frac{2\pi}{10}9n}\right] \\
&= 0.5\left[e^{j\left(\frac{\pi n}{5}-\frac{\pi}{2}\right)} + e^{-j\left(\frac{\pi n}{5}-\frac{\pi}{2}\right)}\right] \\
&= \cos\left(\frac{\pi n}{5} - \frac{\pi}{2}\right) \tag{3.36}
\end{aligned}$$

因为 $\sin x = \cos(x - \pi/2)$，最终得

$$x(n) = \sin\left(\frac{\pi n}{5}\right), \qquad n = 0 \sim 9 \tag{3.37}$$

在实际应用中，大部分情况下是运用 DFT 分析信号的频谱特征，需要 IDFT 进行信号恢复和重构的场合主要是通信和数据压缩领域。

3.3 离散傅立叶变换的特性

离散傅立叶变换的特性主要体现在：有限长特性，即描述有限长信号的离散频谱；循环卷积特性，即时域信号的循环卷积对应频域 DFT 的乘积。其他一些如线性特性、对称特性、移位特性等与傅立叶变换相同，因此不再重复介绍。

3.3.1 有限长特性与频域采样定理

正如前面所述，离散傅立叶变换的大前提是时域信号必须是有限长分布的，并且从

DFT 得到信号离散频谱的角度看,频域的采样点数必须与时域信号的长度一致。只有这样,由式(3.20)和式(3.32)描述的离散傅立叶正反变换才是精确的,相互转换才不会产生失真;否则,转换过程中就会产生失真,导致信号不能恢复等。

设一个任意长度信号 $x(n)$ 存在傅立叶变换 $X(e^{j\omega})$,对 $X(e^{j\omega})$ 在 $[0, 2\pi]$ 之间分布的频谱进行 N 点等间隔采样离散化,得到相应的离散频谱 $X(k)$ 为

$$X(k)=X(e^{j\frac{2\pi}{N}k})=\sum_{n=-\infty}^{\infty}x(n)e^{j\frac{2\pi}{N}kn}, \qquad k=0\sim N-1 \qquad (3.38)$$

其中,每一个 k 对应的角频率如式(3.22)所示。上式表明,任何信号都可以通过频域的采样得到离散频谱,从这一点来讲信号是否有限长无关紧要,问题是能否通过这些离散频谱值恢复原始信号。将上式代入离散傅立叶反变换公式(3.32)的右边得

$$\frac{1}{N}\sum_{k=0}^{N-1}X(k)e^{j\frac{2\pi}{N}kn}=\frac{1}{N}\sum_{k=0}^{N-1}\left[\sum_{m=-\infty}^{\infty}x(m)e^{-j\frac{2\pi}{N}km}\right]e^{j\frac{2\pi}{N}kn}$$

$$=\frac{1}{N}\sum_{k=0}^{N-1}\left[\sum_{m=-\infty}^{\infty}x(m)e^{-j\frac{2\pi}{N}k(m-n)}\right]$$

$$=\frac{1}{N}\sum_{m=-\infty}^{\infty}x(m)\left[\sum_{k=0}^{N-1}e^{-j\frac{2\pi}{N}k(m-n)}\right] \qquad (3.39)$$

根据 3.2.2 小节的分析,上式方括弧中的求和式的计算结果如下:

$$\sum_{k=0}^{N-1}e^{-j\frac{2\pi}{N}k(m-n)}=\begin{cases}N, & m-n=rN, r=0, \pm1, \pm2, \cdots \\ 0, & 其他\end{cases} \qquad (3.40)$$

注意,上式仅适用于 m 和 n 都为整数的情况,否则,不满足 $m-n=rN$ 时不一定为零。将上式代入式(3.39)得

$$\frac{1}{N}\sum_{k=0}^{N-1}X(k)e^{j\frac{2\pi}{N}kn}=\sum_{m=-\infty}^{\infty}x(m)\delta(m-n-rN)$$

$$=\sum_{r=-\infty}^{\infty}x(n+rN)=\tilde{x}(n) \qquad (3.41)$$

上式说明,由任意长度信号 $x(n)$ 的离散频谱值 $X(k)$,$k=0\sim N-1$ 恢复得到的时域信号 $\tilde{x}(n)$ 是原始信号的 N 点周期延拓并叠加后构成的周期信号,周期为 N。因此恢复信号与原始信号相比有失真,也就是说,对于任意长度信号来说,不能根据频域的有限个离散频谱值无失真地恢复原始信号 $x(n)$。

图 3.8 是一个指数信号 $x(n)=0.5^n u(n)$ 的原始信号波形和由其 N 点离散频谱值恢复得到的信号 $\tilde{x}(n)$ 的波形,其中,图 3.8(b)中虚线部分表示原始信号的 N 点周期延拓。可以看到,恢复信号与原始信号之间有很大的差异,特别是在 $n<0$ 和 $n\geqslant N$ 范围内。但是,从图 3.8 也可以看出,如果原始信号 $x(n)$ 的长度为 N,那么其恢复信号 $\tilde{x}(n)$ 中 N 点周期延拓不会影响原始信号所分布的区域 $0\leqslant n<N$,原始信号 $x(n)$ 是恢复信号 $\tilde{x}(n)$ 的一个基本周期,所以可以从 $\tilde{x}(n)$ 中恢复原始信号,即 $x(n)=\tilde{x}(n)\cdot R_N(n)$,其中,$R_N(n)$ 是长度为 N 的矩形窗。

同样道理,虽然信号 $x(n)$ 是有限长的,但如果频域采样点数 M 比信号长度 N 小的话,由 M 点离散频谱 $X(k)$,$k=0\sim M-1$ 恢复得到的信号也是有失真的。只有当采样点数 M

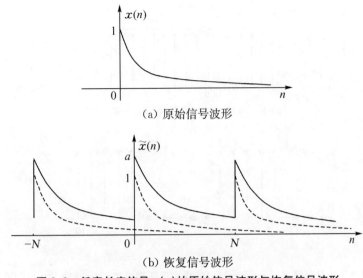

(a) 原始信号波形

(b) 恢复信号波形

图 3.8　任意长度信号 $x(n)$ 的原始信号波形与恢复信号波形

大于等于 N 时(M 大于 N 时相当于在原始信号 $x(n)$ 后添 $M-N$ 个 0 之后求 DFT,对离散频谱的影响将在后续小节介绍)才能无失真地恢复原始信号。因此,关于频域的采样定理如下:

频域采样定理: 设信号 $x(n)$ 的时域分布长度为 N,那么频域采样点数 M 必须满足 $M \geqslant N$ 才能保证原始信号可以无失真地从 $0 \leqslant \omega \leqslant 2\pi$ 区域的 M 个离散频谱值恢复。

3.3.2　循环卷积特性

循环卷积是针对两个长度相同的有限长信号求卷积。设 $x_1(n)$ 和 $x_2(n)$ 的长度均为 N,则它们的循环卷积定义如下:

$$x_1(n) \odot x_2(n) = \left[\tilde{x}_1(n) \otimes \tilde{x}_2(n) \right] \cdot R_N(n) \tag{3.42}$$

上式中,$\tilde{x}_1(n)$ 和 $\tilde{x}_2(n)$ 分别表示 $x_1(n)$ 和 $x_2(n)$ 的周期延拓所构成的周期信号。因此,上式说明,有限长信号 $x_1(n)$ 和 $x_2(n)$ 的循环卷积等于相应周期信号 $\tilde{x}_1(n)$ 和 $\tilde{x}_2(n)$ 的周期卷积形成的周期信号的一个基本周期。

例 3-6　设两个长度为 10 的有限长信号如下:

$$x_1(n) = \begin{cases} 1, & 0 \leqslant n \leqslant 10 \\ 0, & \text{其他} \end{cases}, \qquad x_2(n) = \begin{cases} 1, & 0 \leqslant n \leqslant 4 \\ 0, & 5 \leqslant n \leqslant 9 \end{cases} \tag{3.43}$$

求它们的循环卷积。

解　根据循环卷积计算公式(3.42)可知

$$x(n) = x_1(n) \odot x_2(n) = \left[\sum_{m=0}^{9} \tilde{x}_1(m) \tilde{x}_2(n-m) \right] \cdot R_{10}(n) \tag{3.44}$$

$\tilde{x}_1(n)$ 和 $\tilde{x}_2(-n)$ 的波形分别如图 3.9(a)和图 3.9(b)所示。

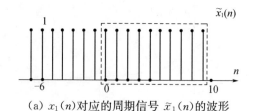

(a) $x_1(n)$对应的周期信号 $\tilde{x}_1(n)$ 的波形

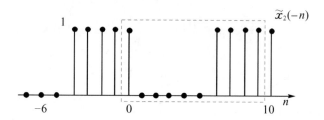

(b) $x_2(n)$对应的周期信号 $\tilde{x}_2(-n)$ 的波形

图 3.9　有限长信号 $x_1(n)$ 和 $x_2(n)$ 的周期延拓形成的 $\tilde{x}_1(n)$ 和 $\tilde{x}_2(-n)$ 的波形

图中虚线框表示卷积的求和计算区域。由图 3.9 可知，$x(0)=5$。将图 3.9(b)向右移动，可计算其他卷积值如下：

$$x(0)=5, \qquad x(1)=5, \qquad x(2)=5$$
$$x(3)=5, \qquad x(4)=5, \qquad x(5)=5$$
$$x(6)=5, \qquad x(7)=5, \qquad x(8)=5$$
$$x(9)=5$$

因此，循环卷积的结果如下：

$$x(n)=\begin{cases}5, & 0\leqslant n<10 \\ 0, & \text{其他}\end{cases} \tag{3.45}$$

设两个长度为 N 的有限长信号 $x_1(n)$ 和 $x_2(n)$ 的离散傅立叶变换分别为 $X_1(k)$ 和 $X_2(k)$，则两个信号的循环卷积 $x(n)$ 的 DFT 为各自 DFT 的乘积，即

$$x(n)=x_1(n)\odot x_2(n)\Leftrightarrow X_1(k)X_2(k), \qquad k=0\sim N-1 \tag{3.46}$$

或

$$\text{DFT}[x_1(n)\odot x_2(n)]=X_1(k)X_2(k), \qquad k=0\sim N-1 \tag{3.47}$$

例 3-7　两个长度为 10 点的信号如式(3.43)所示，它们的循环卷积如式(3.45)所示，证明式(3.46)成立。

证明：(1) $x_1(n)$ 的 DFT 为

$$X_1(k)=\sum_{n=0}^{9}\mathrm{e}^{-\mathrm{j}\frac{2\pi}{10}kn}, \qquad k=0\sim 9 \tag{3.48}$$

根据式(3.40)，上式为

$$X_1(k)=\begin{cases}10, & k=0 \\ 0, & k=1\sim 9\end{cases} \tag{3.49}$$

（2）$x_2(n)$的 DFT 为

$$X_2(k)=\sum_{n=0}^{4}\mathrm{e}^{-\mathrm{j}\frac{2\pi}{10}kn}, \qquad k=0\sim9 \tag{3.50}$$

其中，$X_2(0)=5$，$X_2(2r)=0$，$r=1,2,3,4$，$X_2(2r+1)\neq0$，$r=0,1,2,3,4$。根据以上分析得到

$$X_1(k)X_2(k)=\begin{cases}50, & k=0 \\ 0, & k=1\sim9\end{cases}$$
$$= X(k) \tag{3.51}$$

（3）$x(n)=x_1(n)\odot x_2(n)$ 的 DFT 为

$$X(k)=\sum_{n=0}^{9}5\mathrm{e}^{-\mathrm{j}\frac{2\pi}{10}kn}=\begin{cases}50, & k=0 \\ 0, & k=1\sim9\end{cases} \tag{3.52}$$

因此，式(3.46)所示关系成立。

实际应用中，循环卷积的主要作用就在于它与 DFT 的关系，可以利用 DFT 来计算循环卷积，而循环卷积又可以用来计算有限长信号的线性卷积。

3.4　频率分辨率与时间分辨率

频率分辨率和时间分辨率是离散傅立叶变换频谱分析的两个重要指标，反映了离散频谱能够捕捉频谱特征变化的最小频率间隔和时间间隔，对实际应用有很重要的影响。正如第 2 章介绍的那样，短时傅立叶变换(STFT)是一种面向实际应用的频谱分析技术，而其中的傅立叶变换可以采用 DFT 来得到离散频谱。

3.4.1　频率分辨率

对于 N 点 DFT 离散频谱，设离散信号的采样频率为 f_s，则离散频率点之间的间隔是 $\Delta\omega=2\pi/N$ 或 $\Delta f=f_s/N$。这个频率间隔就代表了频率分辨率，它反映离散频谱能够描述频谱特征变化的最小频率间隔，间隔越小频率分辨率越高。显然，在采样频率 f_s 不变的前提下，$\Delta\omega$ 和 Δf 随着 N 的增大而减小，因此频率分辨率随 N 的增大而提高。

例 3-8　设一个信号 $x(n)$ 由两个同样能量、不同频率的正弦信号构成，如下所示：

$$x(n) = \sin(0.7\pi n) + \sin(0.72\pi n) \tag{3.53}$$

时域采样频率为 1 000 Hz，对信号加矩形窗计算短时谱，求窗宽 N 分别为 64、128、256、512 四种不同情况下的 DFT 幅度谱。

解　信号 $x(n)$ 是一个确定信号，也是平稳信号，因此不同时间点的短时频谱都一样。对信号加窗之后得到有限个信号值，计算其 DFT 得

$$X_m(k)=X_0(k)=\sum_{n=0}^{N-1}x(n)\mathrm{e}^{-\mathrm{j}\frac{2\pi}{N}kn}$$
$$=\sum_{n=0}^{N-1}\left[\sin(0.7\pi n)+\sin(0.72\pi n)\right]\mathrm{e}^{-\mathrm{j}\frac{2\pi}{N}kn} \tag{3.54}$$

当 N 分别取 64、128、256、512 时计算得到的离散幅度谱如图 3.10(a)～图 3.10(d)所示。

信号 $x(n)$ 是两个正弦信号的叠加,因此频谱上应该在 $f_1 = 350\,\text{Hz}$ 和 $f_2 = 360\,\text{Hz}$ 处有两个反映频率分量的峰。但是从图 3.10 可以看到,当 N 取 64 和 128 时,短时谱只显示一个峰,并不能反映信号具有两个频率成分,而当 N 取 256 和 512 时,则能够在短时谱上看到两个峰,短时谱能够正确反映信号的频率成分。

出现这种差异的关键因素是频率分辨率 $\Delta\omega$ 或 Δf 是否达到一定高度。这个例子中,不同的短时窗宽度 N 所对应的频率分辨率如表 3.2 所示。

表 3.2　各种短时窗宽度 N 对应的频率分辨率($f_s = 1\,000\,\text{Hz}$)

窗宽 N	64	128	256	512
$\Delta\omega$	0.031 25	0.015 625	0.007 812 5	0.003 906 25
$\Delta f(\text{Hz})$	15.625	7.812 5	3.906 25	1.953 125

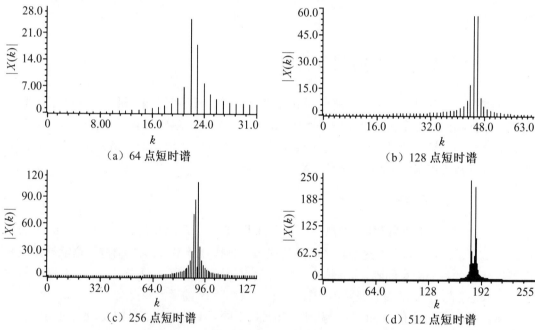

图 3.10　各种频率分辨率(窗宽 N)下的短时谱

在离散频谱上至少需要三个点才能表示两个峰,即在两个峰值频率点之间至少有一个谷点。图 3.10(b)显示虽然在两个频率点 $k = 45$ 和 $k = 46$ 上有局部极大值,但在两者之间并没有谷点,所以只能认为是一个峰。信号 $x(n)$ 的两个频率相差 10 Hz,因此至少需要三个离散频率点表示这个频率范围,对频率分辨率的要求是 $\Delta f = 10\,\text{Hz}/2 = 5\,\text{Hz}$ 。从表 3.2 可知,只有当短时窗宽度达到 $N = 256$ 时才能满足频率分辨率要求,图 3.10 的实际短时谱也说明了这一点。例如,图 3.10(c)显示 $k = 90$ 和 $k = 92$ 处有两个极大值,并且在 $k = 91$ 处有一个谷点,所以短时谱表示了两个峰,与信号包含两个频率成分的实际情况一致。

3.4.2　时间分辨率

实际应用中,短时谱必须能够及时反映信号随时间变化的特性,这对非平稳随机信号是非常必要的。一般地,时间分辨率越高说明短时谱越能够反映这种变化特性。

显然,时间分辨率与短时窗的长度或者 DFT 的点数有关,短时窗口越窄时间分辨率越高,因为这样计算得到的 DFT 能够反映较短时间内信号的频谱特征,从而及时、快速地捕捉短时谱的时变特性。

设时域采样周期为 T,那么 N 点短时窗的时间长度为 $\Delta t = NT = N/f_s$。这说明在一定的采样周期下,DFT 计算的点数越少时间分辨率越高,反之越低。回顾前面频率分辨率的结论,显然与时间分辨率存在短时窗长度的矛盾。

3.4.3　频率分辨率与时间分辨率的关系与协调

设短时分析窗的时长为 Δt,采样频率为 f_s,则该短时窗包含了 $N = \Delta t \cdot f_s$ 个采样点。以这样的窗长进行 STFT 得到的短时频谱的频率分辨率指标 Δf 是

$$\Delta f = \frac{f_s}{N} = \frac{1}{\Delta t} \tag{3.55}$$

上式清楚地表明了频率分辨率指标 Δf 与时间分辨率指标 Δt 是互为倒数的关系。短时窗时长 Δt 越长,时间分辨率越低,但由于频率分辨率指标 Δf 小了,因此频率分辨率越高;反之亦然。另外,从 $N = \Delta t \cdot f_s$ 即 $\Delta t = N/f_s$ 和式(3.58)也可以清楚地看到,在采样频率 f_s 一定的情况下,频率分辨率随 N 的增大而提高,而时间分辨率随 N 的增大而减小。

显然,频率分辨率与时间分辨率是一对矛盾,但在实际应用中仍然可以协调处理。一种可行的协调方法就是补 0 法,即通过较窄的短时窗得到较高的时间分辨率,同时通过在短时窗截取的短时信号后补 0 的方法来虚拟地增加 DFT 计算点数,从而提高离散频谱的频率分辨率,但前提是补 0 后短时信号的频谱包络不会发生变化。

设信号 $x(n)$,$0 \leqslant n \leqslant N-1$ 是长度为 N 的有限长信号,其离散频谱如下:

$$X(e^{j\omega}) = \sum_{n=0}^{N-1} x(n) e^{-j\omega n} \tag{3.56}$$

对 $x(n)$ 补 L 个 0,则得到长度为 $N+L$ 的信号 $x'(n)$,其表达式和相应的傅立叶频谱分别如式(3.57)和式(3.58)所示。

$$x'(n) = \begin{cases} x(n), & 0 \leqslant n < N \\ 0, & N \leqslant n < N+L \end{cases} \tag{3.57}$$

$$X'(e^{j\omega}) = \sum_{n=0}^{N+L-1} x'(n) e^{-j\omega n} \tag{3.58}$$

将式(3.57)代入式(3.58)右边并进一步推导如下:

$$\sum_{n=0}^{N+L-1} x'(n) e^{-j\omega n} = \sum_{n=0}^{N-1} x'(n) e^{-j\omega n} + \sum_{n=N}^{N+L-1} x'(n) e^{-j\omega n}$$
$$= \sum_{n=0}^{N-1} x(n) e^{-j\omega n} = X(e^{j\omega})$$

因此,$X'(e^{j\omega})=X(e^{j\omega})$,即在一个有限长信号后补 0 并不会改变信号的频谱包络,当然也没有改变短时傅立叶变换的时间分辨率,但离散频谱的频率分辨率提高了。因为 $x'(n)$ 的离散频谱是 $X'(e^{j\omega})$ 的 $N+L$ 点离散化的结果。根据式(3.58)得

$$\begin{aligned}X'(k)&=\sum_{n=0}^{N+L-1}x'(n)e^{-j\frac{2\pi}{N+L}kn}\\&=\sum_{n=0}^{N-1}x(n)e^{-j\frac{2\pi}{N+L}kn}\quad,\quad k=0\sim N+L-1\end{aligned}\tag{3.59}$$

因此,补 0 后离散频谱的频率分辨率指标成为

$$\Delta\omega=\frac{2\pi}{N+L},\qquad \Delta f=\frac{f_s}{N+L}\tag{3.60}$$

例 3-9 设采样频率为 1 000 Hz,短时信号 $x(n)$ 和补 0 后的短时信号 $x'(n)$ 分别为

$$x(n)=u(n)\cdot R_8(n),\qquad m\geqslant 0\tag{3.61}$$

$$x'(n)=\begin{cases}x(n),&0\leqslant n<8\\0,&8\leqslant n<16\end{cases}\tag{3.62}$$

$x(n)$ 是 8 点长、幅度均为 1 的短时信号,它的傅立叶频谱 $X(e^{j\omega})$ 和离散频谱 $X(k)$ 如图 3.11(a)所示。$x'(n)$ 是一个 16 点长的信号,前 8 个时间点的幅度均为 1,后 8 个点的幅度均为 0,它的傅立叶频谱 $X'(e^{j\omega})$ 和相应的离散频谱 $X'(k)$ 如图 3.11(b)所示。

从图 3.11 可以看到,短时信号补 0 后并没有改变信号的频谱包络(图中曲线所画部分),但是频率分辨率指标却从原来的 $\Delta f=1\,000/8=125$ Hz 提高到了 $\Delta f=1\,000/16=62.5$ Hz。显然,频率分辨率提高的好处是离散频谱更加接近连续频谱,同时,由于没有增加短时窗的宽度,因此时间分辨率保持不变。

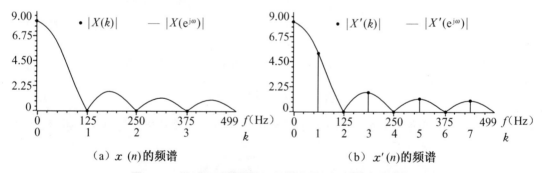

（a）$x(n)$ 的频谱　　　　　　　　　（b）$x'(n)$ 的频谱

图 3.11　通过短时信号补 0 提高离散频谱的频率分辨率

最后应该指出,这种补 0 的方法虽然可以在保持时间分辨率不变的前提下提高频率分辨率指标,但提高的结果只是使离散频谱更加接近连续频谱,对信号频谱包络或者连续频谱没有影响。或者说,补 0 法可以提高离散频谱的频率分辨率,但不能提高连续频谱或者频谱包络的频率分辨率。

例如,例 3-8 中的信号加 128 点矩形窗后补 128 个 0 得到一个 256 点长的信号,它的离散频谱如图 3.12(a)所示。将图 3.12 和图 3.10(b)比较后可知,由于频率分辨率指标提高了,离散频谱上可以朦胧地看到两个峰,但不明显,与真正的 256 点离散频谱(如图 3.10(c)

所示)相比显然没有后者清楚。同样,原始信号加 256 点矩形窗后补 256 个 0 得到的 512 点信号,其离散频谱如图 3.12(b)所示,显然补 0 后频谱上的两个峰更加明显了,但与真正的 512 点离散频谱(如图 3.10(d)所示)相比也没有后者清晰。

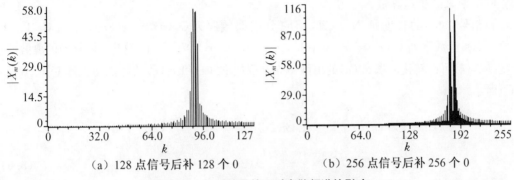

(a) 128 点信号后补 128 个 0　　　　　(b) 256 点信号后补 256 个 0

图 3.12　短时信号补 0 对离散频谱的影响

3.5　快速傅立叶变换

快速傅立叶变换(FFT：Fast Fourier Transform)是离散傅立叶变换的一种快速算法。FFT 与 DFT 在功能上完全一致,都是计算有限长离散信号 $x(n)$ 的离散频谱 $X(k)$,但是在运算效率上 FFT 要高很多。例如,计算 1 024 点短时信号的离散频谱时,FFT 的速度大约比 DFT 快 200 倍。另外,FFT 算法要求信号长度 N 是 2 的整数幂,即 $N = 2^r$,如 256、512 和 1 024 等。

为了便于分析比较,首先看一下 N 点有限长信号 $x(n)$ 的离散傅立叶变换的运算量。根据 DFT 计算公式(3.20)得

$$
\begin{aligned}
X(k) &= \sum_{n=0}^{N-1} x(n) \mathrm{e}^{-\mathrm{j}\frac{2\pi}{N}kn} \\
&= \sum_{n=0}^{N-1} x(n) \cos\left(\frac{2\pi}{N}kn\right) - \mathrm{j} \sum_{n=0}^{N-1} x(n) \sin\left(\frac{2\pi}{N}kn\right)
\end{aligned}
\tag{3.63}
$$

尽管实际应用中信号 $x(n)$ 一般是实信号,这里假设它为一个复信号,则从式(3.63)可以知道 N 点 DFT 的运算量如下：

复数乘法次数：$N \times N = N^2$,　　　复数加法次数：$(N-1) \times N \approx N^2$

实数乘法次数：$4N \times N = 4N^2$,　　　实数加法次数：$4N \times (N-1) + 3N \approx 4N^2$

在时间计算中,乘法运算所需的指令周期数往往远大于加法运算所需的指令周期数,因此,在算法的效率分析中主要观察乘法运算次数,加法运算次数一般可以忽略不计。当然,这里有必要指出,对于目前广泛应用的 DSP 微处理器来说,由于片内有专用乘法累加器,乘法运算所需的指令周期数与加法的相差不大,此时加法运算量的分析应该与乘法运算量同等看待。

3.5.1　基于时选的快速傅立叶变换

基于时选的 FFT 算法通过将时域信号 $x(n)$ 分成偶数序列和奇数序列并分别计算离散傅立叶变换来减少运算量。

设信号 $x(n)$ 的长度是 $N = 2^r$，将它分成偶数序列 $x_0(n) = x(2n)$，$n = 0, 1, \cdots, N/2-1$ 和奇数序列 $x_1(n) = x(2n+1)$，$n = 0, 1, \cdots, N/2-1$，这样，求 $x(n)$ 的离散傅立叶变换 $X(k)$ 可以转化成求 $x_0(n)$ 的离散傅立叶变换 $X_0(k)$ 和 $x_1(n)$ 的离散傅立叶变换 $X_1(k)$，如下所示：

$$
\begin{aligned}
X(k) &= \sum_{n=0}^{N-1} x(n) e^{-j\frac{2\pi}{N}kn} = \sum_{r=0}^{N/2-1} x(2r) e^{-j\frac{2\pi}{N}k(2r)} + \sum_{r=0}^{N/2-1} x(2r+1) e^{-j\frac{2\pi}{N}k(2r+1)} \\
&= \sum_{r=0}^{N/2-1} x(2r) e^{-j\frac{2\pi}{(\frac{N}{2})}kr} + \sum_{r=0}^{N/2-1} x(2r+1) e^{-j\frac{2\pi}{(\frac{N}{2})}kr} \cdot e^{-j\frac{2\pi}{N}k}
\end{aligned} \tag{3.64}
$$

定义

$$
W_N = e^{-j\frac{2\pi}{N}} \tag{3.65}
$$

则式(3.64)可进一步推导如下：

$$
\begin{aligned}
X(k) &= \sum_{r=0}^{N/2-1} x_0(r) W_{N/2}^{kr} + \sum_{r=0}^{N/2-1} x_1(r) W_{N/2}^{kr} \cdot W_N^k \\
&= X_0(k) + W_N^k \cdot X_1(k), \qquad 0 \leqslant k < N-1
\end{aligned} \tag{3.66}
$$

其中，$X_0(k)$ 是偶数序列 $x_0(n)$ 的 $N/2$ 点 DFT，而 $X_1(k)$ 是奇数序列 $x_1(n)$ 的 $N/2$ 点 DFT。但是 $X(k)$ 是 $x(n)$ 的 N 点 DFT，其 k 的取值范围是 $0 \sim N-1$，与 $X_0(k)$ 和 $X_1(k)$ 的 k 的取值范围 $0 \sim N/2-1$ 有差别。当 $N/2 \leqslant k < N$ 时，应该利用 $X_0(k)$ 和 $X_1(k)$ 的周期性特征计算 $X(k)$，即 $X_0(k) = X_0(k-N/2)$，$X_1(k) = X_1(k-N/2)$。

式(3.66)说明，一个 N 点 DFT 可以分解成两个 $N/2$ 点的 DFT 组合。例如，一个 8 点 DFT 的分解示意如图 3.13 所示。这样做的好处是 N 点 DFT 的复数乘法次数从原来的 N^2 减少为 $N^2/2+N$，运算效率提高了一倍。

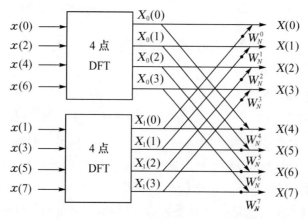

图 3.13　8 点 DFT 分解成两个 4 点 DFT

显然,式(3.66)中的 $N/2$ 点离散傅立叶变换 $X_0(k)$ 和 $X_1(k)$ 可以进一步分解成 4 个 $N/4$ 点 DFT,并且只要 N 满足是 2 的幂这一条件,这种分解就可以一直进行下去。例如,对于图 3.13 的 8 点 DFT,进一步的分解示意如图 3.14 和图 3.15 所示。

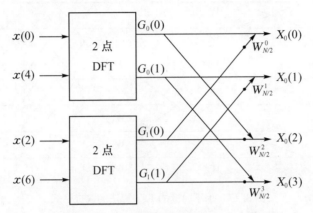

图 3.14　4 点 DFT 分解成两个 2 点 DFT

根据逐步分解原理,一个 8 点 DFT 的计算最终可以用图 3.16 来描述。可以看到,整个 DFT 的计算被分成 3 级,其中每一级的复数乘法运算次数为 8,因此总的复数乘法运算次数是 $8 \times 3 = 24$。图 3.16 所描述的就是 8 点离散傅立叶变换的 FFT 算法,它比标准的 DFT 运算法减少了 40 次复数乘法。

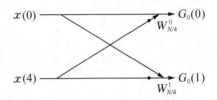

图 3.15　2 点 DFT 的分解

仔细分析式(3.66)和图 3.16 可以发现,因为 $W_N^{k+N/2} = -W_N^k$,所以每次分解奇偶序列的复数因子 W_N^k, $k = 0 \sim N/2-1$ 和 $W_N^{k+N/2}$, $k = 0 \sim N/2-1$ 是可以共用的。这样,图 3.16 就可以转化为图 3.17,每一级的复数乘法次数为 4,总的复数乘法运算量为 12,比图 3.16 中的运算量减少了一半。

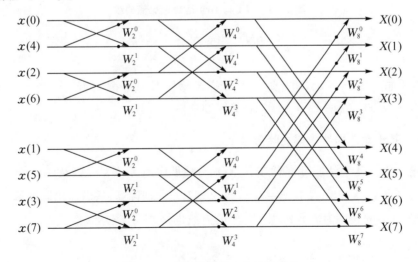

图 3.16　基于时选的 8 点 FFT 算法

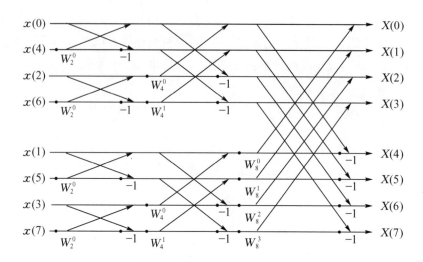

图 3.17　基于时选的 FFT 算法的改进形式

对于长度为 $N=2^r$ 的信号 $x(n)$，分解次数为 $r=\log_2 N$，每一级的复数乘法次数是 $N/2$，因此总的复数乘法次数为 $(N/2)\log_2 N$。所以，基于时选的 FFT 算法和 DFT 算法的运算量之比可以用下式表示：

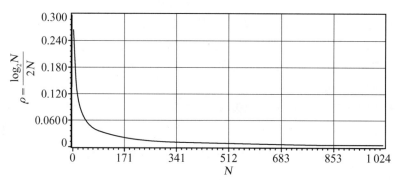

图 3.18　FFT 与 DFT 运算量比值曲线

$$\rho = \frac{(N/2)\log_2 N}{N^2} = \frac{\log_2 N}{2N} \tag{3.67}$$

ρ 的曲线如图 3.18 所示，明显地呈现出随 N 增加而快速下降的趋势，当 $N=1\,024$ 时，ρ 的值大约等于 0.005，说明 FFT 约比 DFT 快 200 倍。

3.5.2　基于频选的快速傅立叶变换

基于频选的 FFT 算法通过将 DFT 值 $X(k)$ 分成偶序列 $X_e(k)=X(2k)$，$k=0\sim N/2-1$ 和奇序列 $X_o(k)=X(2k+1)$，$k=0\sim N/2-1$ 并分别计算，从而简化运算量。

设信号 $x(n)$ 的长度为 $N=2^r$，则 $X(k)$ 的点数也是 N，其表达式如下：

$$X(k)=\sum_{n=0}^{N-1}x(n)\mathrm{e}^{-\mathrm{j}\frac{2\pi}{N}kn}=\sum_{n=0}^{N/2-1}x(n)W_N^{kn}+\sum_{n=N/2}^{N-1}x(n)W_N^{kn} \tag{3.68}$$

令 $n-N/2=m$，则上式成为

$$X(k)=\sum_{n=0}^{N/2-1}x(n)W_N^{kn}+\sum_{m=0}^{N/2-1}x\left(m+\frac{N}{2}\right)W_N^{k\left(m+\frac{N}{2}\right)}$$
$$=\sum_{n=0}^{N/2-1}\left[x(n)+W_N^{kN/2}\cdot x\left(n+\frac{N}{2}\right)\right]W_N^{kn} \tag{3.69}$$

将 $X(k)$ 分成偶序列 $X_e(k)$ 和奇序列 $X_o(k)$ 分别计算,则

$$X_e(k)=X(2k)$$
$$=\sum_{n=0}^{N/2-1}\left[x(n)+W_N^{kN}\cdot x\left(n+\frac{N}{2}\right)\right]W_N^{2kn}$$
$$=\sum_{n=0}^{N/2-1}\left[x(n)+x\left(n+\frac{N}{2}\right)\right]W_{N/2}^{kn}, \qquad k=0\sim N/2-1 \tag{3.70}$$

$$X_o(k)=X(2k+1)$$
$$=\sum_{n=0}^{N/2-1}\left[x(n)+W_N^{kN+N/2}\cdot x\left(n+\frac{N}{2}\right)\right]W_N^{(2k+1)n}$$
$$=\sum_{n=0}^{N/2-1}\left[\left(x(n)-x\left(n+\frac{N}{2}\right)\right)\cdot W_N^n\right]W_{N/2}^{kn}, \qquad k=0\sim N/2-1 \tag{3.71}$$

式(3.70)和式(3.71)表明,$X(k)$ 可以转化成两个 $N/2$ 点 DFT 来计算。设 $N=8$,则其按照式(3.70)和式(3.71)分解计算 DFT 的流程如图 3.19 所示。

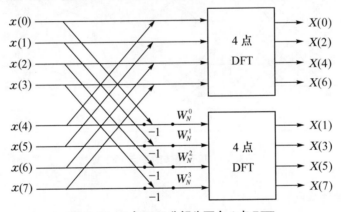

图 3.19 8 点 DFT 分解为两个 4 点 DFT

显然,式(3.70)和式(3.71)可以进一步推导,将 $N/2$ 点偶数 DFT 和奇数 DFT 分解成 4 个 $N/4$ 点 DFT,并且这种分解可以一直进行下去,直到全部分解为止。例如,图 3.19 中的 2 个 4 点 DFT 可以进一步分解为 4 个 2 点 DFT,其分解的方式仍然是将 4 点 DFT 分解为偶数序列和奇数序列分别计算,如图 3.20 所示。最后,4 个 2 点 DFT 也被进一步细化,形成最终的基于频选的 8 点 FFT 算法,流程如图 3.21 所示。

从图 3.21 可以看到,8 点 FFT 算法也是进行了 3 次 DFT 分解计算,每次需要的复数乘法次数是 4 次,因此总的复数乘法次数为 12。

对于长度为 $N=2^r$ 的信号,DFT 分解将一直进行到 2 点 DFT,共进行 $r=\log_2 N$ 级分解,每次需要 $N/2$ 次复数乘法,因此总的复数乘法次数为 $(N/2)\log_2 N$,与基于时选的 FFT 算法一致。也就是说,无论哪一种 FFT 算法,其运算效率都是一样的。实际上,基于频选的

FFT 算法流程图(如图 3.21 所示)和基于时选的 FFT 算法流程图(如图 3.18 所示)互为转置关系,运算效率理所当然是一致的。

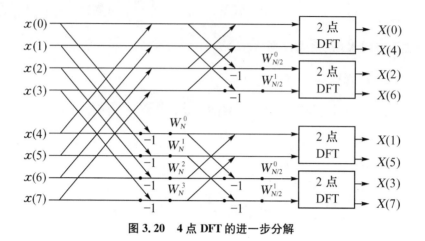

图 3.20　4 点 DFT 的进一步分解

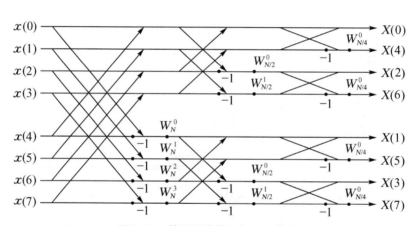

图 3.21　基于频选的 8 点 FFT 算法

3.5.3　同址计算问题

FFT 算法中的基本运算是蝶形计算,如图 3.15 所示,每一级需要进行 $N/2$ 次蝶形计算。蝶形计算结构的特点是一对输入信号提供一对输出信号,而一对输出信号的计算仅需要一对输入信号,并且输入对与输出对信号的地址序号是一致的。因此,在每个蝶形计算中通过两个临时变量就可以实现输入对与输出对信号的同一地址存储,也就是说,在整个 FFT 计算中,各级的输出与输入信号可以采用一个数组存储。

在基于时选的 FFT 算法中,第一级的时域输入信号 $x(n)$ 需要重新排序,其排序方法是:设 $N = 2^r$,则用 r 比特表示序号,然后将各序号的比特位倒序,得到的值就表示该位置应该存放的信号。例如,8 点 FFT 的预排序如表 3.3 所示。

表 3.3　FFT 的初始化排序

排　序　前		排　序　后	
地　　址	信　　号	地　　址	信　　号
0	$x(000)$	0	$x(000)$
1	$x(001)$	1	$x(100)$
2	$x(010)$	2	$x(010)$
3	$x(011)$	3	$x(110)$
4	$x(100)$	4	$x(001)$
5	$x(101)$	5	$x(101)$
6	$x(110)$	6	$x(011)$
7	$x(111)$	7	$x(111)$

3.5.4　离散傅立叶反变换的快速计算

观察 DFT 和 IDFT 的计算公式(3.20)和(3.32)可知,两者在计算上的差别主要体现在复正弦信号的频率符号和平均量上。将 DFT 的计算公式中的 $X(k)$ 与 $x(n)$ 交换,W_N^{kn} 换成 W_N^{-kn},并将右计算式除以 N,那么 DFT 的计算公式就转换成 IDFT 的计算公式。因此,3.5.1 和 3.5.2 两小节介绍的 FFT 算法在进行以上置换后就变成了 IDFT 的快速算法 IFFT,可以应用于需要从离散频谱恢复信号的领域。

3.6　离散傅立叶变换的应用

快速傅立叶变换(FFT)和离散傅立叶变换(DFT)都是求有限长信号的离散频谱,但 FFT 效率高,更加具有实用价值,因此在实时信号处理应用中广泛使用 FFT 计算信号的离散频谱。当然,FFT 要求信号的长度 N 是 2 的幂,当不能满足时,可以采用补 0 的方法使长度 N 满足条件。根据前面 3.4.2 节的讨论,这样处理不会影响信号的频谱,却能够提高离散频谱的频率分辨率,更接近连续频谱。

显然,2.6 节所介绍的频谱分析应用都可以使用 FFT 来实现。下面介绍 FFT 的其他一些应用领域。

3.6.1　信号去噪

在信号的通信传输过程中,由于信道噪声的干扰而引起接收端收到的信号与发送端发送的原始信号相比存在失真,如图 3.22 所示。

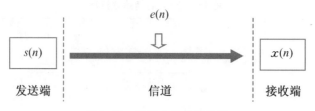

图 3.22　通信中的信号传输

设发送的原始信号为 $s(n)$，接收端接收到的信号为 $x(n)$，信道的干扰可以看作一种叠加性噪声 $e(n)$ 并与原始信号独立，则它们之间的关系如下：

$$x(n) = s(n) + e(n) \tag{3.72}$$

相应的离散频谱和功率谱关系为

$$X(k) = S(k) + E(k)$$
$$|X(k)|^2 = X(k)X^*(k) = |S(k)|^2 + |E(k)|^2 \tag{3.73}$$

信道的干扰大小对接收信号 $x(n)$ 的失真影响很大。当干扰较小时，接收信号还是能够有效地反映信息，但是当干扰大到一定程度时就会发生无法从接收信号中获取信息的情况。例如，图 3.23(a)描述了一个接收信号 $x(n)$ 的一段时域信号波形，其信噪比 SNR 为 -14dB，它对应的发送信号 $s(n)$ 和信道干扰信号 $e(n)$ 分别如图 3.23(c)和(e)所示。显然，此时 $x(n)$ 已经发生严重失真，原始信号被信道噪声淹没，无法从接收信号 $x(n)$ 的时域波形中获取原始信号的信息，即根本无法确定接收到的是一个正弦信号。但是从信号的离散功率谱上进行分析，结果却是一目了然。比较图 3.23(b)、(d)和(f)以及公式(3.73)可知，前者是后两者的线性叠加，当得到信道的功率谱之后，可以从该功率谱 $|X(k)|^2$ 中减去噪声功率谱 $|E(k)|^2$。这样，图 3.23(b)将变得接近图 3.23(d)，再经过 IDFT 就可以恢复原始信号 $s(n)$，或者使恢复信号与原始信号相比失真较小。

以上信号去噪方法特别适合语音通信中的去噪处理，将这种方法命名为"减谱法"(Spectrum Subtract)，其含义是从接收信号的频谱中减去信道噪声频谱。因为对于语音信号而言相位信息不重要，所以在以上去噪处理中可以主要关注信号的幅度谱。根据式(3.73)的关系，可以直接从接收信号和干扰信号的功率谱恢复原始信号，即

$$|S(k)| = \begin{cases} \sqrt{|X(k)|^2 - |E(k)|^2}, & |X(k)| > |E(k)| \\ 0, & |X(k)| \leqslant |E(k)| \end{cases} \tag{3.74}$$

$$s(n) = \text{IDFT}[|S(k)|e^{j\angle X(k)}] \tag{3.75}$$

其中，IDFT 时可直接采用接收信号 $x(n)$ 的相位。总体而言，减谱法比较适合频谱在所有频率范围内均匀分布的宽带噪声的消除。

图 3.24 是一段男性说话人的原始语音信号"蓝天白云，碧绿的大海"、含噪语音信号(SNR=5 dB)以及恢复语音信号。

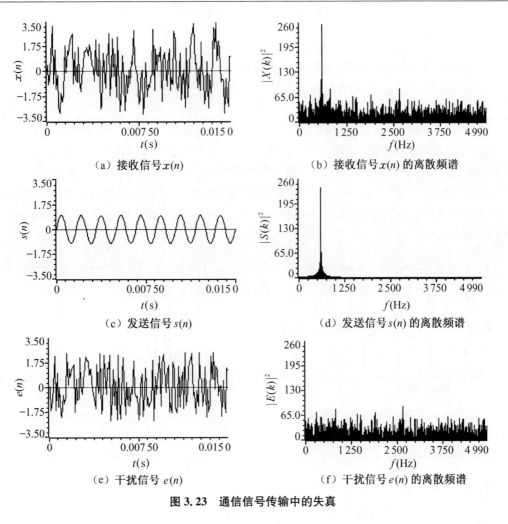

（a）接收信号 $x(n)$

（b）接收信号 $x(n)$ 的离散频谱

（c）发送信号 $s(n)$

（d）发送信号 $s(n)$ 的离散频谱

（e）干扰信号 $e(n)$

（f）干扰信号 $e(n)$ 的离散频谱

图 3.23　通信信号传输中的失真

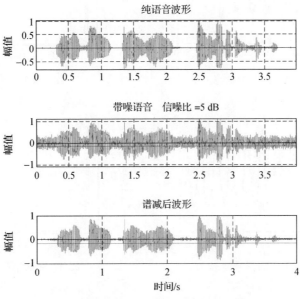

图 3.24　一段自然语音的原始、含噪和恢复信号波形

3.6.2 语音识别

语音识别是一个很复杂的问题,要彻底解决这个问题还很困难。这里并不是介绍有关语音识别的全面内容,仅仅是介绍离散傅立叶变换在元音识别中的一个应用,并且只是讨论一个特定说话人的语音识别问题。

汉语的元音主要有[a]、[i]、[u]、[e]、[o]5个,在发元音时,气流通过声带使之以较大的能量振动,通过声道和嘴唇发出声音。几乎所有的汉语音节都包含这几个元音成分,并且由于它的能量较其他浊音和清音大,因此在语音信号的特征信息上占有较大的比重。5个元音的信号波形如图 3.25(a)、(c)、(e)、(g)和(i)所示,可见在整个语音段信号基本平稳,相应的离散傅立叶短时频谱如图 3.25(b)、(d)、(f)、(h)和(j)所示,短时窗长度为 $N = 512$,采样频率为 11 025 Hz。

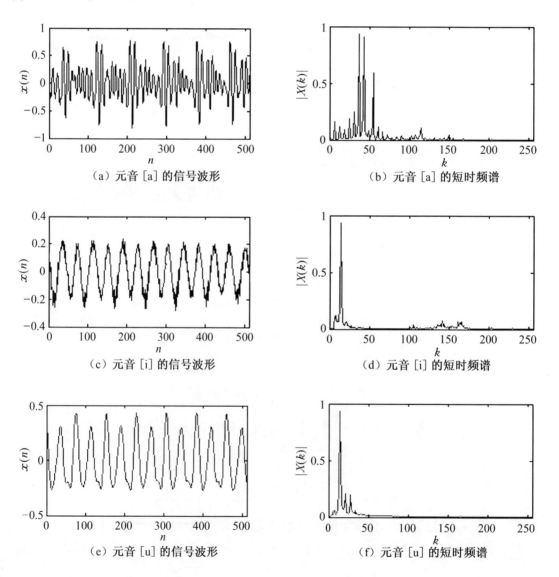

（a）元音 [a] 的信号波形   （b）元音 [a] 的短时频谱

（c）元音 [i] 的信号波形   （d）元音 [i] 的短时频谱

（e）元音 [u] 的信号波形   （f）元音 [u] 的短时频谱

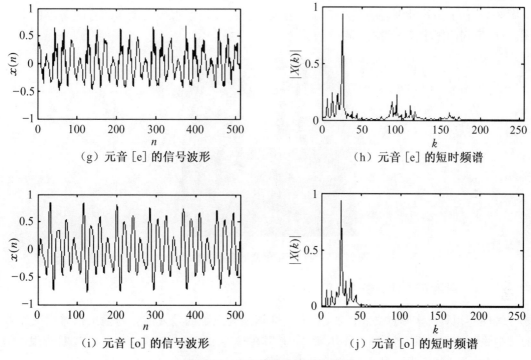

（g）元音［e］的信号波形　　　　　　　（h）元音［e］的短时频谱

（i）元音［o］的信号波形　　　　　　　（j）元音［o］的短时频谱

图 3.25　元音的信号波形与频谱

对 5 个元音的短时频谱分析可知,元音［a］的特征是在 $k=50(1\,076\,\text{Hz})$ 附近有三个较大的谱峰。［i］和［u］的特征是都在 $k=20(430\,\text{Hz})$ 附近有一个谱峰,但是［i］在 $k=150$($3\,230\text{Hz}$)附近有较大的谱值,而［u］的谱值几乎是零。元音［e］和［o］的特征是都在 $k=30$($646\,\text{Hz}$)附近有一个谱峰,但［e］在 $k=100$($2\,153\,\text{Hz}$)附近的谱值较大,而［o］的谱值几乎是零。

元音识别的依据就是以上短时频谱特征。在实际应用中为了便于比较,需要对频谱进行归一化,即将频谱的取值范围映射到 0～1,最大值对应 1。另外,为了拉大频谱细节的可分辨程度,一般需要进一步对短时频谱做对数计算,即求对数谱。

3.6.3　图像纹理处理

有些图像中存在一些有规律的条纹或者说纹理,有时候需要消除这些条纹以使得图像更加清晰并突出主题。例如,图 3.26 左上角是一幅带有条纹的卡通图,现需要将这些条纹去除。这个问题直接在空域处理显然是比较困难的,但通过离散傅立叶变换将其转换到频域之后就能比较好地找到解决方法。

观察图 3.26 左上角的图像可以看出,这些条纹的黑白变化存在明显的周期性,并且条纹的宽度均匀,灰度也具有周期渐变性而没有锐变。所有这些特征基本说明这样的条纹具有正弦特性,是一种类似于正弦灰度信号的条纹,在频谱上应该呈现出一个明显的脉冲式谱峰,并且由于条纹是竖条纹且横向变化的,这个谱峰应该出现在横轴方向。对该图做 DFT 得到二维傅立叶离散频谱,如图 3.26 左下角所示,可以看到在横轴靠近原点的地方确实有两个对称的谱峰(亮点)。这样,在空域消除条纹变成了在频域消除这两个谱峰,将这两个谱峰进行阈值处理,将其变成平均频谱幅度值或者设置为零,就变成图 3.26 右下角的频谱。对图 3.26 右下角的处理后的离散傅立叶变换进行反变换就得到右上角的去除条纹的卡通图,可以看到此图中已经没有那些条纹。

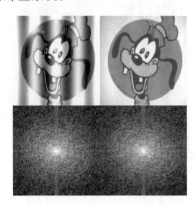

图 3.26 通过离散傅立叶变换去除条纹

3.6.4 利用 FFT 计算线性卷积

线性卷积具有实际意义。例如,一个线性移不变系统的输入信号与输出信号的关系在时域是线性卷积关系,当系统为 FIR 系统时,其单位冲击响应 $h(n)$, $0 \leqslant n < N$ 是有限长信号。此时,系统的输出信号 $y(n)$ 为

$$y(n) = h(n) * x(n) = \sum_{m=0}^{N-1} h(m) x(n-m) \qquad (3.76)$$

即计算一个输出值 $y(n)$ 需要 N 次乘法。尽管在理论分析时应该考虑信号为复信号的情况,但在实际应用时更应该注重实际情况分析。显然,实际应用中信号 $h(n)$ 和 $x(n)$ 几乎都是实信号,因此式(3.76)中的乘法应该为实数乘法,那么利用式(3.76)计算 N 个输出信号 $y(n)$, $0 \leqslant n < N$ 就需要 N^2 次实数乘法。

可以考虑运用 FFT 进行线性卷积计算以提高运算效率。但是 FFT 与循环卷积有对应关系,与线性卷积没有直接联系。因此,首先需要分析循环卷积与线性卷积的关系。

(1) 线性卷积与循环卷积的关系

设信号 $x_1(n)$ 和 $x_2(n)$ 的长度都为 N,则它们的线性卷积 $x_L(n)$ 的长度为 $2N-1$,而循环卷积 $x_C(n)$ 的长度仍然是 N。线性卷积计算公式如下:

$$x_L(n) = x_1(n) * x_2(n) \qquad (3.77)$$

对两边求傅立叶变换得

$$X_L(e^{j\omega}) = X_1(e^{j\omega}) X_2(e^{j\omega}) \qquad (3.78)$$

对以上连续频谱在 $0 \leqslant \omega < 2\pi$ 之间等间隔采样 N 个点,得到离散频谱 $X(k)$, $k = 0 \sim N-1$ 如下:

$$X_L(k) = X_1(k) X_2(k), \qquad k = 0 \sim N-1 \qquad (3.79)$$

根据 3.3.1 小节关于频率采样定理的讨论,上式左边的 IDFT 结果是原始信号 $x_L(n)$ 以 N 为周期形成的周期延拓信号的基本周期,而右边是 $x_1(n)$ 和 $x_2(n)$ 的循环卷积,即

$$\left[\sum_{r=-\infty}^{\infty} x_L(n+rN)\right]R_N(n) = x_1(n) \odot x_2(n) \tag{3.80}$$

由于 $x_L(n)$ 的长度是 $2N-1$，因此上式可以进一步简化为

$$[x_L(n+N)+x_L(n)]R_N(n) = x_C(n) \tag{3.81}$$

上式表明，循环卷积是线性卷积前 N 个信号值和后 $N-1$ 个信号值的叠加。

例 3-10 设有两个长度为 4 的信号 $x_1(n)$ 和 $x_2(n)$ 如下所示：

$$x_1(n) = x_2(n) = \begin{cases} 1, & 0 \leqslant n < 4 \\ 0, & \text{其他} \end{cases} \tag{3.82}$$

它们的线性卷积 $x_L(n)$ 和循环卷积 $x_C(n)$ 分别如图 3.27 所示，显然，关系式(3.81)成立。

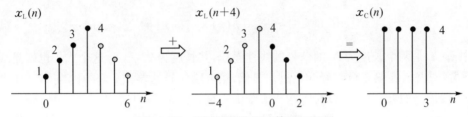

图 3.27 通过线性卷积计算循环卷积

式(3.81)不仅解释了可以由线性卷积求循环卷积，而且也解释了如何由循环卷积计算线性卷积。将 $x_1(n)$ 和 $x_2(n)$ 各后补 $N-1$ 个 0 之后变成信号 $\hat{x}_1(n)$ 和 $\hat{x}_2(n)$，使它们的长度都为 $2N-1$。线性卷积 $\hat{x}_L(n) = \hat{x}_1(n) * \hat{x}_2(n)$ 的长度为 $4N-3$，其中后面 $2N-2$ 个信号值都为 0，而循环卷积 $\hat{x}_C(n) = \hat{x}_1(n) \odot \hat{x}_2(n)$ 的长度是 $2N-1$。式(3.81)变为

$$[\hat{x}_L(n+2N-1) + \hat{x}_L(n)]R_{2N-1}(n) = \hat{x}_C(n) \tag{3.83}$$

由于 $\hat{x}_L(n)$ 的前 $2N-1$ 个值与式(3.77)的 $x_L(n)$ 相同，而后 $2N-2$ 个点全为 0，即

$$\hat{x}_L(n) = \begin{cases} x_L(n), & 0 \leqslant n < 2N-1 \\ 0, & \text{其他} \end{cases} \tag{3.84}$$

因此，式(3.83)的方括弧中第一项当 $0 \leqslant n < 2N-1$ 时都为 0，而第二项与矩形窗函数 $R_{2N-1}(n)$ 相乘的结果是 $x_L(n)$。所以，得到以下结果：

$$x_L(n) = \hat{x}_C(n) \tag{3.85}$$

上式表明，两个长度为 N 的信号，其线性卷积可以通过将信号补 $N-1$ 个 0 之后求循环卷积得到。

例 3-11 设有两个长度为 4 的信号 $x_1(n)$ 和 $x_2(n)$ 如式(3.82)所示，对它们各后补 3 个 0 之后形成的信号 $\hat{x}_1(n)$ 和 $\hat{x}_2(n)$ 如图 3.28 所示，图中同时显示了这两个信号的循环卷积 $\hat{x}_C(n)$。可以清楚地看到，图 3.28 中的 $\hat{x}_C(n)$ 与图 3.27 中的 $x_L(n)$ 一致。

（2）由 FFT 计算线性卷积

FIR 系统的输入信号 $x(n)$ 可以通过在不同的时间加短时矩形窗分段，并且可以设置矩形窗的宽度与系统单位脉冲响应信号 $h(n)$ 的时长一致，即

$$x(n) = \sum_{r=-\infty}^{\infty} x(n)R_N(n-rN) = \sum_{r=-\infty}^{\infty} x_r(n) \tag{3.86}$$

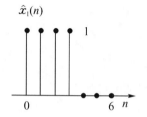 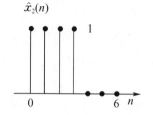 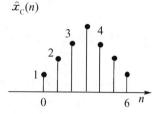

图 3.28　通过循环卷积计算线性卷积

根据式(3.76)所示 FIR 系统的输入与输出信号的关系,输出信号计算如下:

$$y(n) = h(n) * \Big[\sum_{r=-\infty}^{\infty} x_r(n) \Big]$$

$$= \sum_{r=-\infty}^{\infty} [h(n) * x_r(n)] = \sum_{r=-\infty}^{\infty} y_r(n) \tag{3.87}$$

上式中 $y_r(n)$ 是两个长度为 N 的信号的线性卷积,其长度为 $2N-1$。这个式子也就是线性卷积的重叠相加法,在第 1 章曾经介绍过。显然,第 r 段信号的卷积 $y_r(n)$ 中,前 $N-1$ 个值与第 $r-1$ 段信号的卷积 $y_{r-1}(n)$ 的后 $N-1$ 个值重叠,而后 $N-1$ 个值与第 $r+1$ 段信号的卷积 $y_{r+1}(n)$ 的前 $N-1$ 个值重叠,唯有中间一个值是独立的,如图 3.29 所示。因此,任何一个输出信号 $y(n)$ 都只是两个分段卷积信号的叠加,式(3.87)可以简化为

$$y(n) = y_r(n) + y_{r-1}(n), \qquad rN \leqslant n < (r+1)N \tag{3.88}$$

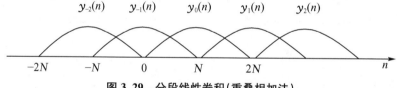

图 3.29　分段线性卷积(重叠相加法)

由式(3.85)可知,式(3.88)中的 $y_r(n) = h(n) * x_r(n)$ 可以通过补 0 并求循环卷积的方法进行计算,即等于 $\hat{h}(n) \odot \hat{x}_r(n)$,其中 $\hat{h}(n)$ 是 $h(n)$ 后补 $N-1$ 个 0 形成的信号,$\hat{x}_r(n)$ 是 $x_r(n)$ 后补 $N-1$ 个 0 形成的信号。因此

$$y(n) = \hat{h}(n) \odot \hat{x}_r(n) + \hat{h}(n) \odot \hat{x}_{r-1}(n), \qquad rN \leqslant n < (r+1)N \tag{3.89}$$

根据循环卷积与 DFT 的对应关系,上式可以进一步推导如下:

$$y(n) = \text{IDFT}[\hat{H}(k)\hat{X}_r(k)] + \text{IDFT}[\hat{H}(k)\hat{X}_{r-1}(k)]$$

$$= \text{IDFT}\{\hat{H}(k)[\hat{X}_r(k) + \hat{X}_{r-1}(k)]\}, \qquad rN \leqslant n < (r+1)N \tag{3.90}$$

这里,$\hat{H}(k)$、$\hat{X}_r(k)$ 和 $\hat{X}_{r-1}(k)$ 分别是 $\hat{h}(n)$、$\hat{x}_r(n)$ 和 $\hat{x}_{r-1}(n)$ 的离散傅立叶变换。

现在来分析一下通过式(3.88)计算 N 个输出信号 $y(n)$ 的实数乘法次数。其中,每一个 $2N-1$ 点 DFT 和 IDFT 通过 FFT 计算的复数乘法次数是 $0.5(2N-1)\log_2(2N-1)$,共有 3 个 DFT 和一个 IDFT 计算,另外,还有一个 $2N-1$ 次复数乘法。所以,总的复数乘法次数为 $1.5(2N-1)\log_2(2N-1) + 2N-1$,近似等于 $3N\log_2 N + 5N$。按照一个复数乘法相当于 4 个实数乘法运算,计算 N 个输出信号 $y(n)$ 的实数乘法次数是 $12N\log_2 N + 20N$。这样,其与式(3.76)的运算量之比是

$$\lambda = \frac{12 \log_2 N + 20}{N} \tag{3.91}$$

比值曲线如图 3.30 所示,当 $N = 1\,024$ 时,$\lambda = 0.136\,7$,说明按照式(3.90)利用 FFT 计算线性卷积的效率更高。

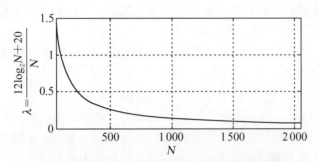

图 3.30　利用 FFT 计算线性卷积的运算量比值曲线

3.7　本章小结

利用离散傅立叶变换(DFT)计算有限长信号的离散频谱,无论从频谱的离散特性还是信号的有限长特性来看都符合实际应用的需要。快速傅立叶变换(FFT)只是 DFT 的一种快速算法,理论上可大幅减少离散频谱的运算量,有关 FFT 的经典论文可查阅 J. W. Cooley 和 O. W. Tukey 的《An Algorithm for the Machine Calculation of Complex Fourier Series》(Mathematics of Computation,1965,19:297-301)。大部分实际应用中采用短时傅立叶分析方法,首先用短时窗对输入信号加窗以获取数据,然后采用 DFT 或 FFT 计算短时信号的离散频谱,并通过移动短时窗反复处理,得到随时间变化的一系列离散频谱。当然,如果信号是平稳的,只要计算一次傅立叶变换就可以了。

没有一种变换像傅立叶变换一样被广泛应用,简单而有效。并且,以此为基础还派生出一些其他的变换,例如分数阶傅立叶变换。另外,采用其他正交基的变换也被不断地推出,包括一些所谓的多分辨率变换方法,例如小波变换(见第 6 章)。

习　题

3-1　设有一个离散信号 $x(n)$,其采样频率为 $f_s = 1000\,\text{Hz}$,对它加短时窗以获取 512 点信号值,试回答以下问题:

(1) 如果求 512 点的 DFT,则离散频谱采样点之间的间隔,即频率分辨率指标 Δf 是多少?

(2) 如果信号通过补 0 至 2 048 点,并求 2 048 点 DFT,则频率分辨率指标 Δf 变为多少?

(3) 有限长信号补 0 后其傅立叶频谱 $X(e^{j\omega})$ 和 DFT 离散频谱 $X(k)$ 会变化吗?

(4) 如果信号因为时域采样频率太低而导致频谱的混叠,那么,可以通过补 0 的方法来消除这种混叠吗?

3-2 给定两个有限长信号 $f(n)=g(n)=\delta(n)+\delta(n-1)$。

(1) 求循环卷积 $f(n)\odot g(n)$。

(2) 运用 DFT 求循环卷积 $f(n)\odot g(n)$。

(3) 计算线性卷积 $f(n)*g(n)$。

(4) 将 $f(n)$ 和 $g(n)$ 各补一个 0 形成长度为 3 的信号,计算它们的循环卷积。

3-3 设一个模拟信号包含两个频率分别为 1 605 Hz 和 1 645 Hz 的正弦信号,采样频率是 10 kHz。假设只获得了 200 个信号采样点,问能否从它的 DFT 离散频谱中分辨这两个频率分量? 为什么?

3-4 假设有一个计算 N 点 DFT 的 C 程序,函数名为

void fft(double xr[], double xi[], double xfr[], double xfi[], int N)

其中,数组 xr 和 xi 分别保存输入信号的实部和虚部值,xfr 和 xfi 分别保存 DFT 离散频谱的实部和虚部值,N 为计算点数。问如何利用该程序计算 IDFT?

3-5 研究一个长度为 M 的有限时宽序列 $x(n)$,$0 \leqslant n < M$,其 Z 变换是

$$X(Z)=\sum_{n=0}^{M-1}x(n)Z^{-n}$$

现在需要计算单位圆上的 N 点等间隔采样值,采样点为

$$Z=\mathrm{e}^{\mathrm{j}\frac{2\pi}{N}k}, \qquad k=0\sim N-1$$

试问能否利用一个 N 点离散傅立叶变换来计算这 N 个取样的 Z 变换值? 证明之。

3-6 有一个信号 $x(n)=\mathrm{e}^{-0.5n}[u(n)-u(n-4)]$,计算并画出相应的 DFT 幅度谱和 DTFT 幅度谱。

3-7 一个线性移不变系统的单位脉冲响应是 $h(n)=(-0.95)^{n}$,$0 \leqslant n < 4$,计算并画出 4 点 DFT 离散频谱 $H(k)$。

3-8 比较以下 3 个有限长信号 $x_1(n)\sim x_3(n)$ 的 DFT 幅度谱:

$$x_1(n)=\{4,3,2,1\}$$
$$x_2(n)=\{4,3,2,1,4,3,2,1\}$$
$$x_3(n)=\{4,3,2,1,4,3,2,1,4,3,2,1\}$$

3-9 一个线性移不变系统的频率响应 $H(\mathrm{e}^{\mathrm{j}\omega})$ 如下:

$$H(\mathrm{e}^{\mathrm{j}\omega})=0.227\,3\cos^3\omega+0.577\,8\cos^2\omega+0.350\,5\cos\omega+0.031\,1$$

求该系统的单位脉冲响应 $h(n)$,并计算加矩形窗 $R_4(n)$ 后形成的短时离散频谱。

3-10 一个频率为 6 kHz 的正弦信号经过 40 kHz 的时域采样形成离散信号,问当计算以下不同点数的 DFT 时幅度谱谱峰的位置 k 分别是多少?

(1) 32 点 DFT　　　　(2) 64 点 DFT　　　　(3) 128 点 DFT

3-11 对以下 4 个信号计算 16 点 DFT,设采样频率为 12 kHz,预测各信号的离散幅度频谱的峰值位置 k。

(1) $x(n)=\cos(n\pi/7)$

(2) $x(n)=\sin(2n\pi/3)$

(3) $x(n) = \cos(3n\pi/4)$

(4) $x(n) = \cos(n\pi/4) + \cos(5n\pi/9)$

3-12 以下模拟信号 $x(t)$ 经过每秒 500 点采样后形成离散信号,图 3.31 显示了它的 64 点 DFT 离散幅度谱。问 4 个峰与原信号 4 个频率成分的对应关系,即每个峰对应信号的哪一个频率分量?

$$x(t) = \cos(240\pi t) + \cos(320\pi t) + \cos(420\pi t) + \cos(720\pi t)$$

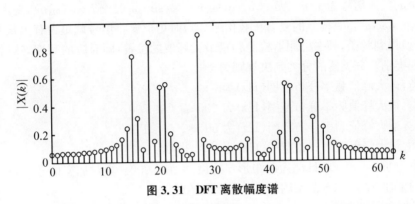

图 3.31 DFT 离散幅度谱

3-13 一个模拟信号以 22.05 kHz 的采样频率采样 2 ms 并求 DFT,问:(1)共输入多少离散信号值?(2)DFT 的频率分辨率是多少?

3-14 设一个模拟信号的频率分布范围为 0~500 Hz,如果需要对这个信号求 DFT 离散频谱,并且要求频率分辨率至少为 0.5 Hz,问至少需要多少点信号值?

3-15 一个 4 点 DFT 的幅度和相位值如表 3.4 所示:

表 3.4

k	$|X(k)|$	$\theta(k)$
0	10.0	0.0
1	2.828 4	-0.785 4
2	2.0	0.0
3	2.828 4	0.785 4

求对应的信号 $x(n)$。

实验 基于 DFT 的信号识别系统

一、实验目的

(1) 通过实验巩固对离散傅立叶变换(DFT)的认识和理解。

(2) 熟练掌握应用 DFT 进行频谱分析的方法。

(3) 理解 DFT 离散频谱分析的应用价值。

二、实验内容

在语音识别、雷达信号处理、生物医学信号检测与识别等应用领域广泛使用基于离散傅立叶变换的频谱分析技术。一个典型的信号识别系统如图 3.32 所示。

图 3.32 信号识别系统框图

设系统的输入信号为 $x(n) = a_0 + a_1\sin(\omega_1 n) + a_2\sin(\omega_2 n) + a_3\cos(\omega_3 n)$，是由一组参数 $\{a_0, a_1, \omega_1, a_2, \omega_2, a_3, \omega_3\}$ 构成的复合正弦信号。短时矩形窗将信号截短为有限长的信号，经过 DFT 变换得到频谱，频率检测器检测频谱最大峰值的位置，即对应的频率，然后由分类器识别信号的类别。分类器的分类判决规则为

第一类：最大峰值频率分布范围（Hz）为 $0 \leqslant f < 200$。

第二类：最大峰值频率分布范围（Hz）为 $200 \leqslant f < 500$。

第三类：最大峰值频率分布范围（Hz）为 $500 \leqslant f < 1\,000$。

第四类：最大峰值频率分布范围（Hz）为 $f \geqslant 1\,000$。

设采样频率为 $f_s = 10\,000\,\text{Hz}$，短时矩形窗宽度 N 为 $1\,000$。短时加窗信号经过 DFT 可以得到连续频谱在 $0 \leqslant \omega < 2\pi$ 范围内的 $1\,000$ 个取样点。

(1) 编程实现该系统。

(2) 输入信号 $x(n)$ 的参数为 $\{0, 1.5, 0.08\pi, 0, 0, 0, 0\}$，理论计算并画出 $0 \leqslant f \leqslant f_s$ 范围的幅度谱，标出峰值频率，观察系统的实际识别结果，分析其正确性。

(3) 输入信号 $x(n)$ 的参数为 $\{1.2, -3, 0.5\pi, 0, 0, 0, 0\}$，理论计算并画出 $0 \leqslant f \leqslant f_s$ 范围的幅度谱，标出峰值频率，观察系统的实际识别结果，分析其正确性。

(4) 输入信号 $x(n)$ 的参数为 $\{-2, 1.2, 0.5\pi, 0, 0, 0, 0\}$，理论计算并画出 $0 \leqslant f \leqslant f_s$ 范围的幅度谱，标出峰值频率，观察系统的实际识别结果，分析其正确性。

(5) 输入信号 $x(n)$ 的参数为 $\{0, 1.2, 0.154\pi, 2, 0.2672\pi, 0, 0\}$，理论计算并画出 $0 \leqslant f \leqslant f_s$ 范围的幅度谱，标出峰值频率，观察系统的实际识别结果，分析其正确性。

(6) 输入信号 $x(n)$ 的参数为 $\{0.5, 1.5, 0.16\pi, -0.6, 0.12\pi, 2.5, 0.06\pi\}$，理论计算并画出 $0 \leqslant f \leqslant f_s$ 范围的幅度谱，标出峰值频率，观察系统的实际识别结果，分析其正确性。

三、思考题

(1) 当矩形窗长度比 $1\,000$ 小，例如 32，以上实验内容(6)将可能出现什么情况？

(2) 当输入信号 $x(n)$ 的参数为 $\{0, 0, 0, 0.9, 0.202\pi, 1, 0.199\pi\}$ 时，系统能够得到正确识别结果吗？为什么？

(3) 如果输入信号 $x(n)$ 中含有叠加性宽带噪声 $e(n)$ 会影响识别结果吗？为什么？

(4) 如果系统中的 DFT 需要更新为 FFT 并且短时窗不变，则 FFT 计算时应该做哪些考虑？对识别结果会产生什么影响？

四、实验要求

(1) 简述实验目的和原理。

(2) 按实验内容顺序给出实验结果。

(3) 回答思考题。

※ 不同时间或者不同小组的实验可以设定不同的信号参数。

4　无限脉冲响应数字滤波器设计

■ 无限脉冲响应(IIR)数字滤波器的结构与特点
■ 巴特沃兹、切比雪夫和椭圆滤波器
■ 脉冲响应不变设计法,双线性变换设计法
■ 滤波器的转换

滤波器是一种有特定意义的系统,它对信号中特定频率的谐波成分进行处理。数字滤波器对数字信号进行处理,可以由硬件或软件实现。一般来说,设计数字滤波器包括下面三个步骤:一,根据信号滤波的要求,确定数字滤波器的技术指标,包括通带截止频率、阻带截止频率、通带最大衰减和阻带最小衰减等;二,用一个因果稳定的离散线性移不变系统逼近所设计的滤波器指标,只有因果稳定的系统是可以实现的;三,用硬件或软件实现该系统,即实现设计的滤波器。数字滤波器相对模拟滤波器的一个优越之处就是可以用软件实现,这也是大部分数字滤波器的实现方式。

本章主要讲述无限脉冲响应(IIR)数字滤波器的结构及设计方法。无限脉冲响应数字滤波器具有以下特点:系统的单位脉冲响应 $h(n)$ 是无限长的;系统函数 $H(z)$ 在有限 z 平面上有极点存在;结构上是递归型。

4.1　数字滤波器的性能指标

设一个因果稳定的线性移不变离散时间系统的系统函数如下:

$$H(z) = \frac{\sum\limits_{i=0}^{M} b_i z^{-i}}{1 - \sum\limits_{i=1}^{N} a_i z^{-i}} \tag{4.1}$$

当满足 $M \leqslant N$ 时,$H(z)$ 表示的系统称为 N 阶 IIR 系统;当 $M > N$ 时,$H(z)$ 表示的系统可以看成 N 阶 IIR 子系统与一个 $M-N$ 阶 FIR 子系统的级联。很容易根据式(4.1)写出相应的差分方程,这也是 IIR 数字滤波器的软件实现方法。

设滤波器的频率响应特性为

$$H(e^{j\omega}) = |H(e^{j\omega})| e^{j\Phi(\omega)} \tag{4.2}$$

滤波器的滤波特性通常是由幅度频率响应 $|H(e^{j\omega})|$ 来描述。对于理想滤波器来说,要求在整个全频带内幅度频率响应 $|H(e^{j\omega})|$ 为常数,相位频率响应 $\Phi(\omega)$ 为频率的线性函数。但是,这样的理想滤波器不符合因果规律,是不可实现的。实际滤波器的频率响应无论在通带还是阻带都与理想状态有一定的误差,不可能恒定,并且过渡带也不可能锐截止,但只要控制在一定范围同样能满足实际处理要求。一般,数字滤波器的设计从规定滤波器幅度频

率响应$|H(\mathrm{e}^{\mathrm{j}\omega})|$的技术指标开始,而这些技术指标与上面提到的误差有关,如图 4.1 所示。

(1) 滤波器的主要性能指标(以低通滤波器为例)

① 频带:包括通带、过渡带、阻带。

② 误差:通带和阻带误差。

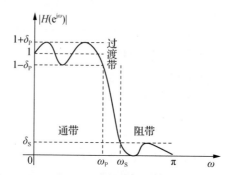

图 4.1 逼近理想低通滤波器的误差容限

通带:在通带内,幅度频率响应逼近 1,最大误差为 δ_{p},即

$$1-\delta_{\mathrm{p}} \leqslant |H(\mathrm{e}^{\mathrm{j}\omega})| \leqslant 1+\delta_{\mathrm{p}}, \qquad |\omega| \leqslant \omega_{\mathrm{p}} \tag{4.3}$$

若 $|H(\mathrm{e}^{\mathrm{j}0})|=1$,设通带允许的最大衰减为 α_{p},其计算公式如下:

$$\alpha_{\mathrm{p}} = 20 \log \frac{|H(\mathrm{e}^{\mathrm{j}0})|}{|H(\mathrm{e}^{\mathrm{j}\omega_{\mathrm{p}}})|} = -20 \log |H(\mathrm{e}^{\mathrm{j}\omega_{\mathrm{p}}})| = -20 \log(1-\delta_{\mathrm{p}}) \tag{4.4}$$

所谓 3 dB 截止频率,即滤波器幅频响应在通带截止频率 ω_{p} 处的下降为 3 dB,即 $\alpha_{\mathrm{p}}=3$ dB 或 $|H(\mathrm{e}^{\mathrm{j}\omega_{\mathrm{p}}})|=0.707$。

阻带:在阻带内,幅度频率响应趋于零,误差小于 δ_{s},即

$$|H(\mathrm{e}^{\mathrm{j}\omega})| \leqslant \delta_{\mathrm{s}}, \qquad \omega_{\mathrm{s}} \leqslant \omega \leqslant \pi \tag{4.5}$$

设阻带允许的最小衰减为 α_{s},其计算公式如下:

$$\alpha_{\mathrm{s}} = 20 \lg \frac{|H(\mathrm{e}^{\mathrm{j}0})|}{|H(\mathrm{e}^{\mathrm{j}\omega_{\mathrm{s}}})|} = -20 \lg |H(\mathrm{e}^{\mathrm{j}\omega_{\mathrm{s}}})| = -20 \lg \delta_{\mathrm{s}} \tag{4.6}$$

过渡带:位于通带与阻带之间,宽度为 $\Delta\omega = \omega_{\mathrm{s}} - \omega_{\mathrm{p}}$。

(2) 数字滤波器频率响应

数字滤波器频率响应主要由幅频响应表示,在滤波器设计中还使用了幅频响应平方函数、相位响应和群延迟响应。

① 幅频响应平方函数

设计一个滤波器,需要根据具体的指标用一个系统函数来逼近,如果不需要考虑相位,可以采用幅频响应平方函数来设计,其定义为

$$|H(\mathrm{e}^{\mathrm{j}\omega})|^2 = H(\mathrm{e}^{\mathrm{j}\omega})H^*(\mathrm{e}^{\mathrm{j}\omega}) \tag{4.7}$$

② 相位响应

设滤波器的频率响应如下:

$$H(\mathrm{e}^{\mathrm{j}\omega}) = \mid H(\mathrm{e}^{\mathrm{j}\omega}) \mid \mathrm{e}^{\mathrm{j}\Phi(\omega)} = \mathrm{Re}[H(\mathrm{e}^{\mathrm{j}\omega})] + \mathrm{j}\,\mathrm{Im}[H(\mathrm{e}^{\mathrm{j}\omega})] \tag{4.8}$$

则其对应的相位响应为

$$\Phi(\omega) = \tan^{-1}\left\{\frac{\mathrm{Im}[H(\mathrm{e}^{\mathrm{j}\omega})]}{\mathrm{Re}[H(\mathrm{e}^{\mathrm{j}\omega})]}\right\} \tag{4.9}$$

③ 群延迟响应

群延迟响应定义为相位对角频率的导数的负值,是滤波器平均延迟的度量,即

$$\tau(\mathrm{e}^{\mathrm{j}\omega}) = -\frac{\mathrm{d}\Phi(\omega)}{\mathrm{d}\omega} \tag{4.10}$$

4.2　IIR 数字滤波器的结构

无限脉冲响应(IIR)数字滤波器的结构是递归型,表明系统的输出不仅与现在和以前的输入有关,而且还与以前的输出有关,即系统的输入与输出之间存在反馈。系统的结构并不是唯一的,同一系统可以用不同的系统结构来实现。

4.2.1　直接 I 型

一个 N 阶 IIR 数字滤波器的系统函数为

$$H(z) = \frac{\sum\limits_{i=0}^{M} b_i z^{-i}}{1 - \sum\limits_{i=1}^{N} a_i z^{-i}} = H_1(z)H_2(z) \tag{4.11}$$

其中,$H(z)$ 是由 $H_1(z)$ 和 $H_2(z)$ 级联构成:

$$H_1(z) = \sum\limits_{i=0}^{M} b_i z^{-i} \tag{4.12}$$

$$H_2(z) = \frac{1}{1 - \sum\limits_{i=1}^{N} a_i z^{-i}} \tag{4.13}$$

由此看出,$H_1(z)$ 称为全零点滤波器,实现了系统的零点,是系统的传输网络;$H_2(z)$ 称为全极点滤波器,实现了系统的极点,是系统的反馈网络。

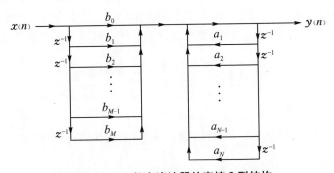

图 4.2　IIR 数字滤波器的直接 I 型结构

从图 4.2 中可知,直接 I 型结构需要 $N+M$ 级延迟单元和 $N+M$ 个乘法器。由于线性系统的特性,其结构还可以将 $H_1(z)$ 和 $H_2(z)$ 互换,系统的特性保持不变。

4.2.2 直接 II 型

直接 I 型结构需要 $N+M$ 级延迟单元,为节省延迟单元,可以将传输网络与反馈网络的延迟单元合并,这样的结构称为直接 II 型,如图 4.3 所示。

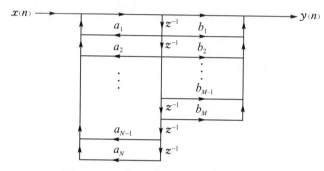

图 4.3 IIR 数字滤波器的直接 II 型结构

设 $N > M$,从图中可知直接 II 型结构需要 N 级延迟单元。在这种结构中,输入 $x(n)$ 先通过全极点滤波器,再通过系统的全零点滤波器。

直接型滤波器的频率响应对系数的变化较灵敏,在具体实现中因为处理器有限字长等因素容易出现极点的漂移,造成系统的不稳定现象,在数字滤波器有限字长效应的运算中,其误差是所有结构中最大的。

4.2.3 级联型

将系统函数 $H(z)$ 的分子、分母进行因式分解,表示为

$$H(z) = \frac{\sum\limits_{i=0}^{M} b_i z^{-i}}{1 - \sum\limits_{i=1}^{N} a_i z^{-i}} = K \frac{\prod\limits_{i=1}^{M_1}(1 - p_i z^{-1}) \prod\limits_{i=1}^{M_2}(1 + q_{1i} z^{-1} + q_{2i} z^{-2})}{\prod\limits_{i=1}^{N_1}(1 - c_i z^{-1}) \prod\limits_{i=1}^{N_2}(1 - d_{1i} z^{-1} - d_{2i} z^{-2})} \tag{4.14}$$

其中,a_i、b_i 均为实数,在分解的因式中,K 为常数,p_i、c_i 分别为实数零点和实数极点,$(1 + q_{1i} z^{-1} + q_{2i} z^{-2})$ 与 $(1 - d_{1i} z^{-1} - d_{2i} z^{-2})$ 为共轭成对的复数合并成的二阶多项式。将实数零点和实数极点看成二阶多项式的特例,则系统函数 $H(z)$ 可以采用二阶子系统表示为

$$H(z) = K \prod\limits_{i=1}^{j} \frac{1 + \beta_{1i} z^{-1} + \beta_{2i} z^{-2}}{1 - \alpha_{1i} z^{-1} - \alpha_{2i} z^{-2}} = K \prod\limits_{i=1}^{j} H_i(z) \tag{4.15}$$

级联型结构的示意图如图 4.4 所示。

设 $M = N$,且式(4.15)中 N 为偶数,则 $j = \dfrac{N}{2}$,即 $H(z)$ 可分解为 $\dfrac{N}{2}$ 个二阶多项式的乘积。当 N 为奇数时,式(4.15)表示为

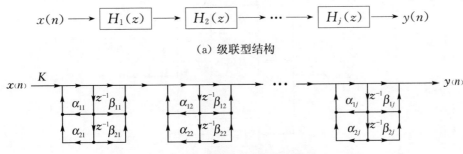

（a）级联型结构

（b）二阶子系统表示级联型结构

图 4.4　IIR 数字滤波器的级联型结构

$$H(z) = KH_0(z)\prod_{i=1}^{j}H_i(z) \tag{4.16}$$

其中，$j = \dfrac{N-1}{2}$，$H(z)$ 分解为 $\dfrac{N-1}{2}$ 个二阶多项式和一个单阶多项式 $H_0(z)$ 的乘积。

从图 4.4 可以看到，若 p、q 均小于 j，只要 $p > q$，子系统 $H_p(z)$ 就不会影响到子系统 $H_q(z)$，说明在级联型结构中后一级子系统的输出不会反馈到前一级子系统中。

4.2.4　并联型

将系统函数展开成部分分式之和，表示为

$$H(z) = \frac{\sum\limits_{i=0}^{M}b_i z^{-i}}{1-\sum\limits_{i=1}^{N}a_i z^{-i}} = K\sum_{i=1}^{j}\frac{\beta_{0i}+\beta_{1i}z^{-1}}{1-\alpha_{1i}z^{-1}-\alpha_{2i}z^{-2}} \tag{4.17}$$

其中，K 为常数，α_i、β_i 均为实数，$(1-\alpha_{1i}z^{-1}-\alpha_{2i}z^{-2})$ 为共轭成对的复数合并成的二阶多项式。同样将实数零点和实数极点看成二阶多项式的特例，则系统函数 $H(z)$ 可以采用二阶子系统表示如下：

$$H(z) = K\sum_{i=1}^{j}\frac{\beta_{0i}+\beta_{1i}z^{-1}}{1-\alpha_{1i}z^{-1}-\alpha_{2i}z^{-2}} = K\sum_{i=1}^{j}H_i(z) \tag{4.18}$$

并联型结构的示意图如图 4.5。

设 $M = N$，且式（4.17）中 N 为偶数，则 $j = \dfrac{N}{2}$，即 $H(z)$ 可分解为常数 K 与 $\dfrac{N}{2}$ 个二阶多项式之和。当 N 为奇数时，式（4.18）表示为

$$H(z) = K + H_0(z) + \sum_{i=1}^{j}H_i(z) \tag{4.19}$$

其中，$j = \dfrac{N-1}{2}$，$H(z)$ 分解为常数 K、一个单阶多项式 $H_0(z)$ 与 $\dfrac{N-1}{2}$ 个二阶多项式的和。

从图 4.5 可以看到，子系统 $H_i(z)$（其中，$i = 1 \sim j$）之间为并行关系，说明在并联型结构中子系统之间彼此独立。

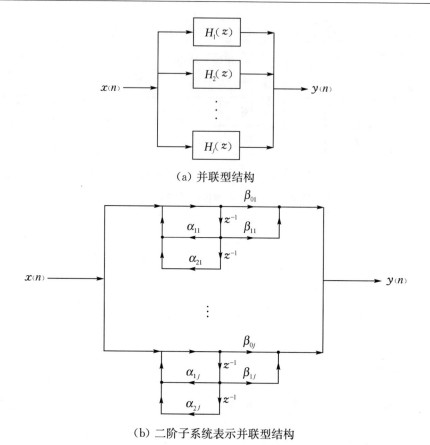

（a）并联型结构

（b）二阶子系统表示并联型结构

图 4.5　IIR 数字滤波器的并联型结构

4.2.5　全通滤波器

全通滤波器也是一种 IIR 数字滤波器，其特性是对于所有 ω，幅度频率响应是常数，即

$$|H(\mathrm{e}^{\mathrm{j}\omega})|=1,\qquad -\infty<\omega<\infty \tag{4.20}$$

$$H(z)=\frac{z^{-1}-a^*}{1-aZ^{-1}} \tag{4.21}$$

全通滤波器系统函数的零点和极点关于单位圆"对称"。对于式（4.21）所示的一阶稳定全通滤波器，若 $0<|a|<1$，系统的极点为 a，则对应的零点为 $\frac{1}{a^*}$；对于二阶稳定全通滤波器，若 $0<|a|<1$，系统的极点为一对共轭极点 a 与 a^*，则对应的零点分别为 $\frac{1}{a^*}$ 与 $\frac{1}{a}$，也是一对共轭零点。全通滤波器的零点、极点的分布特性如图 4.6 所示。

　　全通滤波器与系统级联后，不改变系统的幅度频率特性，因此一般用于系统的相位校正，通过零点与极点相消，使非稳定系统变成稳定系统。

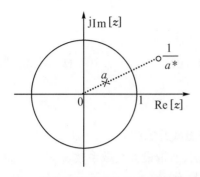
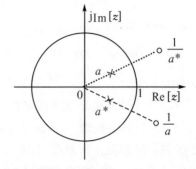

（a）一阶全通滤波器的零点、极点分布　　　（b）二阶全通滤波器的零点、极点分布

图 4.6　全通滤波器的零点、极点的分布特性

4.3　模拟滤波器的特性

因为 IIR 模拟滤波器的设计方法已经很成熟，所以 IIR 数字滤波器的设计一般基于模拟滤波器进行，设计方法是利用已知的模拟滤波器系统函数，通过一定的转换得到 IIR 数字滤波器，因此有必要掌握模拟滤波器的特性。常用的模拟滤波器有巴特沃兹（Butterworth）滤波器、切比雪夫（Chebyshev）滤波器、椭圆（Elliptic）滤波器等。

4.3.1　巴特沃兹滤波器

巴特沃兹滤波器的特点是幅度频率响应在通带内具有最大平坦的特性，并且在通带和阻带内随着频率的增加而单调地下降。巴特沃兹滤波器的幅频响应平方函数如下：

$$| H(\mathrm{j}\Omega) |^2 = \frac{1}{1 + \left(\dfrac{\Omega}{\Omega_c}\right)^{2N}} \tag{4.22}$$

其中，N 为巴特沃兹滤波器的阶数，是整数；Ω_c 是通带有效截止频率。图 4.7 显示了不同阶数 N 的巴特沃兹低通滤波器的幅频响应平方函数。从图中看出，当阶数 N 增加，在通带内的幅度响应很平坦，在阻带的衰减很大，并且过渡带的带宽几乎为零，接近理想低通滤波器的幅度响应曲线。所以阶数 N 的大小是影响幅度特性下降速度的主要因素。

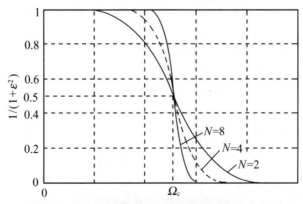

图 4.7　巴特沃兹低通滤波器的幅频响应平方函数

图 4.7 说明了巴特沃兹滤波器具有如下特性：

(1) 对于所有的 N，$|H(\mathrm{j}\Omega)|^2|_{\Omega=0} = 1$。

(2) 对于所有的 N，$|H(\mathrm{j}\Omega)|^2|_{\Omega=\Omega_\mathrm{c}} = \dfrac{1}{2}$，即 $|H(\mathrm{j}\Omega)|_{\Omega=\Omega_\mathrm{c}} = 0.707$，$\Omega_\mathrm{c}$ 是滤波器的 3 dB 点或称为半功率点。

(3) $|H(\mathrm{j}\Omega)|^2$ 是 Ω 的单调下降函数。

(4) $|H(\mathrm{j}\Omega)|^2$ 随着阶数 N 的递增而更接近理想低通滤波器。

阶数 N 是由通带截止频率 Ω_p、阻带截止频率 Ω_s、通带最大衰减系数 α_p 和阻带最小衰减系数 α_s 确定。当 $\Omega = \Omega_\mathrm{p}$ 时，此时幅频响应平方函数为

$$|H(\mathrm{j}\Omega_\mathrm{p})|^2 = \frac{1}{1+\left(\dfrac{\Omega_\mathrm{p}}{\Omega_\mathrm{c}}\right)^{2N}} \tag{4.23}$$

当 $\Omega = \Omega_\mathrm{s}$ 时，此时幅频响应平方函数为

$$|H(\mathrm{j}\Omega_\mathrm{s})|^2 = \frac{1}{1+\left(\dfrac{\Omega_\mathrm{s}}{\Omega_\mathrm{c}}\right)^{2N}} \tag{4.24}$$

设 $\Omega = 0$ 处的幅度 $|H(\mathrm{j}0)| = 1$，则

$$1+\left(\frac{\Omega_\mathrm{p}}{\Omega}\right)^{2N} = 10^{\frac{\alpha_\mathrm{p}}{10}} \tag{4.25}$$

同理

$$1+\left(\frac{\Omega_\mathrm{s}}{\Omega}\right)^{2N} = 10^{\frac{\alpha_\mathrm{s}}{10}} \tag{4.26}$$

由此可得

$$\left(\frac{\Omega_\mathrm{p}}{\Omega_\mathrm{s}}\right)^N = \sqrt{\frac{10^{\frac{\alpha_\mathrm{p}}{10}}-1}{10^{\frac{\alpha_\mathrm{s}}{10}}-1}} \tag{4.27}$$

阶数 N 表示为

$$N = \frac{\lg\sqrt{(10^{\frac{\alpha_\mathrm{p}}{10}}-1)/(10^{\frac{\alpha_\mathrm{s}}{10}}-1)}}{\lg\left(\dfrac{\Omega_\mathrm{p}}{\Omega_\mathrm{s}}\right)} \tag{4.28}$$

其中，N 的值为整数。通常 N 取大于或等于式(4.28)的整数。幅频响应平方函数还可以表示为

$$|H(\mathrm{j}\Omega)|^2 = H(\mathrm{j}\Omega)H^*(\mathrm{j}\Omega) \tag{4.29}$$

用拉普拉斯变换表示为

$$H(s)H(-s) = \frac{1}{1+\left(\dfrac{s}{\mathrm{j}\Omega_\mathrm{c}}\right)^{2N}} \tag{4.30}$$

式(4.30)表示的巴特沃兹滤波器的幅频响应平方函数有 $2N$ 个极点，分别以角度间隔 $\dfrac{\pi}{N}$ 等

角度地分布在 $|s|=\Omega_c$ 的圆上。

根据系统的稳定性特点，$H(s)$ 的极点全部在 s 的左半平面，极点为

$$s_i = \Omega_c \mathrm{e}^{\mathrm{j}\pi\left(\frac{1}{2}+\frac{2i+1}{2N}\right)}, \qquad i = 0, 1, \cdots, N-1 \tag{4.31}$$

由于 $H(-s)$ 的极点与 $H(s)$ 的极点关于 $\mathrm{j}\Omega$ 轴对称，则 $H(-s)$ 的极点为

$$s_k = \Omega_c \mathrm{e}^{\mathrm{j}\pi\left(\frac{1}{2}+\frac{2k+1}{2N}\right)}, \qquad k = N, N+1, \cdots, 2N-1 \tag{4.32}$$

因此

$$H(s) = \frac{\Omega_c^N}{\prod\limits_{i=1}^{N}(s-s_i)} \tag{4.33}$$

在实际设计中，一般使频率归一化，即 $\Omega_c=1$ rad/s，这样巴特沃兹滤波器的极点分布及相应的系统函数、分母多项式的系数都有现成的表格可查。如三阶巴特沃兹低通滤波器的系统函数为

$$|H(\mathrm{j}\Omega)|^2 = \frac{1}{1+\left(\dfrac{\Omega}{\Omega_c}\right)^6} \tag{4.34}$$

令 $\Omega_c=1$ rad/s，$\Omega^2=-s^2$，则有

$$H(s)H(-s) = \frac{1}{1-s^6} \tag{4.35}$$

其中，$H(s)$ 的极点 $s_i = e^{\mathrm{j}\pi\left(\frac{1}{2}+\frac{2i+1}{6}\right)}$，$i=0, 1, 2$，即：$s_1 = \mathrm{e}^{\mathrm{j}\frac{2\pi}{3}}$，$s_2 = \mathrm{e}^{\mathrm{j}\pi}$，$s_3 = \mathrm{e}^{\mathrm{j}\frac{4\pi}{3}}$。

因此归一化的三阶巴特沃兹低通滤波器如下：

$$H(s) = \frac{1}{(s-s_1)(s-s_2)(s-s_3)} = \frac{1}{s^3+2s^2+2s+1} \tag{4.36}$$

4.3.2 切比雪夫滤波器

巴特沃兹滤波器的幅度特性在通带和阻带内都是单调下降的，在通带和阻带内的衰减都是不均匀的，为了达到衰减的指标，阶数要取得较大。设计的滤波器，其通带和阻带内的衰减最好是均匀的，可通过选择具有等波纹特性的逼近函数来实现。切比雪夫滤波器的幅度特性在通带和阻带中就具有这种等波纹特性。

切比雪夫滤波器有两种类型：切比雪夫Ⅰ型滤波器，其特点是在通带内有等波纹变化，阻带内单调下降，如图 4.8 所示；切比雪夫Ⅱ型滤波器，其特点是在通带内单调下降，阻带内有等波纹变化，如图 4.9 所示。若通带和阻带都呈现等波纹变化，则称之为椭圆滤波器。

切比雪夫Ⅰ型滤波器的幅频响应平方函数为

$$|H(\mathrm{j}\Omega)|^2 = \frac{1}{1+\varepsilon^2 V_N^2\left(\dfrac{\Omega}{\Omega_c}\right)} \tag{4.37}$$

其中，ε 是小于 1 的正数，是与通带波纹有关的参量，ε 值愈大，通带的波纹愈大；Ω_c 是通带有效截止频率，也是滤波器的某一衰减分贝处的通带宽度；V_N 是 N 阶切比雪夫多项式，定义为

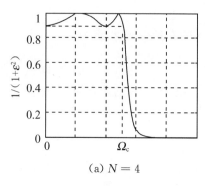
(a) $N = 4$

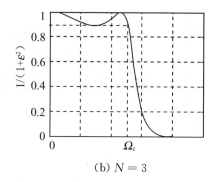
(b) $N = 3$

图 4.8　波纹系数为 0.5 dB 的切比雪夫 I 型低通滤波器的幅频响应平方函数

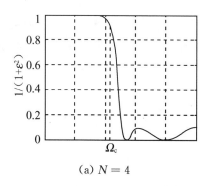
(a) $N = 4$

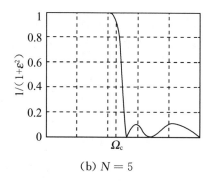
(b) $N = 5$

图 4.9　阻带衰减为 10 dB 的切比雪夫 II 型低通滤波器的幅频响应平方函数

$$V_N(x) = \begin{cases} \cos(N \arccos x), & |x| \leqslant 1 \\ \cosh(N \operatorname{arcosh} x), & |x| > 1 \end{cases} \tag{4.38}$$

令 $x = \Omega/\Omega_c$，当 $N = 0$ 时，$V_N(x) = 1$；当 $N = 1$ 时，$V_N(x) = x$；当 $N = 2$ 时，$V_N(x) = 2x^2 - 1$；当 $N = 3$ 时，$V_N(x) = 4x^3 - 3x$ ……由此 N 阶切比雪夫多项式为

$$V_{N+1}(x) = 2x \cdot V_N(x) - V_{N-1}(x) \tag{4.39}$$

从式(4.38)得出，当阶数 N 为偶数时，在 $x = 0$ 处，$V_N(0) = 1$，则 $|H(j0)|^2 = \dfrac{1}{1+\varepsilon^2}$；当阶数 N 为奇数时，在 $x = 0$ 处，$V_N(0) = 0$，则 $|H(j0)|^2 = 1$。图 4.8(a)和(b)分别给出了阶数 N 取偶数和奇数两种情况下滤波器的幅频响应特性。

对切比雪夫 I 滤波器的幅频响应平方函数 $|H(j\Omega)|^2$ 来说，当 $|x| < 1$ 时，$|H(j\Omega)|^2$ 在 1 与 $\dfrac{1}{1+\varepsilon^2}$ 之间波动；当 $|x| = 1$ 时，$|H(j\Omega)|^2 = \dfrac{1}{1+\varepsilon^2}$，即所有的幅度特性曲线都通过 $\dfrac{1}{\sqrt{1+\varepsilon^2}}$ 点，因此将 Ω_c 定义为切比雪夫滤波器的截止频率，在这个截止频率下，幅度函数不一定下降 3 dB，也可以下降其他分贝值，这是切比雪夫滤波器与巴特沃兹滤波器的不同之处；当 $|x| > 1$ 时，$|H(j\Omega)|^2$ 随 Ω 的增加而单调下降，迅速趋于零，见图 4.8。在具有相同阶数 N 的情况下，切比雪夫滤波器与巴特沃兹滤波器相比，具有较窄的过渡带，如图 4.10 所示。

因此，切比雪夫滤波器的滤波特性如下：

（1）所有曲线在 $\Omega=\Omega_c$ 时通过 $\dfrac{1}{\sqrt{1+\varepsilon^2}}$ 点，故将 Ω_c 定义为切比雪夫滤波器的截止角频率。

（2）在通带内 $\left|\dfrac{\Omega}{\Omega_c}\right|\leqslant 1$，$|H(j\Omega)|$ 在 1 与 $\dfrac{1}{1+\varepsilon^2}$ 之间波动；在通带外 $\left|\dfrac{\Omega}{\Omega_c}\right|>1$，幅度特性呈单调下降。

（3）当阶数 N 为偶数时，$|H(j0)|^2=\dfrac{1}{1+\varepsilon^2}$；当

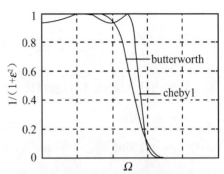

图 4.10　切比雪夫 I 型滤波器与巴特沃兹滤波器过渡带的比较

阶数 N 为奇数时，$|H(j0)|^2=1$。通带内误差分布是均匀的，这种逼近称为最佳一致逼近，因此通带等波纹滤波器是在通带内以最大误差最小化对理想低通滤波器的最佳一致逼近。

（4）由于滤波器通带内有波纹，则通带内的相频特性也有相应的纹波，即相位是非线性的，这会给信号传输带来线性畸变。因此，在要求群时延为常数时不宜采用这种滤波器。

根据式(4.37)的系统函数 $|H(j\Omega)|^2$，将 $\Omega=\dfrac{s}{j}$ 代入，得

$$H(s)H(-s)=\frac{1}{1+\varepsilon^2 V_N^2\left(\dfrac{s}{j\Omega_c}\right)} \tag{4.40}$$

解该方程以求极点分布：

$$1+\varepsilon^2 V_N^2\left(\frac{s}{j\Omega_c}\right)=0 \tag{4.41}$$

由于 $\dfrac{s}{j\Omega_c}$ 是复变量，为求解切比雪夫多项式，令

$$\frac{s}{j\Omega_c}=\cos\theta=\cos(\alpha+j\beta)=\cos\alpha\cosh\beta-j\sin\alpha\sinh\beta$$

$$s=\Omega_c\sin\alpha\sinh\beta+j\Omega_c\cos\alpha\cosh\beta=\sigma+j\Omega \tag{4.42}$$

将 $\dfrac{s}{j\Omega_c}=\cos\theta$ 代入式(4.38)，并且令此式等于 $\pm j\dfrac{1}{\varepsilon}$，求解 α、β：

$$V_N\left(\frac{s}{j\Omega_c}\right)=\cos\left(N\arccos\frac{s}{j\Omega_c}\right)=\cos(N\theta)$$

$$=\cos(N\alpha)\cosh(N\beta)-j\sin(N\alpha)\sinh(N\beta)=\pm j\frac{1}{\varepsilon} \tag{4.43}$$

得

$$\begin{cases}\cos(N\alpha)\cosh(N\beta)=0\\[2mm]\sin(N\alpha)\sinh(N\beta)=\pm\dfrac{1}{\varepsilon}\end{cases} \tag{4.44}$$

求得满足上式的 α、β 为

$$\begin{cases} \alpha = \dfrac{2k-1}{N} \cdot \dfrac{\pi}{2} & k=1,2,\cdots,2N \\[2mm] \beta = \pm \dfrac{1}{N}\mathrm{arsinh}\left(\dfrac{1}{\varepsilon}\right) \end{cases} \tag{4.45}$$

将 α、β 的值代入式(4.42),求得极点值为

$$\begin{aligned} s_k &= \sigma_k + \mathrm{j}\Omega_k \\ &= -\Omega_c \sin\left(\frac{2k-1}{2N}\pi\right)\sinh\left(\frac{1}{N}\mathrm{arsinh}\frac{1}{\varepsilon}\right) + \mathrm{j}\Omega_c \cos\left(\frac{2k-1}{2N}\pi\right)\cosh\left(\frac{1}{N}\mathrm{arsinh}\frac{1}{\varepsilon}\right) \\ &\qquad k=1,2,\cdots,2N \end{aligned} \tag{4.46}$$

s_k 是切比雪夫滤波器 $H(s)H(-s)$ 的极点,给定 N、Ω_c、ε 即可求得 $2N$ 个极点分布。

切比雪夫滤波器的系统函数为

$$H(s) = \frac{A}{\displaystyle\prod_{k=1}^{N}(s-s_k)} \tag{4.47}$$

其中,$s_k = \sigma_k + \mathrm{j}\Omega_k$,这里需要确定常数 A,由式(4.37)得

$$H(s) = \frac{1}{\sqrt{1+\varepsilon^2 V_N^2\left(\dfrac{s}{\mathrm{j}\Omega_c}\right)}} = \frac{A}{\displaystyle\prod_{k=1}^{N}(s-s_k)} \tag{4.48}$$

考虑到 $V_N^2\left(\dfrac{s}{\mathrm{j}\Omega_c}\right)$ 是 $\left(\dfrac{s}{\mathrm{j}\Omega_c}\right)$ 的多项式,最高阶次系数是 2^{N-1},因此常数 A 满足

$$A = \frac{\Omega_c^N}{\varepsilon \cdot 2^{N-1}} \tag{4.49}$$

因此切比雪夫滤波器的系统函数表示为

$$H(s) = \frac{\dfrac{\Omega_c^N}{\varepsilon \cdot 2^{N-1}}}{\displaystyle\prod_{k=1}^{N}(s-s_k)} \tag{4.50}$$

4.3.3　椭圆滤波器

椭圆滤波器的特点是幅度频率响应在通带和阻带内均为等波纹的,且与上述两种滤波器相比,其在过渡带的下降斜度更大。一般来说,对于指定的滤波器指标(阶数与波纹),椭圆滤波器能以最低的阶数实现。N 阶椭圆滤波器的幅频响应平方函数为

$$|H(\mathrm{j}\Omega)|^2 = \frac{1}{1+\varepsilon^2 U_N^2\left(\dfrac{\Omega}{\Omega_c}\right)} \tag{4.51}$$

其中,Ω_c 为通带截止角频率;$U_N(x)$ 是 N 阶 Jacobian 椭圆函数,实际设计中该函数需要查表计算;ε 为纹波系数,且

$$\varepsilon = \sqrt{10^{\frac{R_p}{10}} - 1} \tag{4.52}$$

式中，R_p 为纹波。阶数 N 为

$$N = \frac{K(k)K(\sqrt{1-k_1^2})}{K(k_1)K(\sqrt{1-k^2})} \tag{4.53}$$

式中，$k = \dfrac{\Omega_s}{\Omega_c}$，$\Omega_s$ 为阻带角频率；$k_1 = \dfrac{\varepsilon}{\sqrt{A^2-1}}$，$A = 10^{\frac{\alpha_s}{20}}$，$\alpha_s$ 为阻带衰减(dB)；$K(x)$ 为第一类椭圆积分，表示为 $K(x) = \displaystyle\int_0^{\frac{\pi}{2}} \dfrac{\mathrm{d}\theta}{\sqrt{1-x^2\sin^2\theta}}$。图 4.11 分别显示了 $N = 4$ 和 $N = 3$ 时的椭圆低通滤波器的幅频响应平方函数。

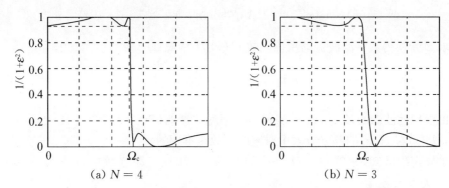

图 4.11　通带波纹为 0.3 dB、阻带波纹为 10 dB 的椭圆低通滤波器的幅频响应平方函数

4.4　模拟滤波器到数字滤波器的转换

　　模拟滤波器到数字滤波器的转换有很多种方法，其中最重要的有两种：脉冲响应不变法和双线性变换法。从模拟滤波器转换成一个可实现的数字滤波器，必须满足以下条件：

　　(1) 为了保持模拟滤波器的频率特性，s 平面的 jΩ 轴到 z 平面的单位圆的映射应该一一对应。

　　(2) 为了保持模拟滤波器的因果稳定性，s 左半平面的极点映射到 z 平面的单位圆内。

　　由于模拟滤波器的设计方法已经很成熟，而且许多模拟滤波器有现成简单的公式、图表可以利用，所以设计无限脉冲响应数字滤波器的方法是：根据所要求的数字滤波器的技术指标，先设计相应的模拟滤波器，然后再将模拟滤波器经过一定的转换，得到满足预定指标的数字滤波器。

4.4.1　脉冲响应不变法

　　脉冲响应不变法就是使数字滤波器的单位脉冲响应 $h(n)$ 等于模拟滤波器的单位冲激响应 $h_a(t)$ 的采样，即

$$h(n) = h_a(t)\,|_{t=nT_s} = h_a(nT_s) \tag{4.54}$$

其中，T_s 为模数转换的采样周期。设模拟滤波器的系统函数为

$$H_{\mathrm{a}}(s) = \frac{b_M s^M + \cdots + b_1 s + b_0}{s^N + a_{N-1} s^{N-1} + \cdots + a_1 s + a_0} \tag{4.55}$$

若 $N > M$，即分子的阶数小于分母的阶数，系统函数可以展开成部分分式如下：

$$H_{\mathrm{a}}(s) = \sum_{i=1}^{N} \frac{A_i}{s - s_i} \tag{4.56}$$

对于因果稳定的模拟滤波器，其单位冲激响应为

$$h_{\mathrm{a}}(t) = \sum_{i=1}^{N} A_i \mathrm{e}^{s_i t} u(t) \tag{4.57}$$

对模拟滤波器的单位冲激响应 $h_{\mathrm{a}}(t)$ 进行采样，得

$$h(n) = h_{\mathrm{a}}(nT_{\mathrm{s}}) = \sum_{i=1}^{N} A_i \mathrm{e}^{s_i n T_{\mathrm{s}}} u(nT_{\mathrm{s}}) = \sum_{i=1}^{N} A_i \mathrm{e}^{s_i n T_{\mathrm{s}}} u(n) \tag{4.58}$$

对两边求 Z 变换得数字滤波器的系统函数 $H(z)$ 为

$$H(z) = \sum_{i=1}^{N} \frac{A_i}{1 - \mathrm{e}^{s_i T_{\mathrm{s}}} z^{-1}} \tag{4.59}$$

由此得出模拟滤波器的极点 $s = s_i$ 映射为数字滤波器的极点 $z = \mathrm{e}^{s_i T_{\mathrm{s}}}$。比较式(4.56)与式(4.59)，$H_{\mathrm{a}}(s)$ 与 $H(z)$ 的部分分式中对应的系数是不变的。

从采样定理可知，采样信号 $\hat{h}_{\mathrm{a}}(t)$ 的频谱 $\hat{H}_{\mathrm{a}}(\mathrm{j}\Omega)$ 与原连续时间信号 $h_{\mathrm{a}}(t)$ 的频谱 $H_{\mathrm{a}}(\mathrm{j}\Omega)$ 的关系为

$$\hat{H}_{\mathrm{a}}(\mathrm{j}\Omega) = \frac{1}{T_{\mathrm{s}}} \sum_{k=-\infty}^{\infty} H(\mathrm{j}\Omega - \mathrm{j}k\Omega_{\mathrm{s}}) \tag{4.60}$$

此式说明，采样信号的频谱 $\hat{H}_{\mathrm{a}}(\mathrm{j}\Omega)$ 是原信号频谱 $H_{\mathrm{a}}(\mathrm{j}\Omega)$ 按周期 $\Omega_{\mathrm{s}} = \dfrac{2\pi}{T_{\mathrm{s}}}$ 的延拓。从拉普拉斯变换与 Z 变换的关系已知，模拟角频率 Ω 与数字角频率 ω 的关系为 $\omega = \Omega T_{\mathrm{s}}$，$s$ 平面的每一条 $\dfrac{2k\pi}{T_{\mathrm{s}}}$（$k$ 为整数）的水平带状区域都重叠映射到 z 平面上，因此 s 平面到 z 平面为一对多的映射对应关系。将 $\omega = \Omega T_{\mathrm{s}}$ 代入式(4.47)，得到数字滤波器的频率响应 $H(\mathrm{e}^{\mathrm{j}\omega})$ 与模拟滤波器的频率响应 $H(\mathrm{j}\Omega)$ 的关系：

$$H(\mathrm{e}^{\mathrm{j}\omega}) = \frac{1}{T_{\mathrm{s}}} \sum_{k=-\infty}^{\infty} H\left(\mathrm{j}\frac{\omega}{T_{\mathrm{s}}} - \mathrm{j}k\frac{2\pi}{T_{\mathrm{s}}}\right) = \frac{1}{T_{\mathrm{s}}} \sum_{n=-\infty}^{\infty} H\left(\mathrm{j}\frac{\omega - 2n\pi}{T_{\mathrm{s}}}\right) \tag{4.61}$$

若原模拟信号 $H_{\mathrm{a}}(\mathrm{j}\Omega)$ 的频带不是限于 $\pm\dfrac{\pi}{T_{\mathrm{s}}}$ 之间，则会在 $\pm\dfrac{\pi}{T_{\mathrm{s}}}$ 的奇数倍附近产生频率混叠，如图 4.12(b)所示，从而映射到 z 平面上，在 $\omega = \pm\pi$ 的奇数倍附近产生混叠，如图 4.12(c)所示。这说明脉冲响应不变法设计得到的 IIR 数字滤波器的频率响应是模拟滤波器的频率响应的周期延拓。

如果不考虑频谱混叠现象，脉冲响应不变法的优点是模拟频率到数字频率的转换是线性的，即 $\omega = \Omega T_{\mathrm{s}}$，用该方法设计的数字滤波器将很好地重现原型模拟滤波器的频率特性。此外，数字滤波器单位脉冲响应的数学表示近似原型模拟滤波器单位冲激响应，因此时域特性逼近好。但该方法的缺点是会产生频谱混叠现象，只适合带限滤波器，如低通、带通滤波

器的设计,不适合高通、带阻滤波器的设计,因为混叠对高频段影响较大。

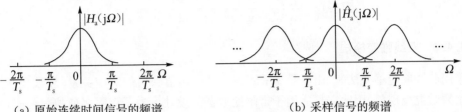

(a) 原始连续时间信号的频谱　　　　　　　　(b) 采样信号的频谱

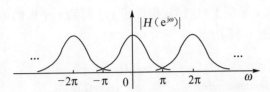

(c) 脉冲响应不变法产生的频率混叠现象

图 4.12　脉冲响应不变法对应频率响应的转换

在实际应用中,需要对脉冲响应不变法作一点修正,当 $|\omega| < \pi$ 时,由式(4.61)得

$$H(\mathrm{e}^{\mathrm{j}\omega}) = \frac{1}{T_\mathrm{s}} H\left(\mathrm{j}\,\frac{\omega}{T_\mathrm{s}}\right) \tag{4.62}$$

若采样周期 T_s 很小,数字滤波器的频率响应会有太大的增益。因此为使数字滤波器的频率响应的增益不随采样周期 T_s 而变化,令

$$h(n) = T_\mathrm{s} h_\mathrm{a}(nT_\mathrm{s}) \tag{4.63}$$

则

$$H(z) = \sum_{i=1}^{N} \frac{T_\mathrm{s} A_i}{1 - \mathrm{e}^{s_i T_\mathrm{s}} z^{-1}} \tag{4.64}$$

当 $|\omega| < \pi$ 时,有

$$H(\mathrm{e}^{\mathrm{j}\omega}) = T_\mathrm{s} \cdot H\left(\mathrm{j}\,\frac{\omega}{T_\mathrm{s}}\right) \tag{4.65}$$

同样,以阶跃响应不变法设计 IIR 数字滤波器类似于脉冲响应不变法,阶跃响应不变法仍然有幅度频率响应的周期延拓现象,要求模拟滤波器是带限的。具体推导这里就不再论述。

例 4-1　若模拟滤波器的系统函数为

$$H(s) = \frac{4}{s^2 + \frac{5}{2}s + 1} \tag{4.66}$$

试用脉冲响应不变法求相应的数字滤波器的系统函数。(设采样周期为 T_s)

解　将系统函数 $H(s)$ 用部分分式法展开为

$$H(s) = \frac{4}{s^2 + \frac{5}{2}s + 1} = \frac{8}{3}\left(\frac{1}{s+0.5} - \frac{1}{s+2}\right) \tag{4.67}$$

模拟滤波器的极点 $s_1 = -0.5$，$s_1 = -2$，因此相应数字滤波器的系统函数为

$$H(z) = \frac{8}{3}\left(\frac{1}{1-e^{-0.5T_s}z^{-1}} - \frac{1}{1-e^{-2T_s}z^{-1}}\right) \tag{4.68}$$

4.4.2 双线性变换法

采用脉冲响应不变法时，由于是 s 平面到 z 平面多值映射的对应关系，导致数字滤波器会发生频谱混叠现象，因此它只适用于带限滤波器的设计。为了克服多值映射的对应关系，采用双线性变换方法。首先将整个 s 平面压缩到 s_1 平面的一条带状区域，再通过一定的变换将此带状区域映射到 z 平面上，这样就保证了 s 平面到 z 平面的单值映射关系，从而可以消除频率混叠现象，如图 4.13 所示。

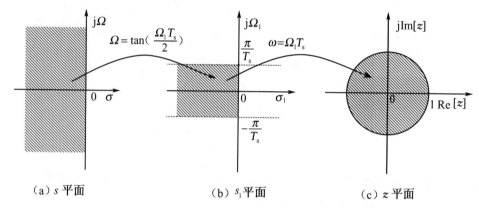

图 4.13 s 平面到 z 平面的双线性变换映射

双线性变换映射的步骤如下：

(1) 将 s 平面的 $j\Omega$ 轴(Ω: $-\infty \sim \infty$)映射到 s_1 平面的 $j\Omega_1$ 轴$\left(\Omega_1: -\dfrac{\pi}{T_s} \sim \dfrac{\pi}{T_s}\right)$上，对应关系式为

$$\Omega = \tan\left(\frac{\Omega_1 T_s}{2}\right) = \frac{\sin\left(\dfrac{\Omega_1 T_s}{2}\right)}{\cos\left(\dfrac{\Omega_1 T_s}{2}\right)} \tag{4.69}$$

根据欧拉公式，式(4.69)为

$$j\Omega = \frac{e^{\frac{j\Omega_1 T_s}{2}} - e^{-\frac{j\Omega_1 T_s}{2}}}{e^{\frac{j\Omega_1 T_s}{2}} + e^{-\frac{j\Omega_1 T_s}{2}}} = \frac{1-e^{-j\Omega_1 T_s}}{1+e^{-j\Omega_1 T_s}} \tag{4.70}$$

设 $s = j\Omega$，$s_1 = j\Omega_1$，则

$$s = \frac{1-e^{-s_1 T_s}}{1+e^{-s_1 T_s}} \tag{4.71}$$

(2) s_1 平面的 $j\Omega$ 轴$\left(\Omega_1: -\dfrac{\pi}{T_s} \sim \dfrac{\pi}{T_s}\right)$带状区域映射到 z 平面的单位圆上，对应关系式为

$$\omega = \Omega_1 T_s \tag{4.72}$$

即

$$z = e^{s_1 T_s} \tag{4.73}$$

将此式代入式(4.71)，得到 s 平面到 z 平面的映射关系为

$$s = \frac{1 - z^{-1}}{1 + z^{-1}} \qquad 或 \qquad z = \frac{1 + s}{1 - s} \tag{4.74}$$

为使模拟滤波器的频率与数字滤波器的频率有对应关系，一般引入待定系数 c，使得

$$s = c\, \frac{1 - z^{-1}}{1 + z^{-1}} \tag{4.75}$$

因此

$$\Omega = c \cdot \tan\!\left(\frac{\Omega_1 T_s}{2}\right) \tag{4.76}$$

系数 c 通常选择在低频处的值，s 平面与 s_1 平面近似有 $\Omega \approx \Omega_1$，即

$$\tan\!\left(\frac{\Omega_1 T_s}{2}\right) \approx \frac{\Omega_1 T_s}{2} \tag{4.77}$$

代入式(4.76)得

$$c = \frac{2}{T_s} \tag{4.78}$$

因此

$$\Omega = \frac{2}{T_s} \tan\!\left(\frac{\Omega_1 T_s}{2}\right) = \frac{2}{T_s} \tan\!\left(\frac{\omega}{2}\right) \tag{4.79}$$

这样，模拟滤波器与数字滤波器有了确切的对应关系。下面分析模拟滤波器与双线性变换后的数字滤波器在幅度频率特性上的逼近情况。

设采样周期 $T_s = 1$，由式(4.79)可知，双线性变换法中，s 平面到 z 平面是单值映射，二者的映射关系如图 4.14 所示。

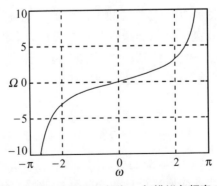

图 4.14　双线性变换法中数字角频率 ω 与模拟角频率 Ω 的映射关系

从图中看到，在低频处，Ω 与 ω 的对应关系近似为线性的；在高频处，Ω 与 ω 的对应关系存在严重的非线性。说明在双线性变换法中，数字滤波器的低频特性近似模拟滤波器的低频特性，而数字滤波器的高频特性有严重失真。

下面通过实例说明双线性变换法的变换过程及在高频处产生的失真。设采样周期 $T_s = 1$，一个模拟微分滤波器的转换过程如图 4.15 所示。

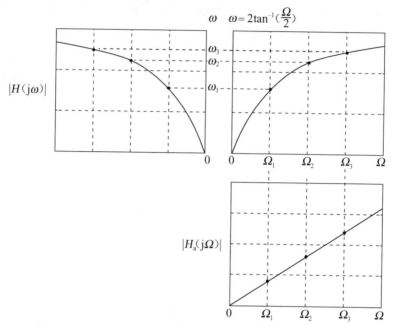

图 4.15 通过双线性变换法将理想微分滤波器转换到数字频域

由图 4.15 看到，一个模拟微分滤波器的幅频特性 $|H_a(j\Omega)|$ 与模拟频率 Ω 的关系是一条直线，若其中的模拟频率 Ω_1、Ω_2、Ω_3 按照线性关系变换得到的数字频率分别为

$$\omega_1 = \Omega_1, \qquad \omega_2 = \Omega_2, \qquad \omega_3 = \Omega_3 \tag{4.80}$$

但是，经过双线性变换后的数字频率分别为

$$\omega_1 = 2\mathrm{acrtan}\left(\frac{\Omega_1}{2}\right), \qquad \omega_2 = 2\mathrm{acrtan}\left(\frac{\Omega_2}{2}\right), \qquad \omega_3 = 2\mathrm{acrtan}\left(\frac{\Omega_3}{2}\right) \tag{4.81}$$

显然 Ω 与 ω 是非线性关系，因此得到的数字滤波器的幅频特性 $|H(e^{j\omega})|$ 与数字频率 ω 的关系也是非线性的，尤其在高频处的非线性是很严重的，因此如果不做任何处理，一个模拟微分滤波器经双线性变换后是不能转换为数字微分滤波器的。

为了使设计的数字滤波器的频率等于原来要求的 ω_1、ω_2、ω_3，需要先将数字滤波器的频率 ω_i 加以预畸变，如图 4.16 所示，即

$$\Omega_i = \frac{2}{T_s}\tan\frac{\omega_i}{2} \tag{4.82}$$

得到模拟频率 Ω_i，并利用 Ω_i 来设计对应的模拟滤波器。

图 4.16 显示了利用双线性变换法设计数字带通滤波器的频率变换。首先将数字带通滤波器的截止频率 ω_i 进行预畸变，得到模拟频率 Ω_i，利用 Ω_i 设计模拟带通滤波器 $|H_a(j\Omega)|$，再用双线性变换法得到数字带通滤波器 $|H(e^{j\omega})|$。

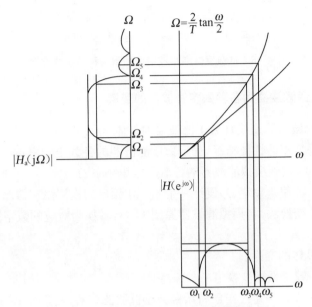

图 4.16 双线性变换法中的频率非线性预畸变

若将一模拟低通滤波器转换为数字低通滤波器,以脉冲响应不变法设计的数字低通滤波器,其频率特性曲线在 $\omega = \pi$ 处出现上扬,并且随着采样周期 T_s 的增加而愈加明显,这一现象说明实际模拟低通滤波器的阻带衰减不为零,在模数转换过程中引起频率混叠。以双线性变换法设计的数字低通滤波器,其频率特性曲线在 $\omega = \pi$ 处 $|H(e^{j\omega})| = 0$,这种 Ω 与 ω 的非线性变换关系消除了频率混叠现象,但是其频率特性曲线与原模拟低通滤波器的频率特性曲线相比有较大失真,因此双线性变换法只适用于分段常数滤波器的设计。相比之下脉冲响应不变法设计的数字低通滤波器的频率特性曲线较接近原模拟低通滤波器频率特性曲线,因为在脉冲响应不变法中 $\omega = \Omega T_s$,Ω 与 ω 是线性转换的。

4.5 IIR 数字滤波器设计的频率变换方法

双线性变换法适合任意数字滤波器的设计。基于双线性变换法设计数字滤波器,可以有以下两种方法。

(1) 从模拟低通滤波器原型到各种数字滤波器

首先设计一个截止频率归一化的模拟滤波器原型,利用频率变换方法,设计符合技术指标要求的低通、高通、带通和带阻数字滤波器,如图 4.17 所示。

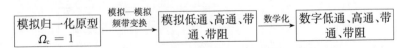

图 4.17 从模拟低通滤波器原型到各种数字滤波器

(2) 从数字低通滤波器原型到各种数字滤波器

首先给定一个数字低通滤波器原型 $H_p(z)$,通过一定的变换关系,设计得到所要求的各种数字滤波器,如图 4.18 所示。

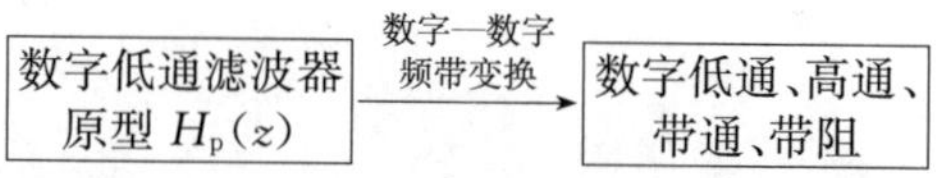

$$\boxed{\text{数字低通滤波器}\atop\text{原型 } H_{\mathrm{p}}(z)} \xrightarrow{\text{数字—数字}\atop\text{频带变换}} \boxed{\text{数字低通、高通、}\atop\text{带通、带阻}}$$

图 4.18 从数字低通滤波器原型到各种数字滤波器

4.5.1 模拟低通滤波器到各种数字滤波器的变换

利用模拟低通滤波器原型设计数字滤波器的具体步骤如下：

（1）根据数字滤波器的性能指标，确定数字滤波器的各截止频率 ω_i。

（2）将 ω_i 预畸变，得到模拟滤波器的各对应截止频率 Ω_i。

（3）根据得到的各截止频率 Ω_i 设计一个归一化频率的模拟滤波器原型 $H_a(s)$。

（4）采用双线性变换法，将模拟滤波器原型 $H_a(s)$ 转换为对应的数字滤波器的转移函数 $H(z)$。

下面介绍 4 种具体的变换。

（1）模拟低通—数字低通变换

用双线性变换法设计一个三阶巴特沃兹数字低通滤波器，其 3 dB 截止频率 $f_c = 1\,\mathrm{kHz}$，采样频率 $f_s = 4\,\mathrm{kHz}$。

首先确定数字截止频率 $\omega_c = 2\pi f_c / f_s = 0.5\pi$。将数字截止频率 ω_c 进行预畸变，得到模拟滤波器截止频率 $\Omega_c = \dfrac{2}{T_s}\tan\left(\dfrac{\omega_c}{2}\right) = \dfrac{2}{T_s}$。

三阶归一化频率的巴特沃兹模拟低通滤波器的传输函数如式（4.36）所示，以 $\dfrac{s}{\Omega_c}$ 代替归一化频率，则三阶巴特沃兹模拟低通滤波器的传输函数为

$$H_a(s) = \frac{1}{1 + 2\left(\dfrac{s}{\Omega_c}\right) + 2\left(\dfrac{s}{\Omega_c}\right)^2 + \left(\dfrac{s}{\Omega_c}\right)^3} \tag{4.83}$$

将 $\Omega_c = \dfrac{2}{T_s}$ 代入上式，得

$$H_a(s) = \frac{1}{1 + 2\left(\dfrac{sT_s}{2}\right) + 2\left(\dfrac{sT_s}{2}\right)^2 + \left(\dfrac{sT_s}{2}\right)^3} \tag{4.84}$$

将双线性变换的关系式 $s = \dfrac{2}{T_s}\dfrac{1-z^{-1}}{1+z^{-1}}$ 代入，得到数字低通滤波器的传输函数为

$$\begin{aligned} H(z) &= \frac{1}{1 + 2\left(\dfrac{1-z^{-1}}{1+z^{-1}}\right) + 2\left(\dfrac{1-z^{-1}}{1+z^{-1}}\right)^2 + \left(\dfrac{1-z^{-1}}{1+z^{-1}}\right)^3} \\ &= \frac{1}{2}\frac{(1+z^{-1})^3}{3+z^{-2}} \end{aligned} \tag{4.85}$$

例 4-2 用双线性变换法设计一个巴特沃兹数字低通滤波器，通带和阻带都是频率的单调下降函数，而且无起伏。频率在 0.5π 处的幅度衰减为 3.01 dB，在 0.75π 处的幅度衰减至少为 15 dB。

解　① 设 $T_s = 1$，对频率进行预畸处理。

当通带截止频率 $\omega_p = 0.5\pi$ 时，$\Omega_p = \dfrac{2}{T_s}\tan\left(\dfrac{\omega_p}{2}\right) = 2$；

当阻带截止频率 $\omega_s = 0.75\pi$ 时，$\Omega_s = \dfrac{2}{T_s}\tan\left(\dfrac{\omega_s}{2}\right) = 4.828$。

② 根据 Ω_p、Ω_s 的要求设计模拟低通滤波器。

通带满足的条件为

$$a_p = -3.01 \leqslant 20\lg|H_a(\mathrm{j}2)| \leqslant 0$$

阻带满足的条件为

$$20\lg|H_a(\mathrm{j}4.828)| \leqslant -15 = a_s$$

根据式(4.28)，将 a_p、a_s 代入得到滤波器的阶数应该满足

$$N \geqslant \frac{\lg\left[(10^{0.301}-1)/(10^{1.5-1})\right]}{2\lg(2/4.828)} = 1.941 \tag{4.86}$$

所以选 $N = 2$。

③ 由通带来确定模拟滤波器的归一化截止频率 Ω_c：

$$\Omega_c = \frac{\Omega_p}{(10^{-0.1a_p}-1)^{\frac{N}{2}}} = \frac{2}{(10^{0.301}-1)} = 2 \tag{4.87}$$

查表得二阶巴特沃兹模拟滤波器(图 4.19)的系统函数为

$$H_a(s) = \frac{1}{1+\sqrt{2}\left(\dfrac{s}{\Omega_c}\right)+\left(\dfrac{s}{\Omega_c}\right)^2} = \frac{4}{4+2\sqrt{2}s+s^2} \tag{4.88}$$

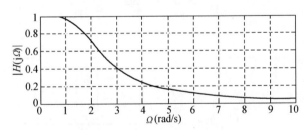

图 4.19　模拟低通滤波器的幅频响应

④ 利用双线性变换实现数字低通滤波器(图 4.20)如下：

$$H(z) = H_a(s)\,|_{s=2\frac{1-z^{-1}}{1+z^{-1}}} = \frac{4}{4+2\sqrt{2}\left(2\dfrac{1-z^{-1}}{1+z^{-1}}\right)+\left(2\dfrac{1-z^{-1}}{1+z^{-1}}\right)^2} \tag{4.89}$$

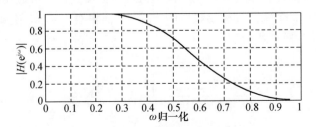

图 4.20　数字低通滤波器的幅频响应

（2）模拟低通—数字高通变换

模拟低通滤波器到数字高通滤波器的变换，是将 s 变量进行倒量变换。在双线性变换中将 s 用 $\dfrac{1}{s}$ 代替，就可得到数字高通滤波器，即

$$s = \frac{T_s}{2} \frac{1 + z^{-1}}{1 - z^{-1}} \tag{4.90}$$

由于倒量变换不影响模拟滤波器的稳定关系，因此不会影响双线性变换后的稳定条件。将 $s = j\Omega$，$z = e^{j\omega}$ 代入式（4.90），得

$$\Omega = -\frac{T_s}{2} \text{ctan}\left(\frac{\omega}{2}\right) \tag{4.91}$$

因为截止频率没有负数，因此

$$\Omega = \frac{T_s}{2} \text{ctan}\left(\frac{\omega}{2}\right) \tag{4.92}$$

由此看出 $j\Omega$ 轴仍然映射在单位圆上，只是方向颠倒了，即 $\Omega = 0$ 映射 $\omega = \pi$，$\Omega = \infty$ 映射 $\omega = 0$。变换曲线如图 4.21 所示。通过这样的变换关系，可以实现模拟低通滤波器到数字高通滤波器的变换。

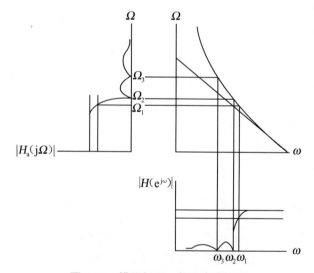

图 4.21　模拟低通—数字高通变换

（3）模拟低通—数字带通变换

设数字带通滤波器的中心频率为 ω_0。模拟低通滤波器到数字带通滤波器的变换是将模拟低通滤波器的 $\Omega = 0$ 点映射到数字频域的 $\pm\omega_0$ 上，而将 $\Omega = \infty$ 映射到高低频端 $\omega = 0$ 和 $\omega = \pi$ 上。同样将 s 的原点映射到 $z = e^{\pm j\omega_0}$，将 $s = \pm j\infty$ 点映射到 $z = \pm 1$，满足这个要求的双线性变换为

$$s = \frac{(z - e^{j\omega_0})(z - e^{-j\omega_0})}{(z - 1)(z + 1)} = \frac{z^2 - 2z\cos\omega_0 + 1}{z^2 - 1} \tag{4.93}$$

当 $z = \mathrm{e}^{\mathrm{j}\omega}$ 时

$$s = \frac{\mathrm{e}^{2\mathrm{j}\omega} - 2\mathrm{e}^{\mathrm{j}\omega}\cos\omega_0 + 1}{\mathrm{e}^{2\mathrm{j}\omega} - 1} = \frac{(\mathrm{e}^{\mathrm{j}\omega} + \mathrm{e}^{-\mathrm{j}\omega}) - 2\cos\omega_0}{\mathrm{e}^{\mathrm{j}\omega} - \mathrm{e}^{-\mathrm{j}\omega}}$$

$$= \mathrm{j}\frac{\cos\omega_0 - \cos\omega}{\sin\omega} \tag{4.94}$$

则模拟低通滤波器和数字带通滤波器的频率之间的关系为

$$\Omega = \frac{\cos\omega_0 - \cos\omega}{\sin\omega} \tag{4.95}$$

其关系曲线如图 4.22 所示。图中可以看到 $\Omega = 0$ 点映射在 $\omega = \omega_0$ 上，而 $\Omega = \pm\infty$ 映射在 $\omega = 0$ 和 $\omega = \pi$ 两端。因而满足带通变换的要求，同时，这一变换也满足稳定性要求。

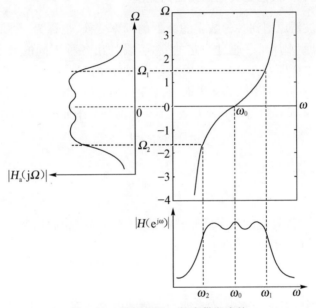

图 4.22 模拟低通—数字带通变换

在设计数字带通滤波器时，一般只给出上下边带的截止频率 ω_1、ω_2 作为设计要求，因此在应用以上变换时，首先从上下边带参数换算到模拟频域的两个参数 Ω_1、Ω_2，即

$$\Omega_1 = \frac{\cos\omega_0 - \cos\omega_1}{\sin\omega_1}$$

$$\Omega_2 = \frac{\cos\omega_0 - \cos\omega_2}{\sin\omega_2} \tag{4.96}$$

由于 Ω_1 和 Ω_2 是一对镜像频率，即 $\Omega_1 = -\Omega_2$，将其代入式(4.96)得

$$\cos\omega_0 = \frac{\sin(\omega_1 + \omega_2)}{\sin\omega_1 + \sin\omega_2} \tag{4.97}$$

同时 Ω_1 也是模拟低通滤波器的截止频率 Ω_c，所以

$$\Omega_c = \frac{\cos\omega_0 - \cos\omega_1}{\sin\omega_1} \tag{4.98}$$

有了式(4.97)和式(4.98)就可以实现模拟低通滤波器到数字带通滤波器的变换了。

(4) 模拟低通—数字带阻变换

和模拟低通滤波器到数字带通滤波器的变换一样,将带通的频率关系倒置就可以得到带阻变换,即

$$s = \frac{z^2 - 1}{z^2 - 2z\cos\omega_0 + 1} \tag{4.99}$$

$$\Omega = \frac{\sin\omega}{\cos\omega_0 - \cos\omega} \tag{4.100}$$

其计算方法同带通变换是一致的。

4.5.2 数字低通滤波器到其他滤波器的变换

从数字低通滤波器原型到各种数字滤波器的频率变换,也称为 z 平面变换法。将一个数字低通滤波器的原型 $H_p(z)$ 通过一定的变换,设计出各种不同的数字滤波器传输函数 $H(z)$,这种变换方法是将 $H_p(z)$ 的 z 平面映射到 $H(z)$ 的 z 平面,是直接在数字频域上进行的。为区分变换前后的两个不同的 z 平面,将变换前 $H_p(z)$ 的 z 平面定义为 u 平面。由于在传输函数中 u、z 都是以负幂形式出现的,则 u 平面到 z 平面的映射关系为

$$u^{-1} = G(z^{-1}) \tag{4.101}$$

这样一来,数字滤波器的原型变换可以表达为

$$H(z) = H_p(u) \mid_{u^{-1} = G(z^{-1})} \tag{4.102}$$

变换的原则是:一个因果稳定的数字低通滤波器 $H_p(z)$ 经变换后仍然为一个因果稳定的数字滤波器 $H(z)$。因此,应该遵循以下三点:

(1) 频率响应要满足一定的变换要求,频率轴应该对应,即 u 平面的单位圆必须映射到 z 平面的单位圆上。

(2) 满足因果稳定系统的要求,u 平面的单位圆内部必须映射到 z 平面的单位圆内部。

(3) 传输函数 $H_p(u^{-1})$ 是 u^{-1} 的有理函数,$G(z^{-1})$ 也必须是 z^{-1} 的有理函数。

设 u 平面的单位圆为 $e^{j\theta}$,z 平面的单位圆为 $e^{j\omega}$,由式(4.101)得

$$e^{-j\theta} = G(e^{-j\omega}) = \mid G(e^{-j\omega}) \mid e^{j\Phi(\omega)} \tag{4.103}$$

其中,$\Phi(\omega)$ 是 $G(e^{-j\omega})$ 的相位函数。由 u 平面的单位圆必须映射到 z 平面的单位圆上可知

$$\mid G(e^{-j\omega}) \mid \equiv 1 \tag{4.104}$$

说明 $G(z^{-1})$ 在单位圆上的幅度必须恒等于 1,这样的函数是全通函数。全通函数可以表示为

$$G(z^{-1}) = \pm \prod_{i=1}^{N} \frac{z^{-1} - a_i^*}{1 - a_i z^{-1}} \tag{4.105}$$

其中,a_i 是 $G(z^{-1})$ 的极点,可以为实数,也可以是共轭复数,但必须保证极点在单位圆内,即 $\mid a_i \mid < 1$,才能保证变换的稳定性不改变。

下面介绍 4 种具体的变换。

（1）数字低通—数字低通变换

从数字低通滤波器 $H_p(e^{j\theta})$ 到数字低通滤波器 $G(e^{j\omega})$ 的变换中，只有截止频率不同，因而 θ 从 0 变化到 π，对应地，ω 也是从 0 变化到 π，全通函数的相位变化量为 $N\pi$，即变换函数为一阶全通函数，并且满足 $G(1)=1$ 和 $G(-1)=-1$，因此

$$G(z^{-1}) = \frac{z^{-1}-a}{1-az^{-1}} \tag{4.106}$$

其中，a 为实数，且 $|a|<1$。将 $u=e^{j\theta}$ 和 $z=e^{j\omega}$ 代入上式，可以得到 u 平面映射到 z 平面的频率变换关系为

$$e^{-j\theta} = \frac{e^{j\omega}-a}{1-ae^{-j\omega}} \tag{4.107}$$

从中得到

$$\omega = \tan^{-1}\left[\frac{(1-a^2)\sin\theta}{2a+(1+a^2)\cos\theta}\right] \tag{4.108}$$

θ 与 ω 的关系如图 4.23 所示。除 $a=0$ 外，在其他 a 情况下，频率变换关系都是非线性关系。从图中可以看到，当 $a>0$ 时，此变换表示频率压缩；当 $a<0$ 时，此变换表示频率扩张。但是对于幅度响应为分段常数的滤波器，变换后仍然可得类似的频率响应。

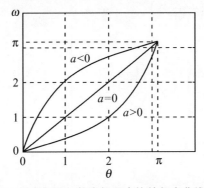

图 4.23 数字低通—数字低通变换的频率非线性关系

设数字低通滤波器原型的截止频率为 θ_c，变换后对应数字低通滤波器的截止频率为 ω_c，代入式（4.107）可得

$$a = \frac{\sin\left(\dfrac{\theta_c-\omega_c}{2}\right)}{\sin\left(\dfrac{\theta_c+\omega_c}{2}\right)} \tag{4.109}$$

这样就确定了整个变换函数。

（2）数字低通—数字高通变换

数字低通滤波器变换到数字高通滤波器，需要把 z 变换成 $-z$，即旋转变换，将数字低通滤波器原型的频率响应在单位圆上旋转 π。当 a 为实数时，有

$$G(z^{-1}) = \frac{(-z)^{-1}-a}{1-a(-z)^{-1}} = \frac{z^{-1}+a}{1+az^{-1}} \tag{4.110}$$

旋转变换后，$e^{j\theta_c} \rightarrow e^{-j\omega_c}$，式(4.110)变为

$$e^{-j\theta_c} = -\frac{e^{j\omega_c} + a}{1 + a e^{j\omega_c}} \tag{4.111}$$

由此得到参数 a

$$a = -\frac{\cos\left(\dfrac{\omega_c + \theta_c}{2}\right)}{\cos\left(\dfrac{\omega_c - \theta_c}{2}\right)} \tag{4.112}$$

表 4.1 所示为截止频率为 θ_c 的数字低通滤波器变换成各种类型数字滤波器的变换参数。

表 4.1　数字低通滤波器到其他类型滤波器的变换参数

变换类型	$G(z^{-1})$	变换参数
低通—低通	$\dfrac{z^{-1} - a}{1 - a z^{-1}}$	$a = \dfrac{\sin\left(\dfrac{\theta_c - \omega_c}{2}\right)}{\sin\left(\dfrac{\theta_c + \omega_c}{2}\right)}$
低通—高通	$-\left(\dfrac{z^{-1} + a}{1 + a z^{-1}}\right)$	$a = -\dfrac{\cos\left(\dfrac{\theta_c + \omega_c}{2}\right)}{\cos\left(\dfrac{\theta_c - \omega_c}{2}\right)}$
低通—带通	$-\left[\dfrac{z^{-2} - \left(\dfrac{2ak}{k+1}\right)z^{-1} + \left(\dfrac{k-1}{k+1}\right)}{\left(\dfrac{k-1}{k+1}\right)z^{-2} - \left(\dfrac{2ak}{k+1}\right)z^{-1} + 1}\right]$	$a = -\dfrac{\cos\left(\dfrac{\omega_2 + \omega_1}{2}\right)}{\cos\left(\dfrac{\omega_2 - \omega_1}{2}\right)}$ $k = \mathrm{ctan}\left(\dfrac{\omega_2 - \omega_1}{2}\right) \cdot \tan\dfrac{\theta_c}{2}$
低通—带阻	$\dfrac{z^{-2} - \dfrac{2a}{k+1}z^{-1} + \dfrac{1-k}{1+k}}{\dfrac{1-k}{1+k}z^{-2} - \dfrac{2a}{1+k}z^{-1} + 1}$	$a = \dfrac{\cos\left(\dfrac{\omega_2 + \omega_1}{2}\right)}{\cos\left(\dfrac{\omega_2 - \omega_1}{2}\right)}$ $k = \mathrm{ctan}\left(\dfrac{\omega_2 - \omega_1}{2}\right) \cdot \tan\dfrac{\theta_c}{2}$

（3）数字低通—数字带通变换

若带通的中心频率为 ω_0，它应该对应于数字低通滤波器原型的通带中心，即 $\theta = 0$ 点。当带通的频率由 $\omega_0 \rightarrow \pi$ 时，表示由通带走向阻带，因此对应的 θ 由 $0 \rightarrow \pi$。同样，当带通频率由 $\omega_0 \rightarrow 0$ 时，表示由通带走向另一边阻带，对应的 θ 由 $0 \rightarrow -\pi$，对应于数字低通滤波器原型的镜像部分。这样当 ω 由 $0 \rightarrow \pi$ 时，θ 必须相应变化 2π，即全通函数的阶数为 $N = 2$。这样，

$$G(z^{-1}) = \pm\frac{z^{-1} - a^*}{1 - a z^{-1}} \cdot \frac{z^{-1} - a}{1 - a^* z^{-1}} \tag{4.113}$$

将带通的上下截止频率 ω_2、ω_1 与其对应的数字低通滤波器原型的截止频率 θ_c、$-\theta_c$ 代入式(4.113)，参数 a 就可以确定，如表 4.1 所示。

（4）数字低通—数字带阻

由数字低通滤波器原型到数字带阻滤波器的变换同样可以通过旋转变换来完成,而且全通函数的阶数仍然是 $N=2$,具体的变换参数如表 4.1 所示。

4.6　IIR 数字滤波器的实现与系数量化效应

在具体 IIR 数字滤波器的设计与应用中,还需要考虑滤波器的实现方法以及实现过程中的有限字长和系数量化效应。

4.6.1　IIR 数字滤波器的实现

滤波器的实现主要有两种手段,即硬件实现和软件实现。硬件实现依据 4.2 节介绍的不同类型设计滤波器结构,采用延迟单元和放大器完成;软件实现则依据滤波器的差分方程设计相应程序完成。滤波器软件既有直接在计算机系统中运行的,也有在数字信号处理器(DSP)等微处理器上运行的。

例如,设一个 IIR 数字滤波器的系统函数如下:

$$H(z) = \frac{\sum\limits_{i=0}^{M} b_i z^{-i}}{1 - \sum\limits_{i=1}^{N} a_i z^{-i}} \tag{4.114}$$

则其相应的 C 程序实现如下:

```
void iir(double x[], double a[], double b[], int M, int N, double y, int n)
{
    double ya = 0, yb = 0;
    for(int j = 0; j <= M; j++)
        yb += b[j]* x[n−j];
    for(int i = 1; i <= N; i++)
        ya += a[i]* y[n−i];
    y = ya + yb;
}
```

无论是硬件实现还是软件实现,滤波器特性都会受到处理器有限字长和系数量化效应的影响而与理论设计值存在差异,这些差异太大时会使滤波器变得不可应用。当然这里要指出,目前大部分 DSP 等微处理器的字长都在 16 位以上并具有浮点处理功能,因此有限字长和系数量化效应的影响在应用中已经不像从前那样突出。

4.6.2　系数量化效应

当 IIR 数字滤波器实现时,如果定点处理器的字长不足或滤波器系数不能精确表示,则具体实现的滤波器特性会发生变化。

设一个稳定的 IIR 数字滤波器的系统函数如下:

$$H(z) = \frac{1}{1 - 1.812z^{-1} + 0.813z^{-2}} \tag{4.115}$$

其极点为

$$z_1 = 0.994\,521\,183\,905\,32, \qquad z_2 = 0.817\,478\,816\,094\,68$$

当式(4.115)中的滤波器系数用有限 Q 比特量化时,两个系数的量化值如下:

$$q_1 = \frac{-\,\text{truncate}(2^Q \times 1.812 + 0.5)}{2^Q}$$

$$q_2 = \frac{\text{truncate}(2^Q \times 0.813 + 0.5)}{2^Q} \tag{4.116}$$

由于系数发生变化,因此滤波器的极点也会发生变化,甚至漂移到单位圆之外,使系统不稳定。表 4.2 说明了各量化比特数下系数值和系统的稳定性,从中可以看到,当量化比特在 10 比特以下时系数变化使得滤波器不能稳定,也就是说要实现这个滤波器,从稳定性来讲量化比特必须达到 10 比特。

表 4.2　系数量化效应

量化比特	q_1	q_2	稳定性
8	−1.812 5	0.812 5	非
9	−1.812 5	0.812 5	非
10	−1.811 523 437 5	0.813 476 562 5	是
11	−1.812 011 718 75	0.812 988 281 25	是
12	−1.812 011 718 75	0.812 988 281 25	是

即便滤波器能够稳定,但量化导致的系数漂移仍然可能使滤波器频率响应出现变化。

例如,设一个窄带滤波器的系统函数如下:

$$H(z) = \frac{1}{1 - 0.17z^{-1} + 0.965z^{-2}} \tag{4.117}$$

假如用 4 比特量化,则根据式(4.116)计算得到

$$q_1 = -0.187\,5, \qquad q_2 = 0.937\,5$$

因此,4 比特量化系数实现的滤波器的系统函数为

$$H_{\text{q}}(z) = \frac{1}{1 - 0.187\,5z^{-1} + 0.937\,5z^{-2}} \tag{4.118}$$

显然,滤波器的极点也会由于系数的变化而发生变化。对于式(4.117)的滤波器可以计算出它的极点为

$$\left.\begin{array}{r} p_1 \\ p_2 \end{array}\right\} = 0.085 \pm \text{j}\sqrt{0.957\,775}$$

而式(4.118)的用 4 比特量化系数后实现的滤波器,它的极点是

$$\left.\begin{array}{r} p_1^q \\ p_2^q \end{array}\right\} = 0.093\,75 \pm \mathrm{j}\sqrt{0.928\,710\,937\,5}$$

显然,量化系数后实现的滤波器仍然稳定,但是由于原来的极点靠近单位圆,因此很少的极点变化就导致滤波器的频率响应发生较大的变化,系数量化后滤波器频率响应的峰值高度大约为原来的 0.6,如图 4.24 所示。

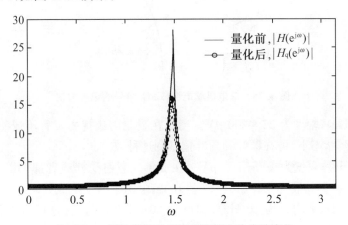

图 4.24　量化系数前后滤波器频率响应的变化

4.7　IIR 数字滤波器的应用

IIR 数字滤波器由于其本身的零极点结构,能以较低的阶数实现系统。通常 IIR 数字滤波器的滤波阶数一般为 4 阶到 30 阶,而 FIR 数字滤波器的滤波阶数非常高,通常要到 100 阶。另外,实现 IIR 数字滤波器所用的存储单元少、运算量小、速度快,具有较高的性价比,缺点是 IIR 数字滤波器的反馈通道计算会导致结果溢出,且其相位具有非线性。因此,IIR 数字滤波器一般应用在可以忽略相位线性要求的领域,在自动控制、信号处理、医学以及航空等领域有着广泛的应用。

4.7.1　脑电信号自发节律的提取

脑电波(Electroencephalogram, EEG)是大脑在活动时,大量神经元同步发生的突触后电位经总和后形成的。它记录大脑活动时的电波变化,是脑神经细胞的电生理活动在大脑皮层或头皮表面的总体反映,具有很高的时间分辨率,可达毫秒级。

脑电波最早是由德国著名的精神病研究者汉斯·贝格尔(H. Berger)于 1924 年发现的,他看到电鳗发出电气,认为人类身上必然有相同的现象,进而发现了在人类大脑产生的脑电信号,并完成了人类大脑的历史上第一份脑电图。

在大脑活动时,大脑外层皮质细胞所产生的生物电将随时间和空间出现变化,用置于头皮表面的电极可以探测头部各点的电势差随时间的变化,这是大量脑细胞叠加的结果,EEG 信号的单电极记录方法如图 4.25 所示。

脑电波可分为自发脑电波和诱发脑电波。自发脑电波是一些自发的有节律的神经电活动,其频率变动范围在每秒 1～30 次之间,可划分为四个波段,即:

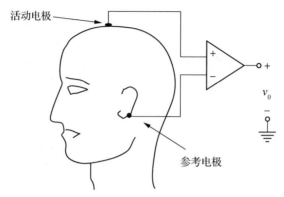

图 4.25 单电极脑电波(EEG)信号的记录方法

δ 波(1～3 Hz),幅度为 20～200 μV。当人在婴儿期或智力发育不成熟、成年人在极度疲劳、昏睡或麻醉状态下,可在颞叶和顶叶记录到这种波。

θ 波(4～7 Hz),幅度为 100～150 μV。在成年人意愿受挫或者抑郁以及精神病患者中这种波极为显著。但此波为少年(10～17 岁)的脑电图中的主要成分。

α 波(8～13 Hz,平均数为 10 Hz),幅度为 20～100 μV。它是正常人脑电波的基本节律,如果没有外加的刺激,其频率是相当恒定的。人在清醒、安静并闭眼时该节律最为明显,睁开眼睛(受到光刺激)或接受其他刺激时,α 波即刻消失。

β 波(14～30 Hz),幅度为 5～20 μV。当人精神紧张、情绪激动或亢奋时出现此波,当人从噩梦中惊醒时,原来的慢波节律可立即被该节律所替代。

在人心情愉悦或静思冥想时,一直兴奋的 β 波将减弱,α 波相对来说得到了强化。因为这种波形最接近右脑的脑电波生物节律,于是人的灵感状态就出现了。

除此之外,在觉醒并专注于某一事时,常可见一种频率较 β 波更高的 γ 波,其频率为30～80 Hz,波幅范围不定。

图 4.26 是正常人与深度昏迷病人的 EEG 时域信号及其频谱的比较,其中正常人的EEG 是在安静环境中闭眼状态下进行测试的,因车祸导致左额颞硬膜下水肿的深度昏迷病人的 EEG 是在苏州大学第一附属医院进行测试的。从图 4.26 可以看出,正常人的 EEG 活跃度及能量均高于昏迷病人的。

由于 α、β 节律可以反映人的精神状态,下面对正常人和深度昏迷病人 EEG 的 α、β 节律进行提取,采用 IIR 数字器滤波。

对 EEG 信号的滤波一般要结合计算效率和滤波器特性如阶数、通带、阻带和过渡带特性、延迟等综合考虑。对于相同的数字滤波器设计指标,FIR 数字滤波器所要求的阶数比IIR 数字滤波器高 5～10 倍,甚至更高,而且信号的延迟也较大。IIR 数字滤波器不仅所要求的阶数较低,而且可以利用模拟滤波器设计出相同滤波器,缺点是相位的非线性及浮点运算。

IIR 数字滤波器的类型为巴特沃兹、切比雪夫Ⅰ型、切比雪夫Ⅱ型和椭圆型。由于自发脑电波 4 个节律的通带频率非常窄,进行滤波处理的数字滤波器必须具有最窄的过渡带,而椭圆滤波器具有这样的特点,并且在其通带和阻带中均具有等波纹幅度响应,对于指定的滤波器设计指标(阶数与波纹),椭圆滤波器可以最低的阶数实现。因此对于自发脑电波节律的提取,采用椭圆滤波器是比较合适的。

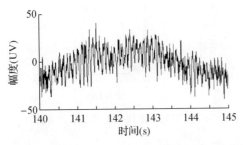

（a）正常人闭眼状态下的 EEG 时域图（截取 5 s 数据）

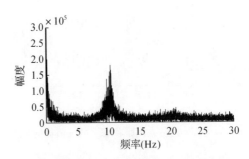

（b）正常人闭眼状态下的 EEG 频谱图

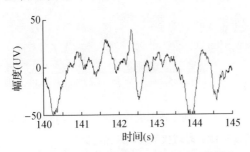

（c）车祸导致深度昏迷病人的 EEG 时域图

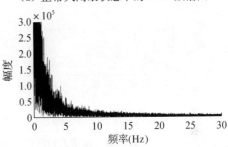

（d）车祸导致深度昏迷病人的 EEG 频谱图

图 4.26　正常人和深度昏迷病人的 EEG 时域信号及其频谱的比较

首先在 MATLAB 工具软件中,进入 fdatool（Filter Design and Analysis Tool）,这是 MATLAB 软件自带的信号处理工具箱,提供了一种简便且可视化的数字滤波器设计工具。根据自发脑电波 4 个节律的频带范围,分别设计提取 α 和 β 节律的 IIR 数字滤波器。

提取 α 节律,设计 IIR 椭圆数字带通滤波器,阻带 $f_{stop1}=7$ Hz,$f_{pass1}=8$ Hz,$f_{pass2}=13$ Hz,$f_{stop2}=14$ Hz,通带纹波<1 dB,阻带衰减<−60 dB。图 4.27（a）为设计提取 α 节律的带通滤波器的幅度频率响应,阶数为 14,分别由 7 个 2 阶传递函数级联组成。同样,提取 β 节律,设计 IIR 椭圆数字带通滤波器,阻带 $f_{stop1}=13$ Hz,$f_{pass1}=14$ Hz,$f_{pass2}=30$ Hz,$f_{stop2}=31$ Hz,通带纹波<1 dB,阻带衰减<−60 dB。图 4.27（b）为设计提取 β 节律的带通滤波器的幅度频率响应,阶数为 18,分别由 9 个 2 阶传递函数级联组成。

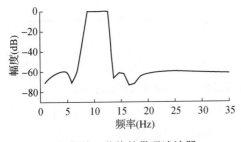

（a）提取 α 节律的带通滤波器

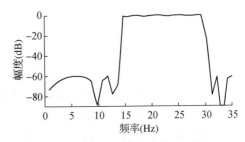

（b）提取 β 节律的带通滤波器

图 4.27　IIR 椭圆数字带通滤波器幅度频率响应

基于 fdatool 设计的带通滤波器分别对正常人和深度昏迷病人的 EEG 进行 α 和 β 节律的提取,如图 4.28 和图 4.29 所示。

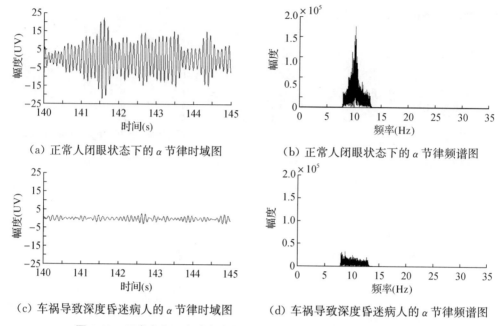

（a）正常人闭眼状态下的 α 节律时域图   （b）正常人闭眼状态下的 α 节律频谱图

（c）车祸导致深度昏迷病人的 α 节律时域图   （d）车祸导致深度昏迷病人的 α 节律频谱图

图 4.28　正常人和深度昏迷病人的 α 节律的时域信号及其频谱的比较

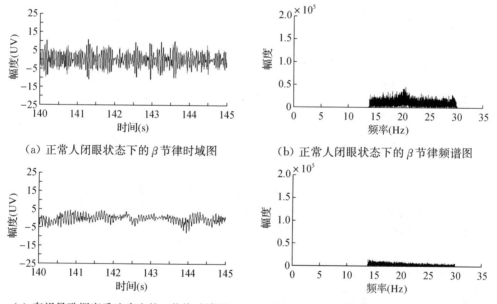

（a）正常人闭眼状态下的 β 节律时域图   （b）正常人闭眼状态下的 β 节律频谱图

（c）车祸导致深度昏迷病人的 β 节律时域图   （d）车祸导致深度昏迷病人的 β 节律频谱图

图 4.29　正常人和深度昏迷病人的 β 节律的时域信号及其频谱的比较

从图 4.28 和图 4.29 可以看出，正常人的 α、β 节律与昏迷病人的 α、β 节律相比，能量占比高，说明昏迷病人的脑电波活动很弱，神经组织的活跃程度较低。

4.7.2　DTMF 双音频信号的合成

IIR 数字滤波器的一个典型应用是作为双音频电话的双音频信号（DTMF：Dual Tone Multi-Frequency）发生器。标准的双音频电话的按键布局和对应的双音频率如图 4.30 所示。例如,按键"5"对应的频率分别为 770 Hz 和 1 336 Hz。

实际设计中,首先设计产生单一频率音频信号的滤波器,当按键按下时产生一个脉冲信号激励该滤波器,使其输出一个频率为 ω_0 的单频信号。此时,根据 $Y(z) = H(z)X(z) = H(z)$ 可知,滤波器的频率响应应该与单频正弦信号的频谱一致,这样的滤波器的系统函数为

$$H(z) = \frac{z\sin\omega_0}{z^2 - 2z\cos\omega_0 + 1} \tag{4.119}$$

相应的差分方程为

$$y(n) = 2\cos\omega_0 y(n-1) - y(n-2) + \sin\omega_0 x(n-1) \tag{4.120}$$

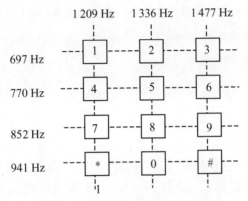

图 4.30 双音频电话键盘的频率分配

设采样频率 $f_s = 8$ kHz,输出频率 $f_0 = 1\,209$ Hz 的滤波器对应的角频率为 $\omega_0 = 0.302\,25\,\pi$,根据式(4.119)和(4.120),相应的滤波器系统函数和差分方程如下:

$$H(z) = \frac{0.813\,1z}{z^2 - 1.164\,2z + 1} \tag{4.121}$$

$$y(n) = 1.164\,2y(n-1) - y(n-2) + 0.813\,1x(n-1) \tag{4.122}$$

图 4.31 显示了该滤波器的幅频响应,表现为频率 $\omega_0 = 0.302\,25\,\pi$ 处的一个脉冲,与单频正弦信号的频谱一致。

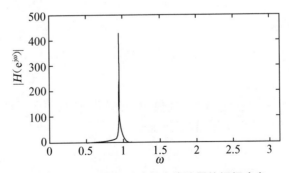

图 4.31 单频信号 IIR 数字滤波器的幅频响应

图 4.32 是式(4.121)和(4.122)表示的滤波器系统的单位脉冲响应,由此可知,所设计的滤波器能够满足实际应用需要。进一步设计输出频率为 $f = 852$ Hz 的正弦信号滤波器,

并将两个滤波器并联起来,就可以实现按键"7"的双音频信号的输出。

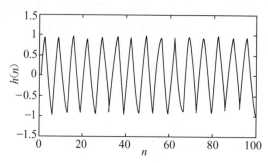

图 4.32　单频信号 IIR 数字滤波器的单位脉冲响应

显然,图 4.31 显示的 IIR 数字滤波器的频率响应也说明其可以从输入信号中过滤出特定的频率成分 ω_0,而消除其他频率成分。

4.8　本章小结

IIR 数字滤波器设计的基本思路是借助模拟滤波器原型,再将模拟滤波器转换成数字滤波器,即:首先设计一个模拟滤波器的传输函数 $H_a(s)$,然后通过复变量 s 与复变量 z 之间的变换关系求出数字滤波器的系统函数 $H(z)$。由于模拟滤波器的设计已经有了一套相当成熟的方法,它不但有完整的公式,而且还有较为完整的图表查询,因此充分利用这些已有的资源将会简化数字滤波器的设计。

在实际应用中,IIR 数字滤波器具有结构简单、占用资源少、过渡带宽窄、运算速度快等特点,非常适用于单片机、ARM 等系统进行实时处理;对于高阶的 IIR 数字滤波器,可以采用二阶子系统的级联来有效实现。但是 IIR 数字滤波器的反馈通道计算会导致结果溢出,且其相位具有非线性。因此,IIR 数字滤波器一般应用在可以忽略相位线性要求的领域,或者在 IIR 数字滤波器的输出端增加全通滤波器来做一定的相位补偿。

习　　题

4 - 1　对于系统函数

$$H(z) = \frac{1 + 2z^{-1} + z^{-2}}{1 - \frac{3}{4}z^{-1} + \frac{1}{8}z^{-2}}$$

试用一阶系统的级联形式,画出该系统可能实现的信号流图。

4 - 2　一线性时不变因果系统,其系统函数为

$$H(z) = \frac{1 + \frac{1}{5}z^{-1}}{\left(1 - \frac{1}{2}z^{-1} + \frac{1}{3}z^{-2}\right)\left(1 + \frac{1}{4}z^{-1}\right)}$$

对应每种类型画出系统实现的信号流图。

(1) 直接Ⅰ型。

(2) 直接Ⅱ型。

(3) 用一阶和二阶直接Ⅱ型的级联型。

(4) 用一阶和二阶直接Ⅱ型的并联型。

4-3 已知模拟滤波器的传输函数 $H_a(s) = \dfrac{3}{(s+1)(s+3)}$，试用脉冲响应不变法将 $H_a(s)$ 转换成数字传输函数 $H(z)$。（设采样周期 $T = 0.5$）

4-4 若模拟滤波器的传输函数为 $H_a(s) = \dfrac{s+a}{s^2+2as+a^2+b^2}$，试用脉冲响应不变法将 $H_a(s)$ 转换成数字传输函数 $H(z)$。（设采样周期 $T = 1$）

4-5 用双线性变换法设计一个三阶巴特沃兹数字低通滤波器，采样频率 $f_s = 1.2\,\text{kHz}$，截止频率为 $f_c = 400\,\text{Hz}$。

4-6 用双线性变换法设计一个三阶巴特沃兹数字高通滤波器，采样频率 $f_s = 6\,\text{kHz}$，截止频率为 $f_c = 1.5\,\text{kHz}$。

4-7 用双线性变换法设计一个三阶巴特沃兹数字带通滤波器，采样频率 $f_s = 720\,\text{Hz}$，上下边带的截止频率分别为 $f_1 = 60\,\text{Hz}$，$f_2 = 300\,\text{Hz}$。

4-8 设计一个一阶数字低通滤波器，3 dB 截止频率为 $\omega_c = 0.25\,\pi$，将双线性变换法应用于巴特沃兹模拟滤波器。

4-9 试用双线性变换法设计一数字低通滤波器，并满足：通带和阻带都是频率的单调下降函数，而且无起伏，频率在 $0.5\,\pi$ 处的衰减为 $-3.01\,\text{dB}$，在 0.75π 处的幅度衰减至少为 15 dB。

4-10 一个数字系统的采样频率 $f_s = 1\,000\,\text{Hz}$，已知该系统受到频率为 100 Hz 的噪声干扰，试设计一个陷波滤波器来去除该噪声，要求 3 dB 边带频率为 95 Hz 和 105 Hz，阻带衰减不小于 14 dB。

实验　IIR 数字滤波器的设计

一、实验目的

(1) 掌握双线性变换法及脉冲响应不变法设计 IIR 数字滤波器的具体设计方法及原理。熟悉双线性变换法及脉冲响应不变法设计低通、高通和带通 IIR 数字滤波器的计算机编程。

(2) 观察双线性变换法及脉冲响应不变法设计的滤波器的频域特性，了解双线性变换法及脉冲响应不变法的特点。

(3) 熟悉巴特沃兹滤波器、切比雪夫滤波器和椭圆滤波器的频率特性。

二、实验内容

IIR 数字滤波器是无限脉冲响应滤波器，具有相位非线性的特点，从 $H(s) \rightarrow H(e^{j\omega})$，主要有两种设计方法，即脉冲响应不变法（对频带有限的滤波器可采用）和双线性变换法（适用于任意滤波器）。

使用双线性变换法设计 IIR 数字滤波器的基本设计步骤是：首先，确定相关的技术参数；其次，设计模拟滤波器（巴特沃兹滤波器），得到其传输函数 $H_a(s)$；第三，将模拟滤波器的传输函数 $H_a(s)$ 从 s 平面转换到 z 平面，得到数字滤波器的系统函数 $H(z)$；最后，通过对 $H(z)$ 的处理，输出幅频特性等曲线图。

（1）设采样周期 $T = 250\,\mu s$（$f_s = 4\,kHz$），分别用脉冲响应不变法和双线性变换法设计一个三阶巴特沃兹数字低通滤波器，其 3 dB 截止频率为 $f_c = 1\,kHz$。

（2）用双线性变换法设计以下滤波器（采用巴特沃兹滤波器）：

① 模拟低通滤波器到数字低通滤波器

具体技术指标：通带和阻带都是频率的单调下降函数，而且无起伏；频率在 $0.5\,\pi$ 处的幅度衰减为 -3.01 dB，在 $0.75\,\pi$ 处的幅度衰减至少为 15 dB。

② 模拟低通滤波器到数字高通滤波器

具体技术指标：通带截止频率（-3 dB 处）$f_c = 3\,kHz$，阻带上限截止频率 $f_{st} = 2\,kHz$，通带衰减不大于 3 dB，阻带衰减不小于 14 dB，抽样频率 $f_s = 10\,kHz$。

三、思考题

（1）脉冲响应不变法和双线性变换法在设计 IIR 数字滤波器方面各自的优点是什么？

（2）模拟低通滤波器经脉冲响应不变法和双线性变换法转换后，幅频特性如何变化？

四、实验要求

（1）简述实验目的和原理。

（2）按实验内容顺序给出实验结果。

（3）回答思考题。

5　有限脉冲响应数字滤波器设计

■ 线性相位有限脉冲响应(FIR)数字滤波器
■ 窗函数、频率取样与等波纹逼近设计方法
■ FIR 数字滤波器的典型应用

正如前面第 2、3 章关于频谱的讨论所述,任何一个时域信号可以分解成一系列不同频率正弦波的加权和。滤波器是一种特殊功能的系统,它的主要作用是消除输入信号中不需要的正弦波成分,由于每一个正弦波对应一个频率成分,因此从频域的角度看就是消除信号频谱中不需要的频率成分。滤波器广泛应用在通信、控制和各种信号处理中,也是任何一个数字信号处理系统所必须具备的。

有限脉冲响应(FIR)数字滤波器的系统单位脉冲响应 $h(n)$ 是有限长序列,在实际应用中一般采用可实现的因果 FIR 数字滤波器。在第 1 章曾经分析了 FIR 系统与 IIR 系统的区别,但作为滤波器来说,还有一个重要的区别是在一定条件下可以保证所设计出的 FIR 数字滤波器具有线性相位特性,而 IIR 数字滤波器很难做到。

FIR 数字滤波器的设计方法是灵活多样的,主要的设计方法有窗函数设计方法、频率取样设计方法和等波纹逼近设计方法。

5.1　FIR 数字滤波器的特点

有限脉冲响应数字滤波器具有一般 FIR 系统的一切特性,与 IIR 系统的特性相比在单位脉冲响应 $h(n)$、差分方程形式、系统函数 $H(z)$ 以及系统结构方面有明显的区别。另外,可以设定条件来保证 FIR 数字滤波器具有线性相位特性,但 IIR 数字滤波器很难实现线性相位。

5.1.1　基本特点

设一个因果有限脉冲响应数字滤波器的单位脉冲响应为 $h(n)$, $n=0\sim N-1$,则其相应的系统函数 $H(z)$ 如下:

$$H(z)=\sum_{n=0}^{N-1}h(n)z^{-n} \tag{5.1}$$

对上式两边求 Z 反变换可以得到滤波器系统的差分方程描述形式如下:

$$y(n)=\sum_{k=0}^{N-1}h(k)x(n-k) \tag{5.2}$$

显然,上式右边也就是单位脉冲响应 $h(n)$ 与输入信号 $x(n)$ 的线性卷积 $h(n)*x(n)$。上式说明,FIR 数字滤波器的当前输出信号值仅仅与当前输入信号值和 $N-1$ 个以前的输入信号值有关。

根据式(5.1)可画出 FIR 数字滤波器系统结构的直接形式,如图 5.1 所示。从图中可以

看到,FIR 数字滤波器是没有反馈的,因此系统能够保持稳定。

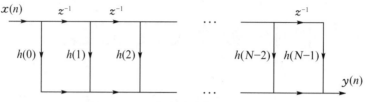

图 5.1　FIR 数字滤波器系统结构图

5.1.2　线性相位特点

对于滤波器来说,如果能够具有线性相位特性那是非常有意义的,因为这表示滤波器对输入信号中各个频率成分的相位延迟效应是一样的,从时域来看就是各个时间点的信号延时是一样的,这在图像和视频信号的传输与处理中尤其重要。例如,设一个线性相位数字滤波器系统的频率响应 $H(\mathrm{e}^{\mathrm{j}\omega})$ 如下:

$$H(\mathrm{e}^{\mathrm{j}\omega}) = |H(\mathrm{e}^{\mathrm{j}\omega})| \, \mathrm{e}^{-\mathrm{j}\alpha\omega} \tag{5.3}$$

即,其幅度响应是 $|H(\mathrm{e}^{\mathrm{j}\omega})|$,而相位 $\theta_H(\omega) = -\alpha\omega$ 是线性的,斜率为 $-\alpha$。当输入信号 $x(n)$ 经过这样的滤波器时,得到的输出信号 $y(n)$ 的频谱为

$$
\begin{aligned}
Y(\mathrm{e}^{\mathrm{j}\omega}) &= H(\mathrm{e}^{\mathrm{j}\omega}) X(\mathrm{e}^{\mathrm{j}\omega}) \\
&= |H(\mathrm{e}^{\mathrm{j}\omega})| \, |X(\mathrm{e}^{\mathrm{j}\omega})| \, \mathrm{e}^{\mathrm{j}[\theta_X(\omega) - \alpha\omega]} \\
&= |Y(\mathrm{e}^{\mathrm{j}\omega})| \, \mathrm{e}^{\mathrm{j}\theta_Y(\omega)}
\end{aligned}
\tag{5.4}
$$

上式说明,输出信号的相位谱是 $\theta_Y(\omega) = \theta_X(\omega) - \alpha\omega$。对上式求 IDTFT 得到输出信号如下:

$$
\begin{aligned}
y(n) &= \frac{1}{2\pi} \int_{-\pi}^{\pi} |Y(\mathrm{e}^{\mathrm{j}\omega})| \, \mathrm{e}^{\mathrm{j}\theta_X(\omega)} \mathrm{e}^{\mathrm{j}\omega(n-\alpha)} \, \mathrm{d}\omega \\
&= y_0(n-\alpha)
\end{aligned}
\tag{5.5}
$$

其中

$$y_0(n) = \frac{1}{2\pi} \int_{-\pi}^{\pi} |Y(\mathrm{e}^{\mathrm{j}\omega})| \, \mathrm{e}^{\mathrm{j}\theta_X(\omega)} \mathrm{e}^{\mathrm{j}\omega n} \, \mathrm{d}\omega \tag{5.6}$$

$y_0(n)$ 与滤波器的相位无关。可以看出,滤波器相位 $-\alpha\omega$ 所引起的延时 $n-\alpha$ 与频率无关,这意味着输入信号的任何频率成分都有一样的延时。不失一般性,设 $|H(\mathrm{e}^{\mathrm{j}\omega})| = 1$,对式(5.4)两边求傅立叶反变换得

$$y(n) = x(n-\alpha) \tag{5.7}$$

上式说明,如果滤波器具有线性相位特性,则对输入信号的时序不会有影响,即对输入信号的移位是处处相等的。

例 5 - 1　设有一个复合正弦信号 $x(n) = \sin(0.2\pi n) + \cos(0.4\pi n)$ 分别通过两个低通滤波器,滤波器的频率响应如下:

$$
H_1(\mathrm{e}^{\mathrm{j}\omega}) =
\begin{cases}
\mathrm{e}^{-\mathrm{j}5\omega}, & 0 \leqslant \omega \leqslant 0.5\pi \\
0, & \text{其他}
\end{cases}
$$

$$
H_2(\mathrm{e}^{\mathrm{j}\omega}) =
\begin{cases}
\mathrm{e}^{\mathrm{j}\frac{\pi}{2}(\cos 5\omega + 1)}, & 0 \leqslant \omega \leqslant 0.5\pi \\
0, & \text{其他}
\end{cases}
\tag{5.8}
$$

则两个滤波器的输出信号 $y_1(n)$ 和 $y_2(n)$ 分别为

$$
\begin{aligned}
y_1(n) &= \sin(0.2\pi(n-5)) + \cos(0.4\pi(n-5)) \\
y_2(n) &= \sin(0.2\pi n) - \cos(0.4\pi n)
\end{aligned}
\tag{5.9}
$$

输入信号 $x(n)$ 与输出信号 $y_1(n)$ 和 $y_2(n)$ 的时域波形分别如图 5.2(a)、图 5.2(b) 和图 5.2(c) 所示。可以看到,尽管两个滤波器的幅频特性完全一致,但是通过线性相位数字低通滤波器 $H_1(e^{j\omega})$ 的输出信号 $y_1(n)$ 很好地保持了原始信号的波形,仅仅是延时了 5 个采样点;而通过非线性相位数字低通滤波器 $H_2(e^{j\omega})$ 的输出信号 $y_2(n)$ 则由于相位的失真而导致波形与输入信号不一致。

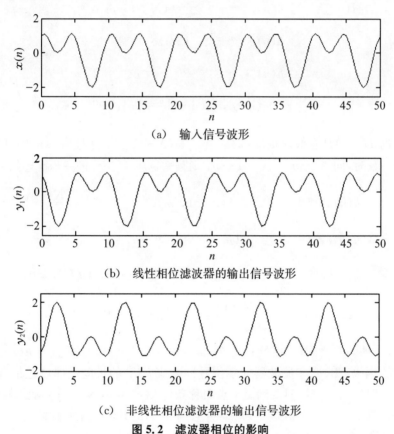

（a）　输入信号波形

（b）　线性相位滤波器的输出信号波形

（c）　非线性相位滤波器的输出信号波形

图 5.2　滤波器相位的影响

几乎所有实际应用中采用的 FIR 数字滤波器都是线性相位的,否则可以采用同样功能的 IIR 数字滤波器。下面分析线性相位 FIR 数字滤波器的实现条件。

5.1.3　线性相位 FIR 数字滤波器的实现条件

所有 FIR 数字滤波器都可以实现线性相位特性。首先分析因果 FIR 数字滤波器,其单位脉冲响应为 $h(n)$, $n = 0 \sim N-1$,相应的系统函数如式(5.1)所示,频率响应如下:

$$
H(e^{j\omega}) = \sum_{n=0}^{N-1} h(n) e^{-j\omega n}
\tag{5.10}
$$

假设 $h(n)$ 满足条件 $h(n) = h(N-1-n)$,即它是以中点 $n = (N-1)/2$ 对称的,则式

(5.10)可以写成式(5.11):

$$H(\mathrm{e}^{\mathrm{j}\omega})=\begin{cases}\sum\limits_{n=0}^{N/2-1}h(n)\mathrm{e}^{-\mathrm{j}\omega n}+\sum\limits_{n=N/2}^{N-1}h(n)\mathrm{e}^{-\mathrm{j}\omega n}, & N\text{ 为偶数}\\[2mm]\sum\limits_{n=0}^{(N-1)/2-1}h(n)\mathrm{e}^{-\mathrm{j}\omega n}+h\left(\dfrac{N-1}{2}\right)\mathrm{e}^{-\mathrm{j}\omega(N-1)/2}+\sum\limits_{n=(N-1)/2+1}^{N-1}h(n)\mathrm{e}^{-\mathrm{j}\omega n}, & N\text{ 为奇数}\end{cases}$$

$$(5.11)$$

当 N 为偶数时,令 $m=N-1-n$,则频率响应 $H(\mathrm{e}^{\mathrm{j}\omega})$ 进一步推导如下:

$$\begin{aligned}H(\mathrm{e}^{\mathrm{j}\omega})&=\sum_{n=0}^{N/2-1}h(n)\mathrm{e}^{-\mathrm{j}\omega n}+\sum_{m=N/2-1}^{0}h(N-1-m)\mathrm{e}^{-\mathrm{j}\omega(N-1-m)}\\&=\sum_{n=0}^{N/2-1}h(n)\mathrm{e}^{-\mathrm{j}\omega n}+\sum_{m=0}^{N/2-1}h(m)\mathrm{e}^{-\mathrm{j}\omega(N-1-m)}\\&=\sum_{n=0}^{N/2-1}h(n)\left[\mathrm{e}^{-\mathrm{j}\omega n}\mathrm{e}^{\mathrm{j}\omega(N-1)/2}+\mathrm{e}^{\mathrm{j}\omega n}\mathrm{e}^{-\mathrm{j}\omega(N-1)/2}\right]\mathrm{e}^{-\mathrm{j}\omega(N-1)/2}\\&=\left\{\sum_{n=0}^{N/2-1}2h(n)\cos\left[\omega\left(n-\frac{N-1}{2}\right)\right]\right\}\mathrm{e}^{-\mathrm{j}\omega(N-1)/2}\end{aligned}$$

$$(5.12)$$

显然,此时 $H(\mathrm{e}^{\mathrm{j}\omega})$ 具有线性相位 $\theta_H(\omega)=-\omega(N-1)/2$,并且与 $h(n)$ 的具体值无关。

当 N 为奇数时,同样令 $m=N-1-n$,则频率响应 $H(\mathrm{e}^{\mathrm{j}\omega})$ 进一步推导如下:

$$\begin{aligned}H(\mathrm{e}^{\mathrm{j}\omega})&=\sum_{n=0}^{(N-1)/2-1}h(n)\mathrm{e}^{-\mathrm{j}\omega n}+\sum_{m=(N-1)/2-1}^{0}h(N-1-m)\mathrm{e}^{-\mathrm{j}\omega(N-1-m)}+h\left(\frac{N-1}{2}\right)\mathrm{e}^{-\mathrm{j}\omega(N-1)/2}\\&=\sum_{n=0}^{(N-1)/2-1}h(n)\mathrm{e}^{-\mathrm{j}\omega n}+\sum_{m=0}^{(N-1)/2-1}h(m)\mathrm{e}^{-\mathrm{j}\omega(N-1-m)}+h\left(\frac{N-1}{2}\right)\mathrm{e}^{-\mathrm{j}\omega(N-1)/2}\\&=\sum_{n=0}^{(N-1)/2-1}h(n)\left[\mathrm{e}^{-\mathrm{j}\omega n}\mathrm{e}^{\mathrm{j}\omega(N-1)/2}+\mathrm{e}^{\mathrm{j}\omega n}\mathrm{e}^{-\mathrm{j}\omega(N-1)/2}\right]\mathrm{e}^{-\mathrm{j}\omega(N-1)/2}+h\left(\frac{N-1}{2}\right)\mathrm{e}^{-\mathrm{j}\omega(N-1)/2}\\&=\left\{\sum_{n=0}^{(N-1)/2-1}2h(n)\cos\left[\omega\left(n-\frac{N-1}{2}\right)\right]+h\left(\frac{N-1}{2}\right)\right\}\mathrm{e}^{-\mathrm{j}\omega(N-1)/2}\end{aligned}$$

$$(5.13)$$

该式同样说明,$H(\mathrm{e}^{\mathrm{j}\omega})$ 具有线性相位 $\theta_H(\omega)=-\omega(N-1)/2$,并且与 $h(n)$ 的具体值无关。因此,无论因果 FIR 数字滤波器的单位脉冲响应 $h(n)$ 的长度是偶数还是奇数,都不会影响滤波器的线性相位特性,只要满足中点对称条件 $h(n)=h(N-1-n)$,其相位始终具有线性相位特性,即 $\theta_H(\omega)=-\omega(N-1)/2$,并且与 $h(n)$ 的具体值无关。显然,线性相位的中点对称条件并不苛刻,容易实现。

实际上,实现线性相位的中点对称条件还可以扩展为式(5.14)所示,即只要单位脉冲响应是以中点 $n=(N-1)/2$ 对称的,则无论是偶对称还是奇对称,都能实现 $H(\mathrm{e}^{\mathrm{j}\omega})$ 的线性相位特性。

$$h(n)=\pm h(N-1-n)\qquad(5.14)$$

如果 $h(n)$ 满足奇对称条件 $h(n)=-h(N-1-n)$,则当 N 为偶数和奇数时可以从式(5.12)和(5.13)的推导过程得出滤波器的频率响应如式(5.15)所示。应该注意,在 $h(n)$ 以中点奇对称时,中点的值 $h\left(\dfrac{N-1}{2}\right)$ 应该为零。显然,式(5.15)同样表示了 $H(\mathrm{e}^{\mathrm{j}\omega})$ 的线性相位特性,即 $\theta_H(\omega)=-\omega(N-1)/2-\pi/2$。

$$H(e^{j\omega}) = \begin{cases} \left\{ \displaystyle\sum_{n=0}^{N/2-1} 2h(n)\sin\left[\omega\left(n - \frac{N-1}{2}\right)\right] \right\} e^{-j[\omega(N-1)/2 + \pi/2]}, & N \text{ 为偶数} \\ \left\{ \displaystyle\sum_{n=0}^{(N-1)/2-1} 2h(n)\cos\left[\omega\left(n - \frac{N-1}{2}\right)\right] \right\} e^{-j[\omega(N-1)/2 + \pi/2]}, & N \text{ 为奇数} \end{cases} \quad (5.15)$$

虽然只要 FIR 数字滤波器的单位脉冲响应满足式(5.14)所示的中点对称条件都能实现线性相位特性,但实际应用中更多地采用偶对称约束条件来设计 FIR 数字滤波器。

以上分析了因果 FIR 数字滤波器的线性相位条件,对于其他形式的 FIR 数字滤波器,其结论是一致的。设一个任意形式的 FIR 数字滤波器的单位脉冲响应为 $h(n)$, $n = N_1 \sim N_2$,则总能找到一个因果 FIR 数字滤波器,它的单位脉冲响应为 $h_c(n) = h(n + N_1)$, $n = 0 \sim N_2 - N_1$。两者的频率响应关系为

$$H_c(e^{j\omega}) = e^{j\omega N_1} H(e^{j\omega}) \quad (5.16)$$

即

$$H(e^{j\omega}) = e^{-j\omega N_1} H_c(e^{j\omega}) \quad (5.17)$$

显然,只要因果 FIR 数字滤波器 $H_c(e^{j\omega})$ 是线性相位的,则任意形式的 FIR 数字滤波器也具有线性相位特性。因为 $h_c(n)$ 是由 $h(n)$ 的移位形成的,所以任意 FIR 数字滤波器只要满足中点对称条件都将具有线性相位特性。

5.2 窗函数设计法

设计 FIR 数字滤波器的基本方法是窗函数设计法(Window method),可采用的窗函数主要有矩形窗(Rectangular)、汉宁窗(Hanning)、哈明窗(Hamming)、布莱克曼窗(Blackman)和凯泽窗(Kaiser)。它们的频率响应特性不同,因此在设计 FIR 数字滤波器时的作用也有所不同。最常使用的一种窗函数为凯泽窗。

5.2.1 窗函数设计法原理

理论上,低通、带通等选频滤波器都是具有幅度锐变的 IIR 数字滤波器,即其单位脉冲响应 $h_i(n)$ 为无限长。窗函数设计法的实质是一种 IIR 数字滤波器的时域逼近,通过一个短时窗 $w(n)$, $n = 0 \sim N-1$ 将 IIR 的单位脉冲响应 $h_i(n)$ 截断为有限长,保留主要能量部分而形成有限长单位脉冲响应 $h(n)$,从而完成 FIR 数字滤波器的设计。即

$$h(n) = h_i(n)w(n), \qquad n = 0 \sim N-1 \quad (5.18)$$

一般,为了得到可实际应用的因果 FIR 数字滤波器,窗函数 $w(n)$ 的分布应该在 $n \geq 0$ 区间。为了实现 FIR 滤波器的线性相位特性,要求窗函数 $w(n)$ 和 $h_i(n)$ 在 $0 \leq n \leq N-1$ 区间内呈中点对称分布。

应用窗函数设计方法的前提条件是:无限长单位脉冲响应 $h_i(n)$ 应该随时间逐步衰减,并且越快越好,因为只有这样,式(5.18)的逼近才不至于引起大的失真。

对式(5.18)两边求傅立叶变换得 FIR 数字滤波器的频率响应如下:

$$H(e^{j\omega}) = \frac{1}{2\pi} H_i(e^{j\omega}) * W(e^{j\omega}) \quad (5.19)$$

由此可见,FIR 数字滤波器的频率响应 $H(e^{j\omega})$ 是理想选频滤波器 $H_i(e^{j\omega})$ 与窗函数频谱 $W(e^{j\omega})$ 的线性卷积,正如 2.6.4 小节关于短时谱的讨论所述,这种卷积一定会引起失真,产生频谱泄漏现象。从滤波器设计的角度看,主要设计指标就是要使设计出的 FIR 数字滤波器的频率响应 $H(e^{j\omega})$ 尽可能地逼近理想选频滤波器的频率响应 $H_i(e^{j\omega})$。要做到这一点,不仅关系到窗函数的选择,也涉及窗函数的长度。

窗函数设计方法的基本原理犹如 2.6.4 小节所介绍的短时谱计算原理,都是用一个短时窗将信号截短。但是,短时谱主要是为了能够实时地得到信号频谱或频谱随时间变化的动态特征,而窗函数设计的目的是构造一个满足一定技术指标的有限脉冲响应 FIR 数字滤波器,并且这种滤波器可以方便地实现线性相位特性。在实际应用中,FIR 滤波器可以依据差分方程由软件实现,也可以按照系统结构由硬件实现。

5.2.2　理想低通滤波器

一个理想低通滤波器具有式(5.20)和图 5.3 所示的频率响应,它的作用是使输入信号中频率小于等于截止频率 ω_c 的成分无损通过,使频率大于该截止频率的成分全部滤除。

$$H_i(e^{j\omega}) = \begin{cases} 1, & |\omega| \leqslant \omega_c \\ 0, & \omega_c < |\omega| \leqslant \pi \end{cases} \tag{5.20}$$

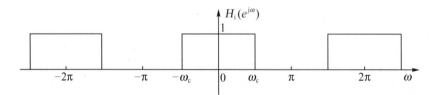

图 5.3　理想低通滤波器的频率响应

对式(5.20)两边求离散傅立叶反变换得到理想低通滤波器的单位脉冲响应如式(5.21)所示,当 $\omega_c = 0.4\pi$ 时,信号波形如图 5.4 所示。显然,从 $h_i(n)$ 的表达式和图 5.4 所示信号波形可以看出,理想低通滤波器是一个不可实现的非因果系统,因此实际应用中不可能真正实现这样的滤波器。

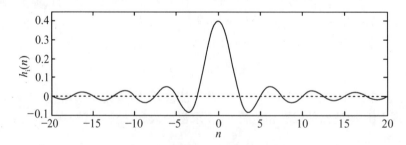

图 5.4　理想低通滤波器的单位脉冲响应

$$h_i(n) = \frac{1}{2\pi} \int_{-\omega_c}^{\omega_c} e^{j\omega n} d\omega = \frac{\sin(\omega_c n)}{\pi n}, \qquad -\infty < n < \infty \tag{5.21}$$

从图 5.4 看到,理想低通滤波器的 $h_i(n)$ 是随时间逐步衰减的,因此满足 FIR 数字滤波器窗函数设计法应用的前提条件。但是,如果要求设计的 FIR 数字低通滤波器是因果的线性相位滤波器的话,则必须将 $h_i(n)$ 向右移动,使其在窗函数分布区域内是中点对称的,或者说频率响应的相位为 $-\alpha\omega$,α 是窗函数的中点值。设窗函数 $w(n)$ 分布在 $0 \leqslant n \leqslant N-1$,则理想低通滤波器移位后的频率响应和单位脉冲响应分别如下:

$$H_d(e^{j\omega}) = H_i(e^{j\omega})e^{-j(N-1)\omega/2} = \begin{cases} e^{-j(N-1)\omega/2}, & |\omega| \leqslant \omega_c \\ 0, & \omega_c < \omega \leqslant \pi \end{cases} \quad (5.22)$$

$$h_d(n) = h_i\left(n - \frac{N-1}{2}\right) = \frac{\sin\left[\omega_c\left(n - \frac{N-1}{2}\right)\right]}{\pi\left(n - \frac{N-1}{2}\right)}, \quad -\infty < n < \infty$$

$$(5.23)$$

显然,时域的移位只是改变了理想低通滤波器的相位,并没有改变其幅频响应。例如,如果设计的 FIR 数字低通滤波器的 $h(n)$ 长度为 41 点的话,则满足因果性和线性相位条件的 $h_d(n)$ 如图 5.5 所示,它是图 5.4 所示理想低通滤波器的单位脉冲响应右移 20 点形成的,中点在 $n=20$ 处。以下各小节对以各种窗函数设计因果 FIR 数字低通滤波器的介绍中都采用图 5.5 所示移位后的理想低通滤波器单位脉冲响应进行分析。

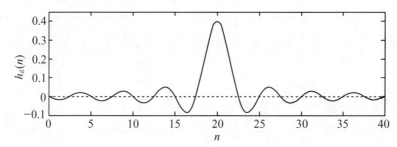

图 5.5　移位后的理想低通滤波器单位脉冲响应

5.2.3　矩形窗的设计特性

矩形窗函数如式(5.24)所示,对其求 DTFT 可得到相应的频谱 $W(e^{j\omega})$,如式(5.25)所示。可以看到,矩形窗是中点对称分布的。

$$w(n) = \begin{cases} 1, & 0 \leqslant n \leqslant N-1 \\ 0, & \text{其他} \end{cases} \quad (5.24)$$

$$W(e^{j\omega}) = e^{-j\omega(N-1)/2}\frac{\sin\left(\frac{\omega N}{2}\right)}{\sin\left(\frac{\omega}{2}\right)} \quad (5.25)$$

如果采用矩形窗设计因果线性相位低通 FIR 数字滤波器,则根据前面的讨论,所设计的 FIR 数字低通滤波器的单位脉冲响应 $h(n)$ 和频率响应 $H(e^{j\omega})$ 分别如式(5.26)和(5.27)所示。

$$h(n) = h_d(n)w(n) = \frac{\sin\left[\omega_c\left(n - \frac{N-1}{2}\right)\right]}{\pi\left(n - \frac{N-1}{2}\right)}, \quad 0 \leqslant n \leqslant N-1 \quad (5.26)$$

$$H(e^{j\omega}) = \sum_{n=0}^{N-1} h(n)e^{-j\omega n}$$

$$= \left\{ \sum_{n=0}^{(N-1)/2-1} 2h(n)\cos\left[\omega\left(n-\frac{N-1}{2}\right)\right] + h\left(\frac{N-1}{2}\right) \right\} e^{-j\omega(N-1)/2} \qquad (5.27)$$

设 $N=41,\omega_c=0.4\pi$,则矩形窗的信号波形 $w(n)$ 和幅度谱 $20\log|W(e^{j\omega})|$ 以及 FIR 滤波器的单位脉冲响应 $h(n)$ 和幅频响应 $20\log|H(e^{j\omega})|$ 如图 5.6 所示。

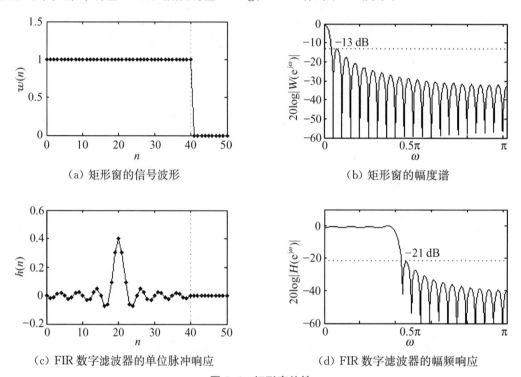

(a) 矩形窗的信号波形   (b) 矩形窗的幅度谱

(c) FIR 数字滤波器的单位脉冲响应   (d) FIR 数字滤波器的幅频响应

图 5.6　矩形窗特性

从图 5.6 可以看到,矩形窗幅度谱的第一旁瓣峰值为 -13 dB,由矩形窗设计出的 FIR 数字低通滤波器的阻带下降幅度为 21 dB,过渡带宽度 $\Delta\omega\approx0.05\pi$。

5.2.4　汉宁窗的设计特性

汉宁窗函数如式(5.28)所示,对其求 DTFT 可得到相应的频谱 $W(e^{j\omega})$,如式(5.29)所示。可以看到,汉宁窗是中点对称分布的。

$$w(n) = \begin{cases} 0.5 - 0.5\cos\left(\dfrac{2\pi n}{N-1}\right), & 0 \leqslant n \leqslant N-1 \\ 0, & 其他 \end{cases} \qquad (5.28)$$

$$W(e^{j\omega}) = 0.5W_R(e^{j\omega}) - 0.25W_R\{e^{j[\omega-2\pi/(N-1)]}\} - 0.25W_R\{e^{j[\omega+2\pi/(N-1)]}\} \qquad (5.29)$$

其中,$W_R(e^{j\omega})$ 是矩形窗函数的频谱,如式(5.25)所示。如果采用汉宁窗函数设计因果线性相位低通 FIR 数字滤波器,所设计的 FIR 数字低通滤波器的单位脉冲响应 $h(n)$ 如式(5.30)所示,并且与矩形窗设计法一样可采用式(5.27)计算其频率响应 $H(e^{j\omega})$。

$$h(n) = h_{\text{d}}(n)w(n) = \frac{\sin\left[\omega_{\text{c}}\left(n - \frac{N-1}{2}\right)\right]}{\pi\left(n - \frac{N-1}{2}\right)}\left[0.5 - 0.5\cos\left(\frac{2\pi n}{N-1}\right)\right], \qquad 0 \leqslant n \leqslant N-1$$

$$(5.30)$$

设 $N=41$，$\omega_{\text{c}}=0.4\pi$，则汉宁窗的信号波形 $w(n)$ 和幅度谱 $20\lg|W(\text{e}^{\text{j}\omega})|$ 以及 FIR 数字滤波器的单位脉冲响应 $h(n)$ 和幅频响应 $20\lg|H(\text{e}^{\text{j}\omega})|$ 如图 5.7 所示。

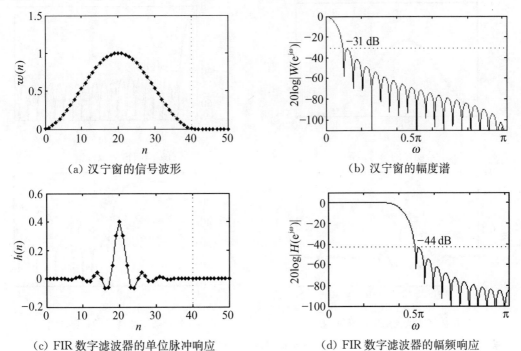

(a) 汉宁窗的信号波形   (b) 汉宁窗的幅度谱

(c) FIR 数字滤波器的单位脉冲响应   (d) FIR 数字滤波器的幅频响应

图 5.7 汉宁窗特性

从图 5.7 可以看到，汉宁窗幅度谱的第一旁瓣峰值为 -31 dB，由汉宁窗设计出的 FIR 数字低通滤波器的阻带下降幅度为 44 dB，过渡带宽度 $\Delta\omega \approx 0.16\pi$。

5.2.5 哈明窗的设计特性

哈明窗与汉宁窗十分相似，窗函数如式(5.31)所示，对其求 DTFT 可得到相应的频谱 $W(\text{e}^{\text{j}\omega})$，如式(5.32)所示。可以看到，哈明窗也是中点对称分布的。

$$w(n) = \begin{cases} 0.54 - 0.46\cos\left(\frac{2\pi n}{N-1}\right), & 0 \leqslant n \leqslant N-1 \\ 0, & \text{其他} \end{cases} \qquad (5.31)$$

$$W(\text{e}^{\text{j}\omega}) = 0.54W_{\text{R}}(\text{e}^{\text{j}\omega}) - 0.23W_{\text{R}}\{\text{e}^{\text{j}[\omega-2\pi/(N-1)]}\} - 0.23W_{\text{R}}\{\text{e}^{\text{j}[\omega+2\pi/(N-1)]}\} \qquad (5.32)$$

其中，$W_{\text{R}}(\text{e}^{\text{j}\omega})$ 是矩形窗函数的频谱，如式(5.25)所示。如果采用哈明窗函数设计因果线性相位低通 FIR 数字滤波器，所设计的 FIR 数字低通滤波器的单位脉冲响应 $h(n)$ 如式(5.33)所示，并且与矩形窗设计法一样可采用(5.27)式计算其频率响应 $H(\text{e}^{\text{j}\omega})$。

$$h(n) = h_{\mathrm{d}}(n)w(n) = \frac{\sin\left[\omega_{\mathrm{c}}\left(n-\dfrac{N-1}{2}\right)\right]}{\pi\left(n-\dfrac{N-1}{2}\right)}\left[0.54-0.46\cos\left(\frac{2\pi n}{N-1}\right)\right], \qquad 0 \leqslant n \leqslant N-1$$

$$(5.33)$$

设 $N = 41$，$\omega_{\mathrm{c}} = 0.4\pi$，则哈明窗的信号波形 $w(n)$ 和幅度谱 $20\log|W(\mathrm{e}^{\mathrm{j}\omega})|$ 以及 FIR 数字滤波器的单位脉冲响应 $h(n)$ 和幅频响应 $20\log|H(\mathrm{e}^{\mathrm{j}\omega})|$ 如图 5.8 所示。

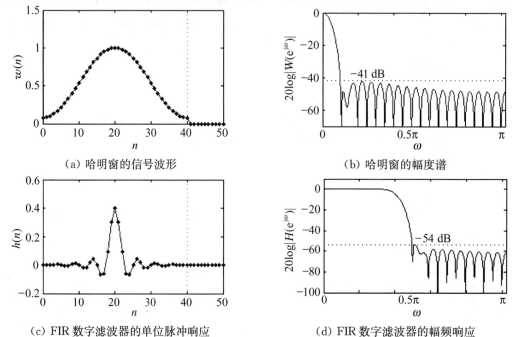

（a）哈明窗的信号波形   （b）哈明窗的幅度谱

（c）FIR 数字滤波器的单位脉冲响应   （d）FIR 数字滤波器的幅频响应

图 5.8　哈明窗特性

从图 5.8 可以看到，哈明窗幅度谱的第一旁瓣峰值为 -41 dB，由哈明窗设计出的 FIR 数字低通滤波器的阻带下降幅度为 54 dB，过渡带宽度 $\Delta\omega \approx 0.16\pi$。

5.2.6　布莱克曼窗的设计特性

布莱克曼窗函数如式（5.34）所示，对其求 DTFT 可得到相应的频谱 $W(\mathrm{e}^{\mathrm{j}\omega})$，如式（5.35）所示。可以看到，布莱克曼窗也是中点对称分布的。

$$w(n) = \begin{cases} 0.42-0.5\cos\left(\dfrac{2\pi n}{N-1}\right)+0.08\cos\left(\dfrac{4\pi n}{N-1}\right), & 0 \leqslant n \leqslant N-1 \\ 0, & \text{其他} \end{cases}$$

$$(5.34)$$

$$\begin{aligned} W(\mathrm{e}^{\mathrm{j}\omega}) = {}& 0.42W_{\mathrm{R}}(\mathrm{e}^{\mathrm{j}\omega}) - 0.25W_{\mathrm{R}}\{\mathrm{e}^{\mathrm{j}[\omega-2\pi/(N-1)]}\} - 0.25W_{\mathrm{R}}\{\mathrm{e}^{\mathrm{j}[w+2\pi/(N-1)]}\} + \\ & 0.04W_{\mathrm{R}}\{\mathrm{e}^{\mathrm{j}[\omega-4\pi/(N-1)]}\} + 0.04W_{\mathrm{R}}\{\mathrm{e}^{\mathrm{j}[w+4\pi/(N-1)]}\} \end{aligned}$$

$$(5.35)$$

其中，$W_{\mathrm{R}}(\mathrm{e}^{\mathrm{j}\omega})$ 是矩形窗函数的频谱，如式（5.25）所示。如果采用布莱克曼窗函数设计因果线性相位低通 FIR 数字滤波器，所设计的 FIR 数字低通滤波器的单位脉冲响应 $h(n)$ 如式（5.36）所示，并且与矩形窗设计法一样可采用式（5.27）计算其频率响应 $H(\mathrm{e}^{\mathrm{j}\omega})$。

$$h(n) = h_{\mathrm{d}}(n)w(n)$$

$$
= \frac{\sin\left[\omega_{c}\left(n-\dfrac{N-1}{2}\right)\right]}{\pi\left(n-\dfrac{N-1}{2}\right)}\left[0.42-0.5\cos\left(\frac{2\pi n}{N-1}\right)+0.08\cos\left(\frac{4\pi n}{N-1}\right)\right],
$$

$$
0\leqslant n\leqslant N-1 \tag{5.36}
$$

设 $N=41$，$\omega_c=0.4\pi$，则布莱克曼窗的信号波形 $w(n)$ 和幅度谱 $20\log|W(e^{j\omega})|$ 以及 FIR 滤波器的单位脉冲响应 $h(n)$ 和幅频响应 $20\log|H(e^{j\omega})|$ 如图 5.9 所示。

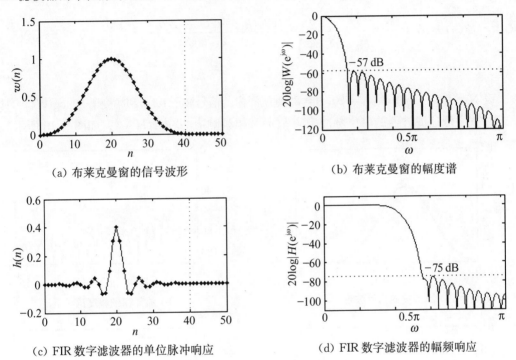

(a) 布莱克曼窗的信号波形　　　　　　　　(b) 布莱克曼窗的幅度谱

(c) FIR 数字滤波器的单位脉冲响应　　　　(d) FIR 数字滤波器的幅频响应

图 5.9　布莱克曼窗特性

从图 5.9 可以看到，布莱克曼窗幅度谱的第一旁瓣峰值为 -57 dB，由布莱克曼窗设计出的 FIR 数字低通滤波器的阻带下降幅度为 75 dB，过渡带宽度 $\Delta\omega\approx0.28\pi$。

5.2.7　凯泽窗的设计特性

凯泽窗函数如式(5.37)所示，其中 $I_0(x)$ 是第一类零阶贝塞尔(Bessel)函数，其表达式如式(5.38)所示。

$$
w(n)=\begin{cases}I_0(\beta\{1-[(n-\alpha)/\alpha]^2\}^{1/2}),&0\leqslant n\leqslant N-1\\0,&\text{其他}\end{cases} \tag{5.37}
$$

$$
I_0(x)=1+\sum_{n=1}^{\infty}\left[\frac{(x/2)^n}{n!}\right]^2 \tag{5.38}
$$

凯泽窗是以 $n=\alpha$ 为中点对称的函数，两个参数 α 和 β 分别控制窗函数的中点位置和边缘的下降程度。当 $\beta=0$ 时，凯泽窗与矩形窗相同。线性相位 FIR 数字滤波器设计中 α 取 $(N-1)/2$，而 β 一般根据滤波器阻带衰减的大小要求来选择，其值越大则相应的窗函数边缘下降程度越大，阻带衰减也就越大。计算 β 值的经验公式如下：

$$\beta = \begin{cases} 0.110\,2(A-8.7), & A > 50 \\ 0.584\,2(A-21)^{0.4} + 0.078\,86(A-21), & 21 \leqslant A \leqslant 50 \\ 0, & A < 20 \end{cases} \quad (5.39)$$

根据式(5.37)求 DTFT 可得到相应的频谱 $W(e^{j\omega})$。如果采用凯泽窗设计因果线性相位低通 FIR 数字滤波器,所设计的 FIR 数字低通滤波器的单位脉冲响应 $h(n)$ 如式(5.40)所示,并与矩形窗设计法一样可采用式(5.27)计算其频率响应 $H(e^{j\omega})$。

$$h(n) = h_d(n)w(n) = \frac{\sin\left[\omega_c\left(n-\frac{N-1}{2}\right)\right]}{\pi\left(n-\frac{N-1}{2}\right)}\left[\frac{I_0(\beta\{1-[(n-\alpha)/\alpha]^2\}^{1/2})}{I_0(\beta)}\right], \quad 0 \leqslant n \leqslant N-1$$

$$(5.40)$$

设 $N = 41$, $\omega_c = 0.4\pi$, $\alpha = 20$, $\beta = 8$,则凯泽窗的信号波形 $w(n)$ 和幅度谱 $20\log|W(e^{j\omega})|$ 以及 FIR 数字低通滤波器的单位脉冲响应 $h(n)$ 和幅频响应 $20\log|H(e^{j\omega})|$ 如图 5.10 所示。

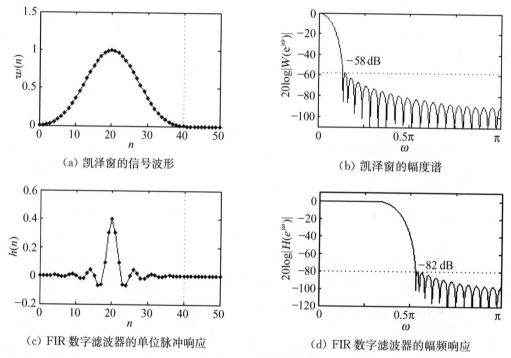

(a) 凯泽窗的信号波形	(b) 凯泽窗的幅度谱
(c) FIR 数字滤波器的单位脉冲响应	(d) FIR 数字滤波器的幅频响应

图 5.10　凯泽窗特性

从图 5.10 可以看到,凯泽窗幅度谱的第一旁瓣峰值为 -58 dB,由凯泽窗设计出的 FIR 数字低通滤波器的阻带下降幅度为 82 dB,过渡带宽度 $\Delta\omega \approx 0.26\pi$。

5.2.8　窗函数设计法的进一步分析

以上各小节以 FIR 数字低通滤波器设计为例分析了各种窗函数的特性,在窗长一致的前提下得到以下结论:矩形窗的频谱主瓣最窄,相应的低通滤波器过渡带也最窄,但阻带衰减也最小,只有 21 dB;哈明窗具有较大的阻带衰减(-54 dB)和较窄的过渡带,并且阻带呈现较好的等波纹特征,有较好的综合性能;凯泽窗具有最灵活的参数控制手段使低通滤波器具有所需的阻带衰减,而其他窗函数不具备;窗函数两边的平滑下降可以提高其频谱中旁瓣的下降幅度,但同时主瓣变宽了。

无论是根据式(5.19)分析,还是从以上窗函数特性进行分析,可以看到滤波器的阻带衰减与窗函数频谱的旁瓣衰减幅度成正比,而过渡带宽度与窗函数的主瓣宽度成正比。

窗函数的长度 N 也是滤波器设计中需要考虑的一个因素。在选定窗函数类型以后可以通过窗长 N 调节滤波器的过渡带宽度,N 越大,窗函数主瓣越窄,因此滤波器过渡带也越窄。但是,窗长 N 的变化对阻带衰减几乎没有影响,因为窗函数主瓣和旁瓣的幅度几乎是随 N 一样变化的,其比值几乎不随 N 而变化,也就是说旁瓣衰减(dB值)几乎不变。图5.11 显示了 41 点长和 81 点长哈明窗的频谱和 FIR 数字低通滤波器的幅频响应,截止频率为 $\omega_c = 0.4\pi$。可以看到,两种情况下窗函数频谱的旁瓣衰减和滤波器的阻带衰减几乎没有差别,但窗函数的主瓣宽度和滤波器的过渡带宽度随窗长增大而变窄。

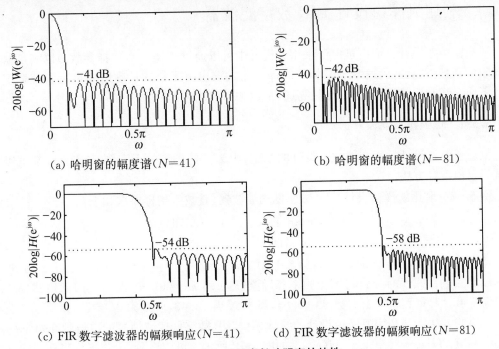

(a) 哈明窗的幅度谱($N=41$)   (b) 哈明窗的幅度谱($N=81$)

(c) FIR 数字滤波器的幅频响应($N=41$)   (d) FIR 数字滤波器的幅频响应($N=81$)

图 5.11　不同窗长哈明窗的特性

综上所述,FIR 数字低通滤波器设计中阻带衰减主要由窗函数类型决定,而过渡带宽度则由窗函数类型和窗长决定。实际应用中 FIR 数字低通滤波器的阻带衰减至少要达到 50 dB 以上,因此很少采用矩形窗和汉宁窗。

FIR 数字滤波器的技术指标包括阻带衰减幅度 A、截止频率 ω_c 和过渡带宽度 $\Delta\omega$ 或者通带和阻带边界频率 ω_p、ω_r。截止频率和过渡带宽度这两个指标与通带和阻带边界频率是可以相互转换的,公式如下:

$$\omega_c = \frac{\omega_p + \omega_r}{2}, \qquad \Delta\omega = \omega_r - \omega_p \tag{5.41}$$

设计中首先根据阻带衰减幅度指标 A 和截止频率 ω_c 选择窗函数类型,然后根据过渡带宽度 $\Delta\omega$ 计算窗函数的长度 N。各种窗函数对应的 FIR 数字低通滤波器的阻带衰减幅度

A、窗长 N 与过渡带宽度 $\Delta\omega$ 如表 5.1 所示。

表 5.1　窗函数特性

窗函数	阻带衰减(A dB)	窗长(N)
矩形窗	21	$1.82\pi/\Delta\omega$
汉宁窗	44	$6.64\pi/\Delta\omega$
哈明窗	54	$6.88\pi/\Delta\omega$
布莱克曼窗	75	$11.96\pi/\Delta\omega$
凯泽窗	可变	$(A-8)/(2.285\Delta\omega)+1$
	$64(\beta=6)$	$8.66\pi/\Delta\omega$
	$82(\beta=8)$	$10.5\pi/\Delta\omega$
	$100(\beta=10)$	$12.72\pi/\Delta\omega$

5.3　利用凯泽窗设计 FIR 数字滤波器

凯泽窗由于设计灵活而被广泛采用。设计中可以通过式(5.39)选择参数 β 以满足滤波器的阻带衰减指标，并由表 5.1 中相应的计算公式求出窗函数的长度以满足过渡带宽度指标。下面介绍利用凯泽窗设计低通、高通、带通和带阻滤波器的方法。

5.3.1　低通滤波器设计

低通滤波器设计是所有滤波器设计的基础，因为其他类型的 FIR 数字滤波器都可以从它推导得出设计方法。

例 5-2　利用凯泽窗设计 FIR 数字低通滤波器，其技术指标要求如下：

$$f_s = 1\,000 \text{ Hz}, \qquad A = 60 \text{ dB}$$
$$f_p = 225 \text{ Hz}, \qquad f_r = 275 \text{ Hz}$$

首先将频率指标转化成数字角频率形式：$\omega_p = 2\pi f_p/f_s = 0.45\pi$，$\omega_r = 2\pi f_r/f_s = 0.55\pi$。然后利用式(5.41)计算截止频率和过渡带宽度：$\omega_c = 0.5\pi$，$\Delta\omega = 0.1\pi$。由式(5.39)和表 5.1 可计算得到凯泽窗参数 $\beta = 5.65$，窗长 $N = 73.43$，取整为 $N = 73$。采用 5.2.7 小节所介绍的方法得到利用凯泽窗设计的线性相位 FIR 数字低通滤波器的单位脉冲响应 $h(n)$ 和幅频响应 $|H(e^{j\omega})|$、$20\log|H(e^{j\omega})|$ 如图 5.12 所示。可以看到，设计指标得到了很好的满足，滤波器完全符合设计要求。

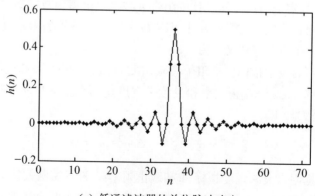

(a) 低通滤波器的单位脉冲响应

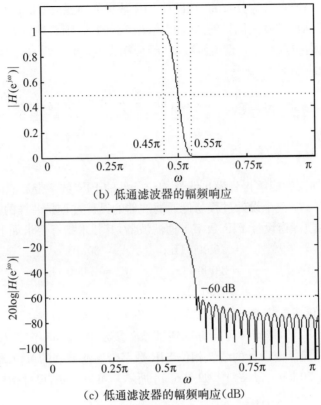

(b) 低通滤波器的幅频响应

(c) 低通滤波器的幅频响应(dB)

图 5.12 利用凯泽窗设计低通滤波器

5.3.2 带通滤波器设计

一个理想带通滤波器具有式(5.42)和图 5.13 所示的频率响应特性,它的作用是使输入信号中 $\omega_l \leqslant \omega \leqslant \omega_u$ 的成分无损通过,而使其他频率成分全部滤除。

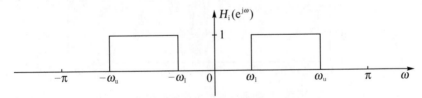

图 5.13 理想带通滤波器的频率响应

$$H_i(e^{j\omega}) = \begin{cases} 1, & \omega_l \leqslant |\omega| \leqslant \omega_u \\ 0, & |\omega| \leqslant \omega_l, \omega_u \leqslant |\omega| \leqslant \pi \end{cases} \tag{5.42}$$

对式(5.42)两边求离散傅立叶反变换得到理想带通滤波器的单位脉冲响应如式(5.43)所示,显然,理想带通滤波器是一个不可实现的非因果系统,因此实际应用中不可能真正实现这样的滤波器。

$$h_i(n) = \frac{1}{2\pi}\int_{-\omega_u}^{-\omega_l} e^{j\omega n}\,d\omega + \frac{1}{2\pi}\int_{\omega_l}^{\omega_u} e^{j\omega n}\,d\omega$$

$$= \frac{\sin(\omega_u n)}{\pi n} - \frac{\sin(\omega_l n)}{\pi n}, \qquad -\infty < n < \infty \tag{5.43}$$

显然，$h_i(n)$是以原点对称分布的，与设计 FIR 数字低通滤波器时的情况一样，如果要求设计的 FIR 数字带通滤波器是因果的线性相位滤波器的话，则必须将 $h_i(n)$ 向右移动，使其在窗函数分布区域内中点对称。设窗函数 $w(n)$ 分布在 $0 \leqslant n \leqslant N-1$，则理想带通滤波器移位后的单位脉冲响应如下：

$$h_d(n) = h_i\left(n - \frac{N-1}{2}\right) = \frac{\sin\left[\omega_u\left(n - \frac{N-1}{2}\right)\right] - \sin\left[\omega_l\left(n - \frac{N-1}{2}\right)\right]}{\pi\left(n - \frac{N-1}{2}\right)},$$

$$-\infty < n < \infty \quad (5.44)$$

对以上 $h_d(n)$ 加窗就能够得到满足线性相位条件的 FIR 数字带通滤波器的单位脉冲响应 $h(n) = h_d(n)w(n)$，整个设计过程与低通滤波器的设计过程是一样的。

例 5-3 利用凯泽窗设计 FIR 数字带通滤波器，其技术指标要求如下：

$$f_s = 10\,000 \text{ Hz}, \qquad A = 60 \text{ dB}$$
$$f_l = 2\,000 \text{ Hz}, \qquad f_u = 3\,000 \text{ Hz}$$
$$\Delta f = 500 \text{ Hz}$$

将频率指标转化成数字角频率形式：$\omega_l = 2\pi f_l/f_s = 0.4\pi$，$\omega_u = 2\pi f_u/f_s = 0.6\pi$，$\Delta\omega = 0.1\pi$。由式(5.39)和表 5.1 可计算得到凯泽窗参数 $\beta = 5.65$，窗长 $N = 73.43$，取整为 $N = 73$。这样，利用凯泽窗设计的线性相位 FIR 数字带通滤波器的单位脉冲响应 $h(n)$ 和幅频响应 $|H(e^{j\omega})|$、$20\lg|H(e^{j\omega})|$ 如图 5.14 所示。可以看到，设计指标得到了很好的满足，滤波器完全符合设计要求。

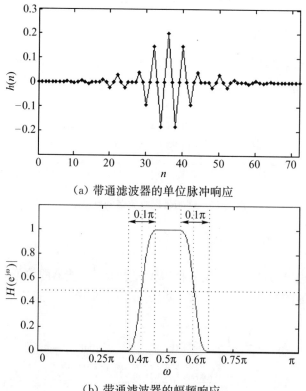

（a）带通滤波器的单位脉冲响应

（b）带通滤波器的幅频响应

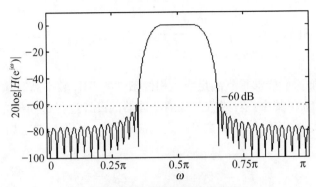

（c）带通滤波器的幅频响应（dB）

图 5.14　利用凯泽窗设计带通滤波器

5.3.3　高通滤波器设计

一个理想高通滤波器具有式(5.45)和图 5.15 所示的频率响应特性,它的作用是使输入信号中 $\omega_c \leqslant \omega \leqslant \pi$ 的成分无损通过,而使其他频率成分全部滤除。

$$H_i(e^{j\omega}) = \begin{cases} 1, & \omega_c \leqslant |\omega| \leqslant \pi \\ 0, & |\omega| < \omega_c \end{cases} \tag{5.45}$$

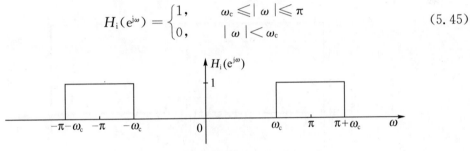

图 5.15　理想高通滤波器的频率响应

对式(5.45)两边求离散傅立叶反变换得到理想高通滤波器的单位脉冲响应如式(5.46)所示,显然,理想高通滤波器是一个不可实现的非因果系统,因此实际应用中不可能真正实现这样的滤波器。

$$\begin{aligned} h_i(n) &= \frac{1}{2\pi}\int_{-\pi}^{-\omega_c} e^{j\omega n}\,d\omega + \frac{1}{2\pi}\int_{\omega_c}^{\pi} e^{j\omega n}\,d\omega \\ &= \frac{\sin(\pi n)}{\pi n} - \frac{\sin(\omega_c n)}{\pi n}, \qquad -\infty < n < \infty \end{aligned} \tag{5.46}$$

实际上,高通滤波器可以看成一个高端边界频率为 $\omega=\pi$ 的带通滤波器。如果要求设计的 FIR 数字高通滤波器是因果的线性相位滤波器的话,需要将 $h_i(n)$ 向右移动,使其在窗函数分布区域内中点对称。设窗函数 $w(n)$ 分布在 $0 \leqslant n \leqslant N-1$,则理想高通滤波器移位后的单位脉冲响应如下:

$$h_d(n) = h_i\left(n - \frac{N-1}{2}\right) = \frac{\sin\left[\pi\left(n - \frac{N-1}{2}\right)\right] - \sin\left[\omega_c\left(n - \frac{N-1}{2}\right)\right]}{\pi\left(n - \frac{N-1}{2}\right)}$$

$$= \delta\left(n - \frac{N-1}{2}\right) - \frac{\sin\left[\omega_c\left(n - \frac{N-1}{2}\right)\right]}{\pi\left(n - \frac{N-1}{2}\right)}, \qquad -\infty < n < \infty \qquad (5.47)$$

对以上 $h_d(n)$ 加窗就能够得到满足线性相位条件的 FIR 数字高通滤波器的单位脉冲响应 $h(n) = h_d(n)w(n)$，整个设计过程与低通滤波器的设计过程是一样的。

例 5-4 利用凯泽窗设计 FIR 数字高通滤波器，其技术指标要求如下：

$$f_s = 10\,000 \text{ Hz}, \qquad A = 70 \text{ dB}$$
$$f_c = 2\,500 \text{ Hz}, \qquad \Delta f = 500 \text{ Hz}$$

将频率指标转化成数字角频率形式：$\omega_c = 2\pi f_c/f_s = 0.5\pi$，$\Delta\omega = 0.1\pi$。由式(5.39)和表 5.1 可计算得到凯泽窗参数 $\beta = 6.755$，窗长 $N = 87.37$，取整为 $N = 87$。这里需要注意的是，当 N 为偶数时，线性相位滤波器的幅度在 $\omega = 0$ 和 $\omega = \pi$ 时为零，对于高通滤波器不合适，所以设计高通滤波器时 N 应该取奇数值。利用凯泽窗设计的线性相位 FIR 数字高通滤波器的单位脉冲响应 $h(n)$ 和幅频响应 $|H(e^{j\omega})|$、$20\log|H(e^{j\omega})|$ 如图 5.16 所示。可以看到，设计指标得到了很好的满足，滤波器完全符合设计要求。

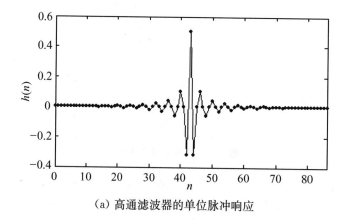

(a) 高通滤波器的单位脉冲响应

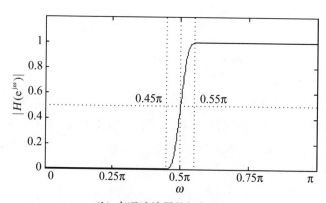

(b) 高通滤波器的幅频响应

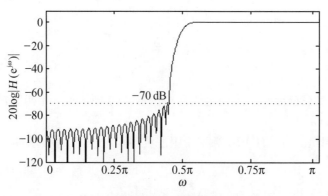

（c）高通滤波器的幅频响应（dB）

图 5.16 利用凯泽窗设计高通滤波器

5.3.4 带阻滤波器设计

一个理想带阻滤波器具有式（5.48）和图 5.17 所示的频率响应特性，它的作用是使输入信号中 $\omega \leqslant \omega_1$ 和 $\omega_2 \leqslant \omega \leqslant \pi$ 的成分无损通过，而使其他频率成分全部滤除。

$$H_i(e^{j\omega}) = \begin{cases} 1, & |\omega| \leqslant \omega_1, \omega_2 \leqslant |\omega| \leqslant \pi \\ 0, & \omega_1 < |\omega| < \omega_2 \end{cases} \tag{5.48}$$

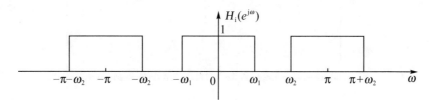

图 5.17 理想带阻滤波器的频率响应

对式（5.48）两边求离散傅立叶反变换得到理想带阻滤波器的单位脉冲响应如式（5.49）所示，显然，理想带阻滤波器是一个不可实现的非因果系统。

$$h_i(n) = \frac{1}{2\pi}\int_{-\omega_1}^{\omega_1} e^{j\omega n} d\omega + \frac{1}{2\pi}\int_{-\pi}^{-\omega_2} e^{j\omega n} d\omega + \frac{1}{2\pi}\int_{\omega_2}^{\pi} e^{j\omega n} d\omega$$

$$= \frac{\sin(\omega_1 n)}{\pi n} + \frac{\sin(\pi n)}{\pi n} - \frac{\sin(\omega_2 n)}{\pi n}, \quad -\infty < n < \infty \tag{5.49}$$

实际上，带阻滤波器可以看成一个截止频率为 ω_1 的低通滤波器与边界频率为 ω_2 和 π 的带通滤波器的组合。如果要求设计的 FIR 数字带阻滤波器是因果的线性相位滤波器的话，需要将 $h_i(n)$ 向右移动，使其在窗函数分布区域内中点对称。设窗函数 $w(n)$ 分布在 $0 \leqslant n \leqslant N-1$，则理想带阻滤波器移位后的单位脉冲响应如下：

$$h_d(n) = h_i\left(n - \frac{N-1}{2}\right) = \frac{\sin\left[\omega_1\left(n - \frac{N-1}{2}\right)\right] + \sin\left[\pi\left(n - \frac{N-1}{2}\right)\right] - \sin\left[\omega_2\left(n - \frac{N-1}{2}\right)\right]}{\pi\left(n - \frac{N-1}{2}\right)}$$

$$=\delta\left(n-\frac{N-1}{2}\right)+\frac{\sin\left[\omega_1\left(n-\frac{N-1}{2}\right)\right]-\sin\left[\omega_2\left(n-\frac{N-1}{2}\right)\right]}{\pi\left(n-\frac{N-1}{2}\right)}, \quad -\infty<n<\infty$$

$$(5.50)$$

对以上 $h_d(n)$ 加窗就能够得到满足线性相位条件的 FIR 数字带阻滤波器的单位脉冲响应 $h(n)=h_d(n)w(n)$。

例 5-5 利用凯泽窗设计 FIR 数字带阻滤波器,其技术指标要求如下:

$$f_s=10\ 000\ \text{Hz}, \qquad f_1=2\ 000\ \text{Hz}, \qquad f_2=3\ 000\ \text{Hz}$$
$$A=40\ \text{dB}, \qquad \Delta f=200\ \text{Hz},$$

将频率指标转化成数字角频率形式:$\omega_1=2\pi f_1/f_s=0.4\pi$,$\omega_2=2\pi f_2/f_s=0.6\pi$,$\Delta\omega=0.04\pi$。由式(5.39)和表5.1可计算得到凯泽窗参数 $\beta=3.4$,窗长 $N=112.44$,取整为113。利用凯泽窗设计的线性相位 FIR 数字带阻滤波器的单位脉冲响应 $h(n)$ 和幅频响应 $|H(e^{j\omega})|$、$20\log|H(e^{j\omega})|$ 如图5.18所示。可以看到,设计指标得到了很好的满足,滤波器完全符合设计要求。

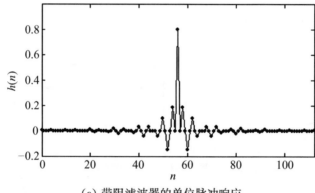

(a) 带阻滤波器的单位脉冲响应

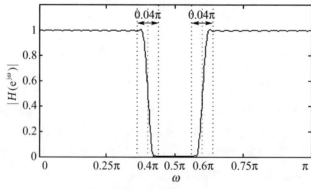

(b) 带阻滤波器的幅频响应

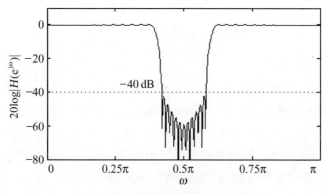

（c）带阻滤波器的幅频响应（dB）

图 5.18 利用凯泽窗设计带阻滤波器

5.4 频率取样设计法

频率取样设计法是从 FIR 数字滤波器的频率响应逼近理想滤波器的频率响应这个角度提出的另一种 FIR 数字滤波器设计方法。

5.4.1 频率取样设计法原理

频率取样设计法通过对理想滤波器的频谱 $H_i(\mathrm{e}^{\mathrm{j}\omega})$ 在 $[0,2\pi]$ 之间进行等间隔取样，将这些取样值 $H_i(k)=H_i(\mathrm{e}^{\mathrm{j}\omega k})$，$\omega_k=2\pi k/N$，$0\leqslant k\leqslant N-1$ 作为 FIR 数字滤波器的离散频谱值，即 $H(k)=H_i(k)$，$0\leqslant k\leqslant N-1$。那么，根据 3.3.1 节的离散傅立叶变换特性，对 $H(k)$ 求 IDFT 将得到 FIR 数字滤波器的单位脉冲响应 $h(n)$，$0\leqslant k\leqslant N-1$，它是理想滤波器的单位脉冲响应 $h_i(n)$ 周期性叠加形成的周期信号的一个周期，如式（5.51）所示，其中 $R_N(n)$ 是长度为 N 的矩形窗。

$$h(n)=\frac{1}{N}\sum_{k=0}^{N-1}H(k)\mathrm{e}^{\mathrm{j}\frac{2\pi}{N}kn}$$

$$=\Big[\sum_{r=-\infty}^{\infty}h_i(n+rN)\Big]R_N(n) \tag{5.51}$$

显然，这样得到的 FIR 数字滤波器能够保证其频谱 $H(\mathrm{e}^{\mathrm{j}\omega})$ 在频域采样点上与理想滤波器的频谱一致，但在其他频率点上不能保证。因此，频率取样法设计的 FIR 数字滤波器无论在频域还是在时域都会产生失真。

由频率取样法设计的 FIR 数字滤波器的系统函数 $H(z)$ 和频率响应 $H(\mathrm{e}^{\mathrm{j}\omega})$ 可以由 $h(n)$ 推导计算如下：

$$H(z)=\sum_{n=0}^{N-1}h(n)z^{-n}=\sum_{n=0}^{N-1}\Big[\frac{1}{N}\sum_{k=0}^{N-1}H(k)\mathrm{e}^{\mathrm{j}\frac{2\pi}{N}kn}\Big]z^{-n}$$

$$=\frac{1}{N}\sum_{k=0}^{N-1}H(k)\Big[\sum_{n=0}^{N-1}(z^{-1}\mathrm{e}^{\mathrm{j}\frac{2\pi}{N}k})^n\Big]=\frac{1-z^{-N}}{N}\sum_{k=0}^{N-1}\frac{H(k)}{1-\mathrm{e}^{\mathrm{j}2\pi k/N}z^{-1}}$$

$$\tag{5.52}$$

$$H(\mathrm{e}^{\mathrm{j}\omega})=H(z)\big|_{z=\mathrm{e}^{\mathrm{j}\omega}}=\frac{1-\mathrm{e}^{-\mathrm{j}\omega N}}{N}\sum_{k=0}^{N-1}\frac{H(k)}{1-\mathrm{e}^{\mathrm{j}2\pi k/N}\mathrm{e}^{-\mathrm{j}\omega}}$$

$$=\frac{1}{N}\sum_{k=0}^{N-1}H(k)\frac{\sin(\frac{\omega N}{2})}{\sin\left(\frac{\omega-2\pi k/N}{2}\right)}\mathrm{e}^{-\mathrm{j}\left(\frac{N-1}{2}\omega+\frac{kn}{N}\right)}\qquad(5.53)$$

如果要求设计的 FIR 数字滤波器是线性相位因果系统,则由 $H(k)$ 求 $h(n)$ 时必须遵循中点对称条件,即其离散谱相位满足 $\theta_H(k)=-\pi k(N-1)/N$ 或连续谱相位满足 $\theta_H(\omega)=-\omega(N-1)/2$。要保证这一点的最简单和有效的方法是在取样时不考虑相位,即令 $\theta_H(k)=0$,然后根据式(5.51)先求出非线性相位因果 FIR 数字滤波器的 $h_d(n)$,它是以原点对称的,将它右移 $(N-1)/2$ 个点就能得到满足中点对称条件的线性相位 FIR 数字滤波器的单位脉冲响应 $h(n)=h_d\left(n-\frac{N-1}{2}\right)$。总之,采用频率取样法设计时,可以先设计一个零相位的 FIR 因果滤波器,然后通过右移中点的方法得到线性相位 FIR 数字滤波器。

频域取样点数或 FIR 数字滤波器的单位脉冲响应长度 N 的选取和过渡带宽度 $\Delta\omega$ 有关,一般可以选取 $N\geqslant\dfrac{2\pi}{\Delta\omega}$。阻带衰减 A 一般需要通过在过渡带设置采样点,否则很难实现 50 dB 以上的衰减。

5.4.2　设计实例分析

频率取样设计法是一种较灵活的设计方法,可以根据所需的滤波器理想频谱直接运用 IDFT 计算得到。鉴于理想频谱的锐变特性,在实际设计中还需要做一些折中考虑。

例 5-6　采用频率取样设计法设计一个与例 5-2 中一样的线性相位 FIR 数字低通滤波器,其技术指标要求如下:

$$f_s=1\,000\text{ Hz},\qquad A=60\text{ dB}$$
$$f_p=225\text{ Hz},\qquad f_r=275\text{ Hz}$$

首先将通带和阻带频率指标转化成数字角频率形式: $\omega_p=2\pi f_p/f_s=0.45\pi$, $\omega_r=2\pi f_r/f_s=0.55\pi$。利用式(5.41)计算截止频率和过渡带宽度: $\omega_c=0.5\pi$, $\Delta\omega=0.1\pi$。根据 $\Delta\omega$ 可以算出可能的最小取样点数 $N=2\pi/\Delta\omega=20$,此时截止频率对应的采样点是 $k=\omega_c N/2\pi=5$。图 5.19(a)显示了理想低通滤波器的 20 点取样。将这些取样值作为 FIR 数字低通滤波器的离散幅度谱并令相位为零,得

$$H_d(k)=\begin{cases}1,&0\leqslant k\leqslant 5,\ 15\leqslant k\leqslant 19\\0,&6\leqslant k\leqslant 14\end{cases}\qquad(5.54)$$

对式(5.54)求 IDFT 得到 FIR 数字低通滤波器的单位脉冲响应 $h_d(n)$ 如式(5.55)所示,将它右移 19/2 点得到满足线性相位条件的 $h(n)$,如式(5.56)所示,相应的信号波形如图 5.19(b)所示。可以看到,$h(n)$ 与式(5.21)的理想低通滤波器的单位脉冲响应是有差别的。

$$h_d(n)=\frac{1}{20}\left(\sum_{k=0}^{5}\mathrm{e}^{\mathrm{j}\frac{2\pi}{20}kn}+\sum_{k=15}^{19}\mathrm{e}^{\mathrm{j}\frac{2\pi}{20}kn}\right)=\frac{1}{20}\left[1+2\sum_{k=1}^{5}\cos\left(\frac{\pi}{10}kn\right)\right]$$
$$=\frac{1}{20}\left[\frac{2\sin(0.3\pi n)}{\sin(0.5\pi n)}\cos\left(\frac{\pi}{4}n\right)-1\right],\qquad 0\leqslant n\leqslant 19\qquad(5.55)$$

$$h(n) = \frac{1}{20}\left\{\frac{2\sin\left[0.3\pi\left(n-\frac{19}{2}\right)\right]}{\sin\left[0.5\pi\left(n-\frac{19}{2}\right)\right]}\cos\left[0.25\pi\left(n-\frac{19}{2}\right)\right]-1\right\}, \qquad 0 \leqslant n \leqslant 19 \quad (5.56)$$

对式(5.56)的 $h(n)$ 求傅立叶变换得到 FIR 数字低通滤波器的频率响应,其幅频响应 $|H(e^{j\omega})|$ 和 $20\log|H(e^{j\omega})|$ 的曲线分别如图 5.19(c) 和图 5.19(d) 所示。

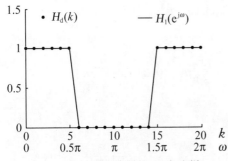

(a) 理想低通滤波器的 20 点取样

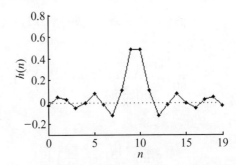

(b) FIR 数字低通滤波器的单位脉冲响应

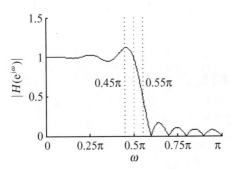

(c) FIR 数字低通滤波器的幅频响应

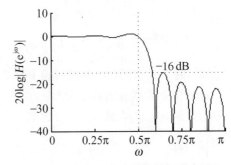

(d) FIR 数字低通滤波器的幅频响应(dB)

图 5.19 利用频率取样法(20 点)设计低通滤波器

从图 5.19 可以看出,采用最小取样点数 $N=20$ 所设计的 FIR 线性相位低通滤波器并没有满足技术指标,最小阻带衰减仅仅只有 16 dB,并且过渡带比要求的也宽,因此必须增加取样点数。另外,图 5.19(a) 中的取样点都在理想滤波器的通带和阻带中,并且对应截止频率的取样点也在通带中,这样势必引起截频处频谱的起伏振荡,减小阻带最小衰减并增加过渡带宽度。如果在取样时根据取样点数 N 和过渡带宽度,将截止频率附近的几个取样点设置在过渡带内,即取样值取(0,1)之间的值,这样能够增加阻带最小衰减,减小过渡带宽度。

例如,若设置 2 个取样点在过渡带中,则取样点间隔必须为 $\Delta\omega_s \leqslant \Delta\omega/3$($\Delta\omega$ 是要求的过渡带宽度),取样点数必须为 $N \geqslant 2\pi/\Delta\omega_s$,取 $N=60$。这样,截止频率 ω_c 对应的取样点为 $k=\omega_c N/2\pi=15$,将其附近两个取样点的值分别设置为 $H(14)=0.5886$ 和 $H(15)=0.1065$。图 5.20(a) 显示了理想低通滤波器在 $0\leqslant\omega\leqslant\pi$ 范围内的 30 点取样,另一半没有画出。将这些取样值作为 FIR 数字低通滤波器的离散幅度谱并令相位为零,得

$$H_d(k) = \begin{cases} 1, & 0 \leqslant k \leqslant 13,\ 47 \leqslant k \leqslant 59 \\ 0.5886, & k = 14,\ 46 \\ 0.1065, & k = 15,\ 45 \\ 0, & 16 \leqslant k \leqslant 44 \end{cases} \qquad (5.57)$$

对式(5.57)求 IDFT 得到 FIR 数字低通滤波器的单位脉冲响应 $h_d(n)$ 如式(5.58)所示,将它右移 59/2 点得到满足线性相位条件的 $h(n)$,如式(5.59)所示,相应的信号波形如图 5.20(b) 所示。

$$h_d(n) = \frac{1}{60}\left[\sum_{k=0}^{13} e^{\frac{2\pi}{60}kn} + \sum_{k=47}^{59} e^{\frac{2\pi}{60}kn} + 1.177 \, 2\cos\left(\frac{14\pi}{30}n\right) + 0.213\cos\left(\frac{\pi}{2}n\right)\right]$$

$$= \frac{1}{60}\left[1 + 2\sum_{k=1}^{13}\cos\left(\frac{\pi}{30}kn\right) + 1.177 \, 2\cos\left(\frac{14\pi}{30}n\right) + 0.213\cos\left(\frac{\pi}{2}n\right)\right]$$

$$= \frac{1}{60}\left[\frac{2\sin\left(\frac{14\pi}{60}n\right)}{\sin\left(\frac{\pi}{60}n\right)}\cos\left(\frac{13\pi}{60}n\right) + 1.177 \, 2\cos\left(\frac{14\pi}{30}n\right) + 0.213\cos\left(\frac{\pi}{2}n\right) - 1\right]$$

$$0 \leqslant n \leqslant 59 \tag{5.58}$$

$$h(n) = \frac{1}{60}\left\{\frac{2\sin\left[\frac{14\pi}{60}\left(n-\frac{59}{2}\right)\right]}{\sin\left[\frac{\pi}{60}\left(n-\frac{59}{2}\right)\right]}\cos\left[\frac{13\pi}{60}\left(n-\frac{59}{2}\right)\right] + 1.177 \, 2\cos\left[\frac{14\pi}{30}\left(n-\frac{59}{2}\right)\right] + \right.$$

$$\left. 0.213\cos\left[\frac{\pi}{2}\left(n-\frac{59}{2}\right)\right] - 1\right\}, \qquad 0 \leqslant n \leqslant 59 \tag{5.59}$$

对式(5.59)的 $h(n)$ 求傅立叶变换得到 FIR 数字低通滤波器的频率响应,其幅频响应 $|H(e^{j\omega})|$、$20\log|H(e^{j\omega})|$ 的曲线分别如图 5.20(c)和图 5.20(d)所示。可以看到,在增加取样点和设置过渡带取样点之后,所设计的线性相位 FIR 数字低通滤波器完全满足各项技术指标。

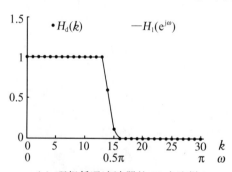

(a) 理想低通滤波器的 60 点取样

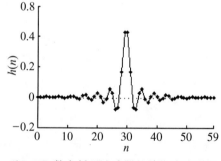

(b) FIR 数字低通滤波器的单位脉冲响应

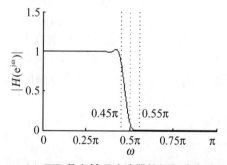

(c) FIR 数字低通滤波器的幅频响应

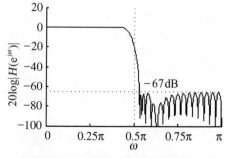

(d) FIR 数字低通滤波器的幅频响应(dB)

图 5.20　频率取样法(60 点)设计低通滤波器

以上通过具体例子说明了怎样采用频率取样法设计线性相位 FIR 数字低通滤波器,对于其他形式的 FIR 数字滤波器可采样相同的步骤进行。总体来讲,相对窗函数设计法,频率取样设计法需要多计算一次 IDFT,虽然取样点数 N 比较容易计算,但过渡带取样点数和取样值需要通过线性优化算法估计,上例中选取的值就是优化值,一般设置两个点能使阻带最小衰减达到 60 dB,设置三个点能达到 80 dB 以上。频率取样设计法简单灵活,也可以运用 FFT 进行快速计算,正如例 5-6 所示,同样的技术指标下,滤波器单位脉冲响应的长度较小,并且阻带衰减更大些。

5.5 等波纹逼近优化设计方法

所谓优化设计方法是一种基于最小均方误差或最小化最大误差准则的频域逼近方法,设计滤波器与理想滤波器之间在通带和阻带区域的频率响应差异在一定的准则下能够实现最小化。

5.5.1 最小均方误差优化设计

设理想滤波器的频率响应和设计滤波器的频率响应分别为 $H_d(e^{j\omega})$ 和 $H(e^{j\omega})$,则频域设计误差为

$$
\begin{aligned}
E(\omega) &= H_d(e^{j\omega}) - H(e^{j\omega}) \\
&= \sum_{n=0}^{N-1} [h_d(n) - h(n)] e^{-j\omega n} + \sum_{\text{其他} n} h_d(n) e^{-j\omega n}
\end{aligned}
\tag{5.60}
$$

均方误差为

$$
e^2 = \frac{1}{2\pi} \int_{-\pi}^{\pi} [E(\omega)]^2 d\omega = \frac{1}{2\pi} \int_{-\pi}^{\pi} [H_d(e^{j\omega}) - H(e^{j\omega})]^2 d\omega
\tag{5.61}
$$

根据帕斯维尔(Parseval)定理和式(5.60),得

$$
e^2 = \sum_{n=0}^{N-1} [h_d(n) - h(n)]^2 + \sum_{\text{其他} n} [h_d(n)]^2
\tag{5.62}
$$

显然,使上式最小的 $h(n)$ 应该满足如下条件:

$$
h(n) = \begin{cases} h_d(n), & 0 \leqslant n \leqslant N-1 \\ 0, & \text{其他} \end{cases}
\tag{5.63}
$$

即,满足最小均方误差准则的优化设计方法与矩形窗函数设计法相同。关于这一方法前面已经讨论分析,优点是过渡带宽度较小,而主要的问题是阻带衰减较小。

5.5.2 等波纹逼近优化设计

线性相位 FIR 数字滤波器的等波纹逼近优化设计方法也称为切比雪夫(Chebyshev)等波纹逼近法,它的指导思想是:如果在通带和阻带内以等波纹方式逼近理想滤波器的频率响应,则在固定 FIR 数字滤波器的脉冲响应长度 N 以及通带和阻带频率 ω_p、ω_r 的前提下能够使这种等波纹逼近引起的误差达到一个最小值。

以低通滤波器为例,设理想 FIR 数字滤波器的通带和阻带频率分别为 ω_p 和 ω_r,通带和阻带误差分别是 δ_1 和 δ_2,则该理想低通滤波器的频率响应曲线 $H_d(e^{j\omega})$ 和等波纹逼近频率

响应曲线 $H(e^{j\omega})$ 如图 5.21 所示。

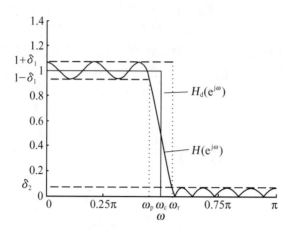

图 5.21　理想低通滤波器的频率响应曲线和等波纹逼近频率响应曲线

设线性相位滤波器的单位脉冲响应是零相位滤波器单位脉冲响应 $h(n)$，$-M \leqslant n \leqslant M$右移 M 点形成。因此，可以通过零相位滤波器的逼近问题来分析等波纹逼近优化设计方法。通过傅立叶变换可得到零相位滤波器的频率响应如式(5.64)所示，可以看到它是一个实数，即没有相位。

$$H(e^{j\omega}) = \sum_{n=-M}^{M} h(n)e^{-j\omega n} = h(0) + 2\sum_{n=1}^{M} h(n)\cos(\omega n) \tag{5.64}$$

定义逼近误差为

$$E(\omega) = W(\omega)[H(e^{j\omega}) - H_d(e^{j\omega})] \tag{5.65}$$

其中，$W(\omega)$ 是加权函数，定义为式(5.66)，其作用是描述通带和阻带误差的关系。这样，优化设计时误差 $|E(\omega)|$ 的最小化问题就转化成使 δ_1 或 δ_2 最小化的问题。

$$W(\omega) = \begin{cases} \delta_2/\delta_1, & 0 \leqslant \omega \leqslant \omega_p \\ 1, & \omega_r \leqslant \omega \leqslant \pi \end{cases} \tag{5.66}$$

帕克斯(Parks)和麦克莱伦(McClellan)于 1972 年针对 FIR 数字滤波器设计问题提出了如下**交错定理**：设 F 是闭区间 $0 \leqslant \omega \leqslant \pi$ 的任一个闭子集，使 $H(e^{j\omega})$ 在 F 上成为 $H_d(e^{j\omega})$唯一最好逼近的必要充分条件是误差函数 $E(\omega)$ 在 F 上至少呈现 $M+2$ 个"交错"，使 $E(\omega_i)$ $= -E(\omega_i - 1) = \pm \max |E(\omega)|$，其中 $\omega_0 \leqslant \omega_1 \leqslant \omega_2 \leqslant \cdots \leqslant \omega_{M+1}$，且 $\omega_i \in F$，$\forall i$。

显然，由于理想滤波器是逐段恒定的，因此对于式(5.64)那样的正弦叠加信号不仅能够做到等波纹方式逼近，而且能够找到满足交错定理的 $M+2$ 个频率值。

依据交错定理的等波纹逼近设计中，首先计算误差函数 $E(\omega)$ 在通带和阻带内达到极值的 $M+2$ 个频率 ω_i，$0 \leqslant i \leqslant M+1$，并且 $\omega_0 = 0$，$\omega_{M+1} = \pi$，通带和阻带边界频率 ω_p 和 ω_r也是其中的两个频率。然后，根据误差极值和式(5.65)可列出 $M+2$ 个方程如下：

$$W(\omega_i)\left[H_d(e^{j\omega_i}) - h(0) - 2\sum_{n=1}^{M} h(n)\cos(\omega_i n)\right] = -(-1)^i \delta_2, \qquad i = 0 \sim M+1 \tag{5.67}$$

这里，δ_2 是阻带误差极值。根据以上方程就可以计算出滤波器的单位脉冲响应 $h(n)$，$-M \leqslant \omega \leqslant M$，将 $h(n)$ 右移 M 个点就得到了线性相位 FIR 数字滤波器的单位脉冲响应。

关于滤波器系数个数 N,凯泽(Kaiser)给出了相应的经验公式,其改进的计算公式为

$$N = \frac{-20\log\sqrt{\delta_1\delta_2} - 13}{2.324\Delta\omega} + 3 \tag{5.68}$$

实际应用中,可以采用基于雷米兹(Remez)交替算法的程序计算式(5.67),得到滤波器系数。下面的例子中采用了 MATLAB 软件包中的程序 Remez.m 进行设计。

例 5-7 采用等波纹逼近法设计一个线性相位 FIR 数字低通滤波器,其技术指标要求如下:

$$f_s = 1\,000\ \text{Hz}, \qquad f_c = 250\ \text{Hz}$$
$$\Delta f = 50\ \text{Hz}, \qquad \delta_1 = \delta_2 = 0.001$$

这个滤波器与例 5-2 和例 5-6 中的要求实际上是一样的,相应的通带和阻带频率指标分别是 $\omega_p = 0.45\pi$ 和 $\omega_r = 0.55\pi$,截止频率和过渡带宽度为 $\omega_c = 0.5\pi$ 和 $\Delta\omega = 0.1\pi$,阻带衰减 $A = 60$ dB。利用式(5.68)计算得到滤波器系数个数为 $N = 67.37$,取整得 $N = 67$。这样,采用 Remez 交替算法设计得到的线性相位 FIR 数字低通滤波器如图 5.22 所示,可以看到,所设计滤波器的逼近误差或阻带衰减完全满足指标 δ_1、δ_2 和 A 的要求。

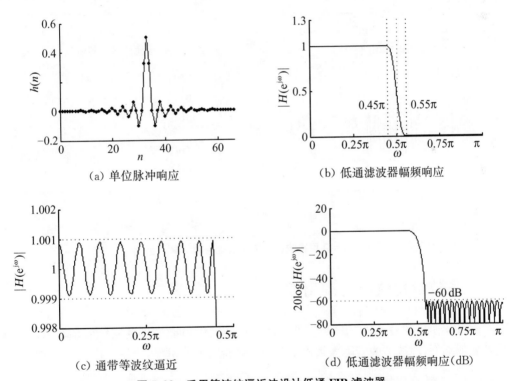

(a) 单位脉冲响应　　　　　　　　(b) 低通滤波器幅频响应

(c) 通带等波纹逼近　　　　　　　(d) 低通滤波器幅频响应(dB)

图 5.22 采用等波纹逼近法设计低通 FIR 滤波器

例 5-8 利用等波纹逼近法设计 FIR 数字带通滤波器,其技术指标要求如下:

$$f_s = 10\,000\ \text{Hz}, \qquad f_{p1} = 500\ \text{Hz}$$
$$f_{r1} = 1\,000\ \text{Hz}, \qquad f_{p2} = 2\,500\ \text{Hz}$$
$$f_{r2} = 3\,000\ \text{Hz}, \qquad \delta_1 = 0.001$$
$$\delta_2 = 0.01$$

设计要求通带和阻带误差不一样,两个过渡带宽度都是 500 Hz。数字角频率指标分别为 $\omega_{p1} = 0.1\pi$、$\omega_{r1} = 0.2\pi$、$\omega_{p2} = 0.5\pi$、$\omega_{r2} = 0.6\pi$,过渡带宽度 $\Delta\omega = 0.1\pi$,阻带衰减 $A = 40$ dB。利用式(5.68)计算得到滤波器系数个数为 $N = 53.68$,取整得 $N = 53$。这样,利用等波纹逼近法设计的线性相位 FIR 数字带通滤波器的单位脉冲响应 $h(n)$ 和幅频响应 $|H(\mathrm{e}^{\mathrm{j}\omega})|$、$20\log|H(\mathrm{e}^{\mathrm{j}\omega})|$ 如图 5.23 所示。可以看到,设计指标得到了很好的满足,滤波器完全符合设计要求。

等波纹逼近优化设计法具有良好的通带和阻带逼近特性,在最大误差最小化准则下是最优的,即与理想滤波器的频响特性最接近,也就是说其等波纹特性使得通带和阻带能够以接近逐段恒定的方式处理信号。

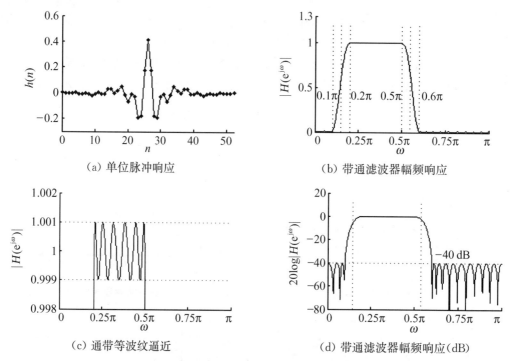

(a) 单位脉冲响应   (b) 带通滤波器幅频响应

(c) 通带等波纹逼近   (d) 带通滤波器幅频响应(dB)

图 5.23　采用等波纹逼近法设计带通 FIR 滤波器

5.6　系数量化效应与溢出控制

系数量化误差和溢出是 FIR 数字滤波器具体实现中可能碰到的实际问题,如果没有注意或者处理不好,滤波器的实际效果可能与设计情况大相径庭。

5.6.1　系数量化效应

无论采用何种方法设计 FIR 数字滤波器,最终都得到滤波器的有限长单位脉冲响应 $h(n)$,$0 \leqslant n \leqslant N-1$。实际应用中,FIR 数字滤波器由差分方程式(5.69)实现,其系统结构框图如图 5.1 所示。

$$y(n) = \sum_{k=0}^{N-1} h(k)x(n-k) \qquad (5.69)$$

当这个 FIR 数字滤波器的差分方程在定点计算机或 DSP 处理器上编程实现时,滤波器系数 $h(n)$,$0 \leqslant n \leqslant N-1$ 将被量化处理。例如,以 8 位 DSP 处理器实现时滤波器系数只能取 256 个不同的值,而 16 位处理器则可以取 65 536 个不同的值,总之,都是有限个取值。因此,量化后的系数 $\hat{h}(n)$,$0 \leqslant n \leqslant N-1$ 必定与理论值 $h(n)$,$0 \leqslant n \leqslant N-1$ 不同,从而产生一个误差信号 $e(n)$,$0 \leqslant n \leqslant N-1$,它们的时域与频域关系如下:

$$\hat{h}(n) = h(n) + e(n) \tag{5.70}$$

$$\hat{H}(e^{j\omega}) = H(e^{j\omega}) + E(e^{j\omega}) \tag{5.71}$$

式(5.71)说明,系数量化误差不仅引起滤波器系数的失真,而且还引起滤波器频率响应的失真。例如,例 5-2 中用 73 点凯泽窗设计的 FIR 数字低通滤波器如果在 8 位处理器上实现的话,最终的滤波器频率响应如图 5.24(a)所示,与图 5.12(c)相比有明显的失真,阻带衰减只有 42 dB。当然,当处理器位数增多或采用浮点处理器时,量化误差引起的失真将变得微不足道。例如,同样的滤波器在 16 位处理器上实现的话,则滤波器频率响应如图 5.24(b)所示,与图 5.12(c)相比没有明显差别,即能够实现设计指标。

一般来说,滤波器系数越多或者单位脉冲响应 $h(n)$ 越长,引起的量化误差就越大。当然,目前大部分计算机和 DSP 等微处理器的字长都在 16 位以上并且有浮点处理功能,因此一般情况下 FIR 数字滤波器都能够按照设计指标实现。

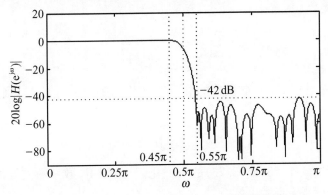

(a) 8 比特处理器实现的 FIR 数字低通滤波器的频率响应

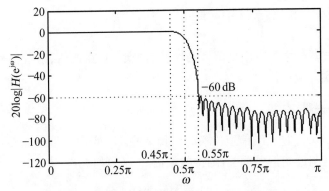

(b) 16 比特处理器实现的 FIR 数字低通滤波器的频率响应

图 5.24 不同字长处理器上实现的 FIR 数字滤波器的频率响应

5.6.2 溢出控制

输入信号一般经由 A/D 转换输入到数字信号处理系统,而系统的输出信号由 D/A 转换器实现数字信号到模拟信号的变换输出。在这个过程中,如果系统输出到 D/A 转换器的信号值超出 D/A 转换器的输入信号范围,则产生溢出,引起输出信号的畸变。

滤波器系统由式(5.69)的差分方程描述,要控制溢出也就是要控制输出信号 $y(n)$ 的值不超过 D/A 转换器的输入范围 $[-a, a)$。一个可行的方法是设置一个归一化因子 c $(c>0)$ 对单位脉冲响应 $h(n)$ 实行归一化,使式(5.69)的差分方程变成式(5.72)的归一化差分方程:

$$y(n) = \sum_{k=0}^{N-1} \hat{h}(k)x(n-k) = \sum_{k=0}^{N-1} ch(k)x(n-k) \tag{5.72}$$

对上式两边求绝对值,得

$$|y(n)| = \left| \sum_{k=0}^{N-1} ch(k)x(n-k) \right| \leqslant c \sum_{k=0}^{N-1} |h(k)||x(n-k)| \tag{5.73}$$

设输入信号 $x(n)$ 的值满足 $|x(n)| \leqslant b$,则上式进一步推导为

$$|y(n)| \leqslant cb \sum_{k=0}^{N-1} |h(k)| \tag{5.74}$$

显然,要使 $y(n)$ 的值不超过 D/A 转换器的输入范围 $[-a, a)$,即 $|y(n)| \leqslant a$,可选择的归一化因子应该满足:

$$c = \frac{a}{b \sum_{k=0}^{N-1} |h(k)|} \tag{5.75}$$

假设 $a=b=1$,即 A/D 和 D/A 转换器的输入与输出范围都是 $[-1, 1)$,则归一化因子为

$$c = \frac{1}{\sum_{k=0}^{N-1} |h(k)|} \tag{5.76}$$

因此,可以通过式(5.75)或(5.76)的归一化因子对 FIR 数字滤波器的单位脉冲响应 $h(n)$ 进行归一化处理来实现溢出控制。

5.7 FIR 数字滤波器的应用

FIR 数字滤波器的主要应用是信号去噪和信号增强,在通信、语音信号和图像信号等处理中具有广泛的实际应用价值。

5.7.1 信号去噪

设原始信号 $s(n)$ 经过无线信道传输时受到某些高频噪声信号 $w(n)$ 的干扰,假设这种干扰是叠加性的并且与原始信号无关,则接收端信号 $x(n)$ 如下:

$$x(n) = s(n) + w(n) \tag{5.77}$$

设采样频率 $f_s = 10\,\text{kHz}$,$s(n)$ 是一个方波信号,而噪声信号 $w(n)$ 是两个高频($f_1 =$

3.5 kHz、$f_2 = 4$ kHz) 正弦叠加信号,分别如式(5.78)和(5.79)所示,其波形如图 5.25(a) 和图 5.25(b)所示。

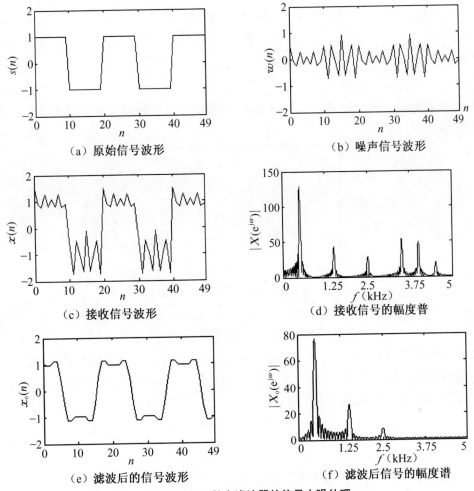

（a）原始信号波形　　　　　　　　　　　（b）噪声信号波形

（c）接收信号波形　　　　　　　　　　　（d）接收信号的幅度普

（e）滤波后的信号波形　　　　　　　　　（f）滤波后信号的幅度谱

图 5.25　FIR 数字滤波器的信号去噪处理

$$s(n) = \begin{cases} 1, & 20r \leqslant n < 10 + 20r \\ 0, & 10 + 20r \leqslant n < 20 + 20r \end{cases}; r = 0, 1, 2, \cdots; n \geqslant 0 \quad (5.78)$$

$$w(n) = 0.4\sin(0.7\pi n) + 0.5\cos(0.8\pi n), \qquad n \geqslant 0 \quad (5.79)$$

从图 5.25(c)所示的接收信号 $x(n)$ 的波形可以看到,方波信号已经变形,图 5.25(d)显示的频谱 $|X(e^{j\omega})|$ 中有明显的高频干扰。为了将干扰噪声去除,可以采用图 5.12(a)所示的凯泽窗设计的 FIR 数字低通滤波器对接收信号 $x(n)$ 进行滤波,其截止频率为 5 kHz。经过滤波后的信号 $x_o(n)$ 的波形和频谱 $|X_o(e^{j\omega})|$ 如图 5.25(e)和(f)所示,显然,高频噪声被过滤掉了。并且由于原始信号的高频分量也被一起过滤掉的原因,滤波后的信号存在一定的失真。

5.7.2　信号的高频提升

语音识别的信号预处理中往往需要采用高频提升的方法使语音信号的高频分量得到充分利用和分析。一个简单有效的方法就是采用如下的一阶 FIR 数字滤波器实现:

$$H(z) = 1 - az^{-1} \qquad (5.80)$$

其中,参数 $a < 1$。相应的差分方程和系统频率响应 $H(e^{j\omega})$ 为

$$y(n) = x(n) - ax(n-1) \qquad (5.81)$$
$$H(e^{j\omega}) = 1 - ae^{-j\omega} \qquad (5.82)$$

幅频响应为

$$|H(e^{j\omega})| = \sqrt{(1 - a\cos\omega)^2 + (a\sin\omega)^2} \qquad (5.83)$$

系统幅频响应如图 5.26 所示。可以看到,高频提升效果随着 a 的提高而增强,一般具体应用中取 $a = 0.95 \sim 0.98$。

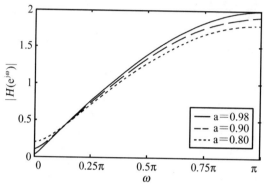

图 5.26　高频提升滤波器的幅频响应

图 5.27(a)是一段取自一女声"a"的语音信号波形,对它采用高频提升滤波器提升高频成分后的信号波形如图 5.27(b)所示,其中滤波器系数 $a = 0.97$。从图中可见,高频分量明显增强,而基音等低频信息得到了保持,只是有了一定程度的衰减。

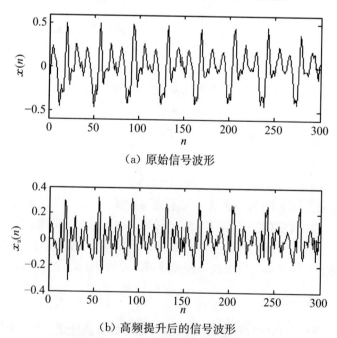

（a）原始信号波形

（b）高频提升后的信号波形

图 5.27　语音信号的高频提升处理

5.7.3　图像去噪

图像在通信传输过程中会受到噪声干扰而使得图像的质量下降,从而影响后续的识别和处理。其中一个常见的噪声是高斯噪声,受此噪声干扰之后图像因呈现许多非均匀白色小点而变得模糊。图 5.28 左上角是一张狒狒(Mandril)的原始图像,在传输过程中受到高斯白噪声的干扰,其中大约 50% 的像素都受到了污染,因此接收端得到的图像如图 5.28 右上角所示,显然,图像质量下降很大。

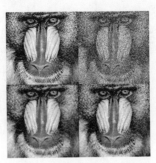

图 5.28　图像去噪示例

为了恢复图像质量需要去除噪声,并且由于人类视觉对相位的敏感性,图像处理中应该尽量采用线性相位的滤波器。一个比较有效的方法是采用滑动平均方法进行滤波,设计一个二维 7×7 窗口,对窗口内中心点的像素采用窗口内所有像素的平均值替换,其结果如图 5.28 左下角所示,可以看到噪声得到了有效消除,图像质量明显改善。另一个方法是采用中值滤波方法去噪,设计一个二维 3×3 窗口对噪声图像进行处理,窗口中心点像素采用所有窗口内像素的中间值来替代,其结果如图 5.28 右下角所示,图像质量也得到了明显改善。

5.8　本章小结

FIR 数字滤波器的设计已经可工程化了,按照一定的设计步骤总能设计出符合技术指标要求的滤波器。大部分情况下可以采用窗函数设计方法设计 FIR 数字滤波器,如果需要有很高的过渡带要求则可以采用等波纹设计方法。FIR 数字滤波器无需考虑稳定性问题,系数量化效应或许是影响实现设计要求的主要因素。

DSP 应用系统中最低配置需要两个滤波器,一个是输入端的低通抗混叠滤波器,另一个是输出端的低通平滑滤波器。

习　　题

5-1　设一个线性移不变系统的线性差分方程为

$$y(n) = 0.1x(n) + 0.5x(n-1) + 0.9x(n-2) + 0.5x(n-3) + 0.1x(n-4)$$

证明该系统是一个 FIR 系统,给出单位脉冲响应 $h(n)$。

5-2　一个理想低通滤波器的截止频率 $\omega_c = 0.25\pi$,提取 $-3 \leqslant n \leqslant 3$ 范围内的单位脉

冲响应得 $h(n)=h_d(n)$，$-3\leqslant n\leqslant 3$，试写出 $h(n)$ 的具体表达式并画图表示。如果要使 $h(n)$ 变成因果系统，则应该如何处理？画出系统的幅频响应 $|H(e^{j\omega})|$。

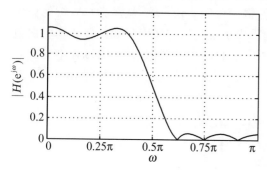

图 5.29　幅频响应

5-3　一个 FIR 数字滤波器的幅频响应如图 5.29 所示，设采样频率 $f_s=10$ kHz，给出该滤波器的通带和阻带波纹数、通带和阻带边界频率(Hz)及相应的幅度(dB)、阻带最小衰减(dB)和过渡带宽度(Hz)。

5-4　利用凯泽窗设计一个满足如下技术指标的低通滤波器。要求给出窗长 N 和参数 β 值、系统的单位脉冲响应 $h(n)$，并粗略画出需要设计的滤波器的幅频响应 $20\log|H(e^{j\omega})|$，标出各项指标值。

$$f_s=11 \text{ kHz}, \qquad f_c=3 \text{ kHz}$$
$$\Delta f=300 \text{ Hz}, \qquad A=80 \text{ dB}$$

5-5　如果题 5-4 中使用较小的窗函数长度 N，则对阻带衰减和过渡带宽度会有什么影响？

5-6　如果需要设计一个如图 5.30 所示的多带通 FIR 数字滤波器，请写出满足线性相位特性和因果性的 FIR 数字滤波器的单位脉冲响应 $h(n)$。

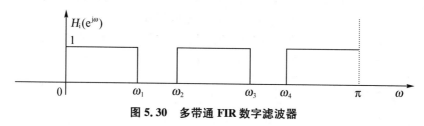

图 5.30　多带通 FIR 数字滤波器

5-7　利用凯泽窗设计一个线性相位 FIR 数字带通滤波器，使其满足如下技术指标：

$$f_s=10 \text{ kHz}, \qquad f_1=2\,000 \text{ Hz}$$
$$f_u=2\,500 \text{ Hz}, \quad \Delta f=400 \text{ Hz}$$
$$A=65 \text{ dB}$$

要求给出窗长 N、参数 β、单位脉冲响应 $h(n)$，并粗略画出滤波器的幅频响应 $20\log|H(e^{j\omega})|$，标出各项指标值。

5-8　利用凯泽窗设计一个线性相位 FIR 数字高通滤波器，使其满足如下技术指标：

$$f_s=1\,000 \text{ Hz}, \qquad f_c=300 \text{ Hz}$$
$$\Delta f=40 \text{ Hz}, \qquad A=40 \text{ dB}$$

要求给出窗长 N、参数 β、单位脉冲响应 $h(n)$，并粗略画出滤波器的幅频响应 $20\log|H(e^{j\omega})|$，标出各项指标值。

5-9　利用凯泽窗设计一个线性相位 FIR 数字带阻滤波器，使其满足如下技术指标：

$$f_s = 48 \text{ kHz}, \qquad f_1 = 10 \text{ kHz}$$
$$f_2 = 16 \text{ khz}, \qquad \Delta f = 2 \text{ kHz}$$
$$A = 60 \text{ dB}$$

要求给出窗长 N、参数 β、单位脉冲响应 $h(n)$，并粗略画出滤波器的幅频响应 $20 \log |H(e^{j\omega})|$，标出各项指标值。

5 - 10 利用频率取样设计法设计题 5 - 8 要求的线性相位 FIR 数字高通滤波器，并满足同样的技术指标。

5 - 11 采用等波纹逼近优化设计方法设计一线性相位 FIR 数字低通滤波器，使其满足如下技术指标：

$$f_s = 1\,000 \text{ Hz}, \qquad f_c = 200 \text{ Hz}$$
$$\Delta f = 40 \text{ Hz}, \qquad \delta_1 = 0.000\,1$$
$$A = 60 \text{ dB}$$

（1）计算出滤波器的系数个数或单位脉冲响应长度 N。
（2）写出通带和阻带的边界频率（Hz）。
（3）写出通带与阻带的误差比 k。
（4）如果增加或减少 N，则对滤波器的影响是什么？
（5）粗略画出滤波器的幅频响应 $20 \log |H(e^{j\omega})|$。

5 - 12 采用等波纹逼近优化设计方法设计一线性相位 FIR 数字带通滤波器，使其满足如下技术指标：

$$f_s = 1\,000 \text{ Hz}, \qquad f_1 = 200 \text{ Hz}$$
$$f_2 = 400 \text{ Hz}, \qquad \Delta f = 20 \text{ Hz}$$
$$\delta_1 = 0.001\,, \qquad A = 80 \text{ dB}$$

（1）计算出滤波器的系数个数或单位脉冲响应长度 N。
（2）写出通带和阻带的边界频率（Hz）。
（3）写出通带与阻带的误差比 k。
（4）如果增加或减少 N，则对滤波器的影响是什么？
（5）粗略画出滤波器的幅频响应 $20 \log |H(e^{j\omega})|$。

5 - 13 比较下面系统函数所描述的 FIR 数字滤波器在 8 比特和 16 比特定点处理器上实现时系统幅频响应 $|H(e^{j\omega})|$ 的不同。

$$H(z) = 0.015\,2 + 0.226\,3z^{-1} + 0.517\,1z^{-2} + 0.226\,3z^{-3} + 0.015\,2z^{-4}$$

5 - 14 设一个 FIR 数字滤波器的单位脉冲响应如下：

$$h(n) = 0.25\delta(n) - 0.5\delta(n-1) + \delta(n-2) - 0.5\delta(n-3) + 0.25\delta(n-4)$$

如果系统输入信号 $x(n)$ 的绝对值小于等于 1，试寻找归一化因子，使系统输出 $y(n)$ 的绝对值也小于 1。

5 - 15 设一个 FIR 数字滤波器的单位脉冲响应 $h(n)$ 的长度为 N，试证明：如果 N 为偶数并且 $h(n)$ 中点对称，则滤波器的频率响应 $H(e^{j\omega})$ 在 $\omega = \pi$ 处的值是零，即 $H(e^{j\omega}) = 0$。

实验　FIR 数字滤波器的设计与实现

一、实验目的

(1) 通过实验巩固对 FIR 数字滤波器的认识和理解。

(2) 熟悉掌握 FIR 数字低通滤波器的窗函数设计方法。

(3) 了解 FIR 数字滤波器的具体应用。

二、实验内容

在通信、信息处理以及信号检测等应用领域广泛使用滤波器进行信号去噪和信号增强。FIR 数字滤波器由于可实现线性相位特性以及固有的稳定特征而得到广泛应用,其典型的设计方法是窗函数设计法。设计流程如下:

(1) 设定指标:截止频率 f_c,过渡带宽度 Δf,阻带衰减 A。

(2) 求理想低通滤波器(LPF)的时域响应 $h_d(n)$。

(3) 选择窗函数 $w(n)$,确定窗长 N。

(4) 将 $h_d(n)$ 右移 $(N-1)/2$ 点并加窗以获取线性相位 FIR 数字滤波器的单位脉冲响应 $h(n)$。

(5) 求 FIR 数字滤波器的频率响应 $H(e^{j\omega})$,分析是否满足指标。如不满足,转至步骤(3)重新选择,否则继续。

(6) 求 FIR 数字滤波器的系统函数 $H(z)$。

(7) 依据差分方程由软件实现 FIR 数字滤波器或依据系统函数由硬件实现。

实验要求采用哈明窗(Hamming)设计一个 FIR 数字低通滤波器并由软件实现。哈明窗函数如下:

$$w(n) = 0.54 - 0.46\cos\left(\frac{2\pi n}{N-1}\right), \qquad 0 \leqslant n \leqslant N-1$$

设系统的输入信号为 $x(n) = a_1\sin(\omega_1 n) + a_2\sin(\omega_2 n) + a_3\cos(\omega_3 n)$,是由一组参数 $\{a_1, \omega_1, a_2, \omega_2, a_3, \omega_3\}$ 构成的复合正弦信号;采样频率为 $f_s = 10$ kHz。实验中,窗长 N 和截止频率 f_c 应该能够调节。具体实验内容如下:

(1) 设计 FIR 数字低通滤波器(FIR_LPF)(书面进行)。

(2) 依据差分方程编程实现 FIR 数字低通滤波器。

(3) 输入信号 $x(n)$(参数为 $\{0, 0, 3, 0.16\pi, 1, 0.8\pi\}$)到 $f_c = 2\,000$ Hz, $N = 65$ 的 FIR_LPF,求输出信号 $y(n)$,理论计算并画出 $0 \leqslant f \leqslant f_s$ 范围内输入信号 $x(n)$ 和输出信号 $y(n)$ 的幅度谱,标出峰值频率,观察滤波器的实际输出结果,分析其正确性。

(4) 输入信号 $x(n)$(参数为 $\{1.5, 0.2\pi, 1.2, 0.9\pi, -1, 0.4\pi\}$)到 $f_c = 1\,100$ Hz, $N = 65$ 的 FIR_LPF,求输出信号 $y(n)$,理论计算并画出 $0 \leqslant f \leqslant f_s$ 范围内输入信号 $x(n)$ 和输出信号 $y(n)$ 的幅度谱,标出峰值频率,观察滤波器的实际输出结果,分析其正确性。

(5) 输入信号 $x(n)$(参数为 $\{1.5, 0.2\pi, 1.2, 0.9\pi, -1, 0.4\pi\}$)到 $f_c = 2\,100$ Hz, $N = 65$ 的 FIR_LPF,求输出信号 $y(n)$,理论计算并画出 $0 \leqslant f \leqslant f_s$ 范围内输入信号 $x(n)$ 和输出信号 $y(n)$ 的幅度谱,标出峰值频率,观察滤波器的实际输出结果,分析其正确性。

(6) 输入信号 $x(n)$(参数为 $\{1.5, 0.2\pi, 5, 0.9\pi, -1, 0.4\pi\}$)到 $f_c = 1\,100$ Hz, $N = 65$ 的

FIR_LPF,求输出信号 $y(n)$,理论计算并画出 $0 \leqslant f \leqslant f_s$ 范围内输入信号 $x(n)$ 和输出信号 $y(n)$ 的幅度谱,标出峰值频率,观察滤波器的实际输出结果,分析其正确性。

(7) 输入信号 $x(n)$(参数为 $\{1.5, 0.2\pi, 1.2, 0.9\pi, -1, 0.4\pi\}$)到 $f_c = 1\ 990$ Hz,$N = 65$ 的 FIR_LPF,求输出信号 $y(n)$,理论计算并画出 $0 \leqslant f \leqslant f_s$ 范围内输入信号 $x(n)$ 和输出信号 $y(n)$ 的幅度谱,标出峰值频率,观察滤波器的实际输出结果,分析其正确性。

三、思考题

(1) 当哈明窗长度 N 比 65 小(如 32)或大(如 129)的话,实验结果如何变化?

(2) 当采用矩形窗的话,实验内容(3)和(4)的结果是怎样的?

(3) 实验内容(6)的结果说明什么?

四、实验要求

(1) 简述实验目的和原理。

(2) 按实验内容顺序给出实验结果。

(3) 回答思考题。

※ 不同时间或不同小组的实验可选择不同的信号参数进行实验,并至少有一项实验内容观察过渡带宽度对滤波的影响。

6 多采样率信号处理与小波变换

■ 序列的抽取、插值及多采样率处理
■ 小波函数与小波变换
■ 小波变换的应用

当一个数字信号处理系统的各个部分所处理的信号的带宽不同时,采用单一的采样率往往会产生大量的数据冗余和增加不必要的系统开销,因此有必要根据具体的信号频带宽度改变采样率,使系统的处理效率最大化。这就是多采样率信号处理在通信、语音、雷达信号处理以及谱分析等领域得到了广泛应用。

同样,实际应用中所处理的信号往往是非平稳信号或随机信号,不同时刻信号的统计分布和频谱在发生变化,此时仅仅依靠单一的时间分辨率和频率分辨率处理分析信号就存在很大的弊端。第2章介绍的短时离散傅立叶变换尽管可以在一定程度上得到信号的非平稳特征,但仍然是一种固定分辨率的分析方法。当信号变化点在短时窗中而不是恰好在边缘位置时就无法正确地分析跟踪信号的变化,而缩小短时窗宽度虽然能够提高时间分辨率,但降低了频率分辨率。小波变换是一种有效的多分辨率信号分析方法,它能够通过调节尺度因子以多种分辨率对信号进行分析,得到信号频谱的详细特征。小波变换被广泛应用于视频数据压缩、信号去噪、语音识别等应用领域。

本章对多采样率信号处理和小波变换分析做一个基础性的介绍。6.1 节介绍多采样率信号处理的基本方法,及如何通过信号序列的时间抽取和插值实现采样率的降低与提高。6.2 节分析相应的频谱变化及其应用。6.3 节介绍小波变换的基本概念以及基于小波变换的多分辨率分析方法,并在 6.4 通过例子说明其应用价值。

6.1 多采样率信号处理

多采样率数字信号处理系统中各个部分的采样率是不一样的,它根据各个部分信号的频带宽度选择满足奈奎斯特(Nyquist)采样定理的最低采样率进行处理,目的是在不引起信号频谱混叠的前提下减少系统的资源开销和数据冗余,使系统的运算量最小化。例如,如果系统中使用低通滤波器进行滤波的话,滤波器输出端信号就可以按照滤波后的信号频带分布确定一个新的较低的采样率。

对于离散信号而言可以通过信号序列的抽取(Decimation)和插值(Interpolation)方式实现采样率的变化。

6.1.1 序列的抽取和插值

如图 6.1 所示,对原始信号序列 $x(n)$ 以一定的周期 M 抽取信号值将形成 $x(n)$ 的一个

降采样序列 $x_\mathrm{d}(n) = x(Mn)$ ，而在 $x(n)$ 的相邻
信号值之间等间隔地插入 L 个值为 0 的信号将
形成一个升采样序列 $x_\mathrm{u}(n) = x(n/L)$ 。

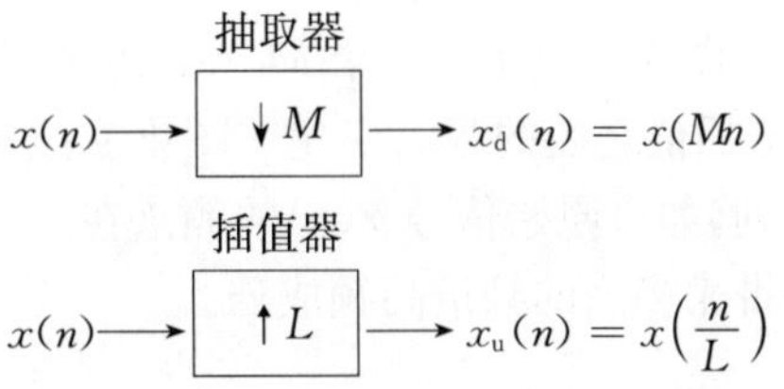

$$x(n) \longrightarrow \boxed{\downarrow M} \longrightarrow x_\mathrm{d}(n) = x(Mn)$$

插值器

$$x(n) \longrightarrow \boxed{\uparrow L} \longrightarrow x_\mathrm{u}(n) = x\left(\frac{n}{L}\right)$$

图 6.1　序列的 M 点抽取和 L 点插值处理

　　根据抽取器的输入与输出信号的关系可知
$x_\mathrm{d}(1) = x(M)$ ，即 $x_\mathrm{d}(T_\mathrm{d}) = x(MT)$ ， T 和 T_d
分别是输入信号 $x(n)$ 和输出信号 $x_\mathrm{d}(n)$ 的采样
周期。因此有

$$T_\mathrm{d} = MT, \qquad f_\mathrm{d} = \frac{f_\mathrm{s}}{M} \tag{6.1}$$

即 M 点抽取器输出信号的采样频率比输入信号的采样频率降低了 M 倍。

　　同样，根据插值器的输入与输出信号的关系可知 $x_\mathrm{u}(T_\mathrm{u}) = x(T/L)$ ，其中 T_u 是插值器
的采样周期。因此有

$$T_\mathrm{u} = \frac{T}{L}, \qquad f_\mathrm{u} = Lf_\mathrm{s} \tag{6.2}$$

即 L 点插值器输出信号的采样频率比输入信号的采样频率提高了 L 倍。

　　虽然可以通过序列的抽取和插值来改变采样率，但这种改变一般应该在满足奈奎斯特
采样定理的前提下进行，否则将引起信号频谱的畸变。根据抽取器的输入与输出信号的关
系可知相应的傅立叶频谱关系如式（6.3）～（6.5）所示：

$$X_\mathrm{d}(\mathrm{e}^{\mathrm{j}\omega}) = \sum_{n=-\infty}^{\infty} x(Mn)\mathrm{e}^{-\mathrm{j}\omega n} = \sum_{n=-\infty}^{\infty}\left[\sum_{r=-\infty}^{\infty} x(n)\delta(n-rM)\right]\mathrm{e}^{-\mathrm{j}\frac{\omega}{M}n}$$

$$= \sum_{n=-\infty}^{\infty} x(n)\left[\sum_{r=-\infty}^{\infty}\delta(n-rM)\right]\mathrm{e}^{-\mathrm{j}\frac{\omega}{M}n} \tag{6.3}$$

上式的方括弧中是一个周期为 M 的脉冲序列，可以采用如下傅立叶级数形式表示：

$$\sum_{r=-\infty}^{\infty}\delta(n-rM) = \frac{1}{M}\sum_{k=0}^{M-1}\mathrm{e}^{\mathrm{j}2\pi kn/M} \tag{6.4}$$

因此，式（6.3）可以进一步推导为

$$X_\mathrm{d}(\mathrm{e}^{\mathrm{j}\omega}) = \frac{1}{M}\sum_{k=0}^{M-1}\sum_{n=-\infty}^{\infty} x(n)\mathrm{e}^{-\mathrm{j}\frac{(\omega-2\pi k)}{M}n} = \frac{1}{M}\sum_{k=0}^{M-1} X(\mathrm{e}^{\mathrm{j}\frac{\omega-2\pi k}{M}}) \tag{6.5}$$

　　同样，根据图 6.1 所示插值器的输入与输出信号的关系可知，相应的傅立叶频谱关系如
式（6.6）所示：

$$X_\mathrm{u}(\mathrm{e}^{\mathrm{j}\omega}) = \sum_{n=-\infty}^{\infty} x_\mathrm{u}(n)\mathrm{e}^{-\mathrm{j}\omega n} = \sum_{n=-\infty}^{\infty}\left[\sum_{r=-\infty}^{\infty} x(r)\delta(n-rL)\right]\mathrm{e}^{-\mathrm{j}\omega n}$$

$$= \sum_{r=-\infty}^{\infty} x(r)\sum_{n=-\infty}^{\infty}\delta(n-rL)\mathrm{e}^{-\mathrm{j}\omega n} = \sum_{r=-\infty}^{\infty} x(r)\mathrm{e}^{-\mathrm{j}\omega rL}$$

$$= X(\mathrm{e}^{\mathrm{j}\omega L}) \tag{6.6}$$

　　由此可见，抽取器输入信号的频谱沿 ω 频率轴进行 M 倍扩张后以 $2\pi/M$ 为间隔的 M 次线性
叠加形成输出信号的频谱，这种扩张和线性叠加很容易引起频谱混叠。而插值器使输入信
号的频谱沿 ω 频率轴进行 L 倍压缩后形成输出信号的频谱，这种压缩虽然不会引起频谱混

叠,但会产生多余的频谱。

图 6.2 显示了一个 $M=2$ 的序列抽取前后信号的频谱变化,图 6.3 描述了信号 $x(n)$ 在 2 倍插值之后的频谱变化。图中实线表示频谱的周期分量,虚线表示镜像分量。可以清楚看到,如果原始信号 $x(n)$ 的频谱在 $[0,\pi]$ 完全分布,则抽取处理将引起频谱混叠,插值处理将带来多余的频谱高频成分。

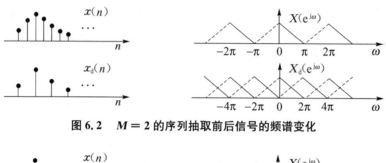

图 6.2　$M=2$ 的序列抽取前后信号的频谱变化

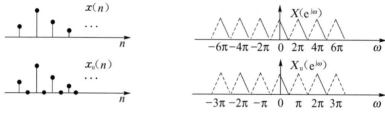

图 6.3　$L=2$ 的序列插值前后信号的频谱变化

实际应用中当然不能对信号随便进行抽取和插值,一般是在信号的频带压缩或实施低通滤波后才考虑抽取以降低采样率,同样,当对信号进行插值后需要滤波去除多余的频谱成分。

6.1.2　序列的采样率降低处理

当一个序列的频带远小于采样率的一半时就可以考虑实行抽取处理来降低采样率,以提高系统运行效率。假设抽取器的抽取周期为 M 点的话,则在抽取前需要通过一个截止频率为 $\omega_c = \pi/M$ 的低通滤波器将不需要的频率成分滤除,以避免抽取后引起频谱混叠,如图 6.4 所示。

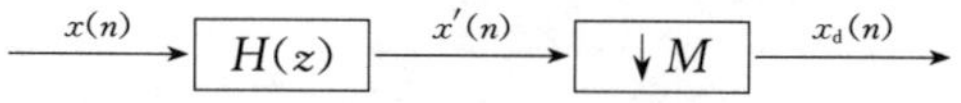

$$x(n) \longrightarrow \boxed{H(z)} \xrightarrow{x'(n)} \boxed{\downarrow M} \xrightarrow{x_d(n)}$$

图 6.4　实际的序列抽取

设滤波器由线性相位 FIR 数字滤波器实现,则整个序列抽取系统的输入与输出信号的关系为

$$X_d(n) = \sum_{k=0}^{N-1} h(k) x(Mn-k) \tag{6.7}$$

上式说明,计算输出信号可以直接按照降低后的采样率进行,而不需要按照原采样率先计算 $x'(n)$ 之后再抽取,即滤波器可以在降低后的采样率下工作,在输入信号延时后先抽取,然后做乘加运算。图 6.5 显示了实际抽取过程中输入信号频谱 $X(e^{j\omega})$、低通滤波器的频率响应 $H(e^{j\omega})$、低通滤波器的输出信号频谱 $X'(e^{j\omega})$ 和抽取器的输出信号频谱 $X_d(e^{j\omega})$。可以看到,$X_d(e^{j\omega})$ 没有混叠现象。

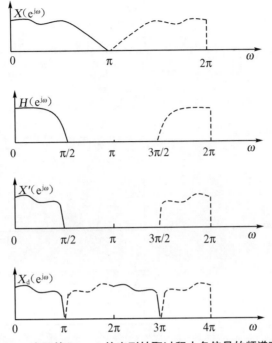

图 6.5 实际的 $M=2$ 的序列抽取过程中各信号的频谱变化

6.1.3 序列的采样率提升处理

如前所述,离散信号可以通过插值处理来提升采样率。但是,插值的结果一定会在高频段带来多余的频谱成分(如图 6.3 所示),因此必须在插值之后进行低通滤波来将多余频谱成分去除。实际的插值升采样处理过程如图 6.6 所示。

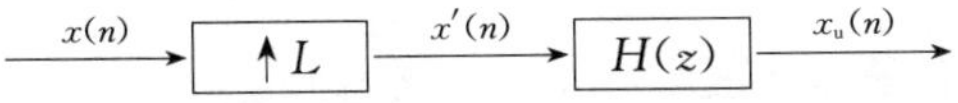

$$\xrightarrow{x(n)} \boxed{\uparrow L} \xrightarrow{x'(n)} \boxed{H(z)} \xrightarrow{x_{\mathrm{u}}(n)}$$

图 6.6 实际的序列插值

滤波器 $H(z)$ 一般是由线性相位 FIR 数字滤波器实现,设其单位脉冲响应为 $h(n)$, $n=0 \sim N-1$,则整个插值系统的输入与输出信号关系为

$$x_{\mathrm{u}}(n) = \sum_{k=0}^{N-1} h(k) x\left(\frac{n}{L} - k\right) \tag{6.8}$$

上式说明,滤波处理可以结合插值一起进行,这样整个处理可以在原来较低的采样率下进行。输入信号先乘以各滤波器系数形成 N 路信号,然后插值并延时后合并形成输出信号。图 6.7 显示了实际插值过程中输入信号 $x(n)$ 的波形与频谱 $X(\mathrm{e}^{\mathrm{j}\omega})$、插值器输出信号 $x'(n)$ 的波形与频谱 $X'(\mathrm{e}^{\mathrm{j}\omega})$、低通滤波器 $h(n)$ 的波形与频率响应 $H(\mathrm{e}^{\mathrm{j}\omega})$ 以及低通滤波器输出信号 $x_{\mathrm{u}}(n)$ 的波形与频谱 $X_{\mathrm{u}}(\mathrm{e}^{\mathrm{j}\omega})$。可以看到,$X_{\mathrm{u}}(\mathrm{e}^{\mathrm{j}\omega})$ 中没有混叠和多余的高频频谱成分。

应该注意,抽取器和插值器都是线性系统,但是移变的。在实际应用中,如果需要提升或降低的采样率不是原采样率的整数倍时,例如 L/M 倍,则通常可以先进行 L 倍插值后再以 M 倍抽取的方式进行,并且只需要一个低通滤波器置于插值后、抽取前就可以了。

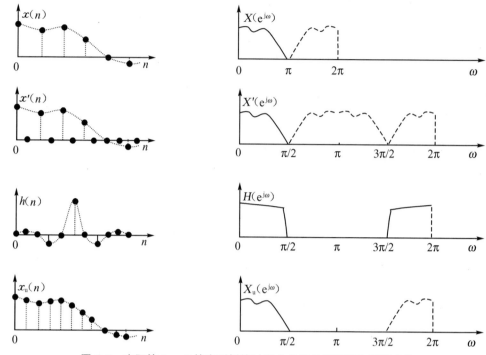

图 6.7　实际的 $L = 2$ 的序列插值过程中各信号的波形与频谱变化

6.2　多采样率处理的应用

多采样率处理在通信系统、频谱分析、子带编码以及语音、图像和雷达信号处理中有广泛的应用。以下通过一些实例简要说明它的具体应用。

6.2.1　带通信号的降采样处理

设一个中心频率为 $f_0(\omega_0)$、频带宽度为 $\Delta f(\Delta \omega)$ 的带通信号的频谱如图 6.8(a) 所示，为了满足奈奎斯特采样定理，采样率应该是 $f_s \geqslant 2f + \Delta f$。但由于信号的实际频带只有 Δf，这样的采样率显然是浪费，将产生不必要的系统运算量，增加系统开销。可以通过序列抽取的方法来解决以上采样率问题，使抽取后的序列频谱移动到 $f = 0$ 处，并且采样率 f_d 在满足 $f_d \geqslant \Delta f$ 的同时比原来的采样率大幅降低。

假如希望抽取后信号的频谱 $X_d(e^{j2\pi f/T_d})$ 如图 6.8(b) 所示，原信号的采样率为 f_s，抽取后序列的采样率为 $f_d = \Delta f$，则根据式 (6.1) 得到抽取周期为

$$M = \frac{f_s}{f_d} = \frac{f_s}{\Delta f} \tag{6.9}$$

但是这个抽取周期能使原信号在 $f = f_s$ 处的频谱与抽取信号在 $f = Mf_d$ 处的频谱相对应，却不能使原信号在 $f = f_0$ 处的频谱与抽取后信号在 $f = Mf_d = M\Delta f$ 处的频谱对应起来。因此，为了实现如图 6.8(b) 的要求，应该选择能满足以上对应关系的 M 值，即

$$M = \frac{f_s}{f_d} = \frac{2f_0 + \Delta f}{\Delta f} \quad \text{或} \quad f_0 = \frac{(M-1)\Delta f}{2} \tag{6.10}$$

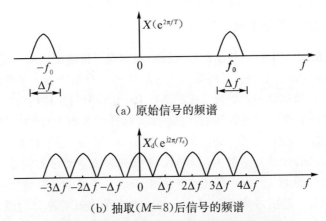

（a）原始信号的频谱

（b）抽取（$M=8$）后信号的频谱

图 6.8 利用序列抽取进行频谱移位和降采样

实际上，任何一个带通滤波器输出的信号，无论它的频谱是否对称分布都可以通过序列抽取的方式来实现频谱移位和降采样处理，图 6.9 显示了这一过程。输入信号 $x(n)$ 经过一个带通滤波器 $H(z)$ 滤波后输出带通信号 $x_b(n)$，对这个信号进行周期为 M 的抽取处理后得到信号 $x_d(n)$，其频谱如图 6.9(e) 所示，采样率降为原来的 $1/M$。应该注意的是，原始带通信号 $x_b(n)$ 的频谱是抽取后信号 $x_d(n)$ 的镜像分量，这样处理并不会改变信号的频谱特征。

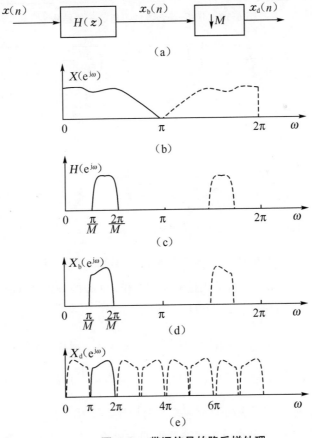

图 6.9 带通信号的降采样处理

6.2.2 正交镜像滤波器组设计

语音通信中经常采用图 6.10 所示的滤波器组来实现子带编码压缩和低码率传输,其主要思想是通过滤波器组中的各个滤波器将输入宽带信号 $x(n)$ 分解为各个子带信号来分别进行降采样处理和编码,在接收端则通过综合滤波器将各个子带信号升采样后合成输出信号。

滤波器组的设计不仅要考虑数据的压缩编码,而且要考虑设计的方便性。在所有的滤波器组中,正交镜像滤波器(QMF:Quadrature Mirror Filter)组设计是一种常用的有效方法,分析滤波器组和综合滤波器组都由一对半频带低通和高通滤波器构成(如图 6.11 所示),其频谱呈现镜像特性,即 $H_1(e^{j\omega}) = H_0(e^{j(\omega+\pi)})$。由于每个子带的频带宽度仅仅是输入信号频带宽度的一半,所以每一路信号都实行 $M = 2$ 的抽取处理,使采样率降为原来的一半。

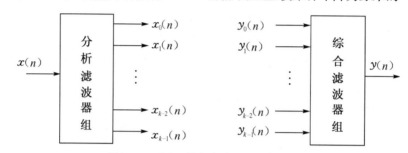

图 6.10 分析-综合滤波器组的一般结构

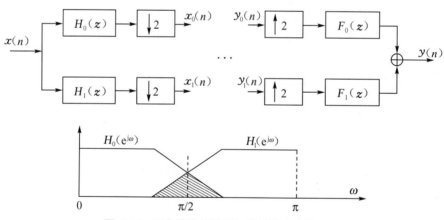

图 6.11 正交镜像滤波器组的结构及频带分布

根据图 6.11 和式(6.5),子带输出信号 $x_0(n)$ 和 $x_1(n)$ 的频谱 $X_0(e^{j\omega})$ 和 $X_1(e^{j\omega})$ 以及综合滤波器组输出信号 $y(n)$ 的频谱 $Y(e^{j\omega})$ 如下:

$$X_0(e^{j\omega}) = \frac{1}{2}\left[X(e^{j\frac{\omega}{2}})H_0(e^{j\frac{\omega}{2}}) + X(e^{j\frac{\omega+2\pi}{2}})H_0(e^{j\frac{\omega+2\pi}{2}})\right]$$

$$X_1(e^{j\omega}) = \frac{1}{2}\left[X(e^{j\frac{\omega}{2}})H_1(e^{j\frac{\omega}{2}}) + X(e^{j\frac{\omega+2\pi}{2}})H_1(e^{j\frac{\omega+2\pi}{2}})\right] \quad (6.11)$$

$$Y(e^{j\omega}) = Y_0(e^{j2\omega})F_0(e^{j\omega}) + Y_1(e^{j2\omega})F_1(e^{j\omega})$$

合理的滤波器组应该满足在分析滤波器组的输出直接作为综合滤波器组的输入的情况下,整个系统的输入与输出保持不变。令式(6.11)中 $X_0(e^{j\omega}) = Y_0(e^{j\omega})$、$X_1(e^{j\omega}) = Y_1(e^{j\omega})$,

则第 3 式如式(6.12)所示。显然，由于抽取和插值处理对频谱的影响应该相互抵消，因此，式(6.12)中第 2 项表示的混叠成分应该为零，即满足式(6.13)。

$$Y(e^{j\omega}) = \frac{1}{2}\big[H_0(e^{j\omega})F_0(e^{j\omega}) + H_1(e^{j\omega})F_1(e^{j\omega})\big]X(e^{j\omega}) +$$

$$\frac{1}{2}\big[H_0(e^{j(\omega+\pi)})F_0(e^{j\omega}) + H_1(e^{j(\omega+\pi)})F_1(e^{j\omega})\big]X(e^{j(\omega+\pi)}) \qquad (6.12)$$

$$H_0(e^{j(\omega+\pi)})F_0(e^{j\omega}) + H_1(e^{j(\omega+\pi)})F_1(e^{j\omega}) = 0 \qquad (6.13)$$

由于滤波器组的一对低通和高通滤波器呈现以 $\omega = \pi/2$ 为中心的镜像特性，在设计时只需要设计低通滤波器，高通滤波器可以从低通滤波器直接转换过来，即

$$H_1(e^{j\omega}) = H_0(e^{j(\omega+\pi)}), \qquad h_1(n) = (-1)^n h_0(n) \qquad (6.14)$$

进一步令

$$F_0(e^{j\omega}) = 2H_0(e^{j\omega}), \qquad f_0(n) = 2h_0(n) \qquad (6.15)$$

将式(6.14)和式(6.15)综合起来得到 $F_1(e^{j\omega})$ 如式(6.16)所示，可以看到这是一个高通滤波器：

$$F_1(e^{j\omega}) = -2H_0(e^{j(\omega+\pi)}), \qquad f_1(n) = -2(-1)^n h_0(n) \qquad (6.16)$$

以上设计使滤波器组满足式(6.13)的条件的同时得到这样一个结论：在 QMF 组设计中只需要设计 $H_0(z)$，其他都可以由其转换形成。将式(6.14)~(6.16)代入式(6.12)得

$$Y(e^{j\omega}) = \big[H_0^2(e^{j\omega}) - H_0^2(e^{j(\omega+\pi)})\big]X(e^{j\omega}) \qquad (6.17)$$

为了使输入与输出保持一致，上式的方括弧中的值应该为 1，即满足式(6.18)的条件。这个条件理论上很容易满足，如果 $H_0(z)$ 是截止频率为 $\omega = \pi/2$ 的理想低通滤波器的话就能完全实现，但实际应用中无法获得理想的低通滤波器，只能采用第 4 章和第 5 章的滤波器设计方法设计 $H_0(z)$ 去逼近理想低通滤波器。

$$\mid H_0^2(e^{j\omega}) - H_0^2(e^{j\omega+\pi}) \mid = 1 \qquad (6.18)$$

当采用线性相位 FIR 数字滤波器设计时，正如第 5 章所介绍的，低通滤波器 $H_0(z)$ 的单位脉冲响应和频率响应具有如下特性，即中点对称性和线性相位特性：

$$h_0(n) = h_0(N-1-n)$$
$$H_0(e^{j\omega}) = \mid H_0(e^{j\omega}) \mid e^{-j\omega(N-1)/2} \qquad (6.19)$$

将式(6.19)代入式(6.17)得

$$Y(e^{j\omega}) = e^{-j\omega(N-1)}\big[\mid H_0(e^{j\omega}) \mid^2 - (-1)^{N-1} \mid H_0(e^{j(\omega+\pi)}) \mid^2\big]X(e^{j\omega}) \qquad (6.20)$$

上式表明滤波器组系统的相位是线性的，各个频率成分的延时一致。当 N 为奇数时，上式的括弧中的值在 $\omega = \pi/2$ 处为 0，不满足实际要求，所以只有 N 为偶数时式(6.20)才有意义，即

$$Y(e^{j\omega}) = e^{-j\omega(N-1)}\big[\mid H_0(e^{j\omega}) \mid^2 + \mid H_0(e^{j(\omega+\pi)}) \mid^2\big]X(e^{j\omega}) \qquad (6.21)$$

因此，设计的 FIR 数字滤波器只要满足式(6.22)或式(6.23)表示的幅度平方和恒等于

1 的条件就能够满足式(6.18)表示的输入与输出一致性。

$$| H_0(e^{j\omega}) |^2 + | H_0(e^{j(\omega+\pi)}) |^2 = 1 \tag{6.22}$$

或

$$| H_0(e^{j\omega}) |^2 + | H_1(e^{j\omega}) |^2 = 1 \tag{6.23}$$

图 6.12 显示了利用 40 点哈明窗设计的滤波器组的频谱分布特性,可以看到低通滤波器和镜像高通滤波器较好地满足了全频带幅度平方和的归一化特性。

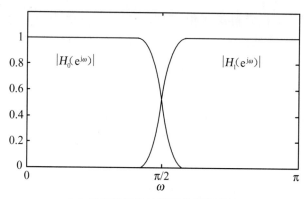

（a）正交镜像滤波器组的幅频特性

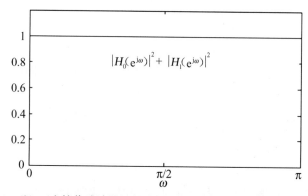

（b）正交镜像滤波器组的全频带幅度平方和归一化特性

图 6.12　正交镜像 FIR 数字滤波器组设计

6.2.3　树状结构正交镜像滤波器组设计

根据图 6.9,图 6.11 中分析滤波器的输出信号 $x_0(n)$ 和 $x_1(n)$ 在降采样后,其频谱 $X_0(e^{j\omega})$ 和 $X_1(e^{j\omega})$ 都分布在 $0 \leqslant \omega \leqslant \pi$(采样率为原来的二分之一)。因此,这两路信号都可以通过一组新的镜像滤波器组滤波后经抽取来进一步降采样,形成新的子带信号 $x_{00}(n)$、$x_{01}(n)$ 和 $x_{10}(n)$、$x_{11}(n)$,如图 6.13(a)所示,相应的综合滤波器组则如图 6.13(b)所示。其中,各个滤波器之间的关系既要符合正交镜像特性,又要符合归一化特性,应该满足式(6.24)~(6.27):

$$\begin{aligned} H_{01}(e^{j\omega}) &= H_{00}(e^{j(\omega+\pi)}), & h_{01}(n) &= (-1)^n h_{00}(n) \\ H_{11}(e^{j\omega}) &= H_{10}(e^{j(\omega+\pi)}), & h_{11}(n) &= (-1)^n h_{10}(n) \end{aligned} \tag{6.24}$$

$$F_{00}(e^{j\omega}) = 2H_{00}(e^{j\omega}), \qquad f_{00}(n) = 2h_{00}(n)$$
$$F_{10}(e^{j\omega}) = 2H_{10}(e^{j\omega}), \qquad f_{10}(n) = 2h_{10}(n) \tag{6.25}$$

$$F_{01}(e^{j\omega}) = -2H_{00}(e^{j(\omega+\pi)}), \qquad f_{01}(n) = -2(-1)^n h_{00}(n)$$
$$F_{11}(e^{j\omega}) = -2H_{10}(e^{j(\omega+\pi)}), \qquad f_{11}(n) = -2(-1)^n h_{10}(n) \tag{6.26}$$

$$|H_{00}(e^{j\omega})|^2 + |H_{01}(e^{j\omega})|^2 = 1$$
$$|H_{10}(e^{j\omega})|^2 + |H_{11}(e^{j\omega})|^2 = 1 \tag{6.27}$$

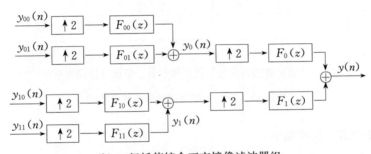

(a) 二级抽取分析正交镜像滤波器组

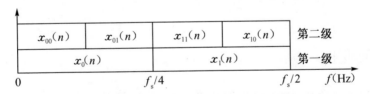

(b) 二级插值综合正交镜像滤波器组

图 6.13 二级抽取-插值正交镜像 FIR 数字滤波器组设计

根据需要可以采用更多级的树状结构 QMF 组,一个 r 级分解抽取的 QMF 组的子带通道数将达到 $N = 2^r$,所有子带信号都有相同的频带宽度,采样率降为原采样率的 $1/N$。图 6.14 表示了图 6.13 的二级分解抽取分析 QMF 组各子带信号的频带分布。

$x_{00}(n)$	$x_{01}(n)$	$x_{11}(n)$	$x_{10}(n)$	第二级
\multicolumn{2}{c}{$x_0(n)$}		$x_1(n)$	第一级

0 　　　　　　　　　$f_s/4$　　　　　　　　$f_s/2$　　f(Hz)

图 6.14 二级分解抽取分析 QMF 组各子带信号的频带分布

6.2.4 倍频程分隔滤波器组设计

一般来说,信号的高频成分表示变化较快的分量,对这部分信号的分析需要较高的时间分辨率,而频率分辨率则可以较低。因此,在频谱分析等应用中,对图 6.13 所示树状结构分析 QMF 组每一级的高频分量不再进一步分解,而是直接输出,分解只对低频分量进行,从而形成所谓的倍频程分隔滤波器组。图 6.15 说明了二级分解倍频程分隔分析-综合滤波器组的情况以及各子带信号的频带分布。

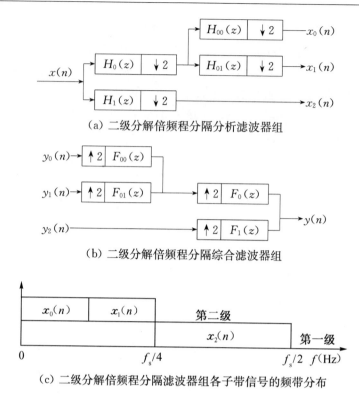

(a) 二级分解倍频程分隔分析滤波器组

(b) 二级分解倍频程分隔综合滤波器组

(c) 二级分解倍频程分隔滤波器组各子带信号的频带分布

图6.15　二级分解倍频程分隔滤波器组

6.2.5　子带数据压缩编码

子带数据压缩编码的原理是在基于树状 QMF 组或倍频程滤波器组的基础上,依据子带的能量大小分配不同的比特,从而实现数据压缩和低码率传输。例如,对于图6.15(a)所示的二级分解倍频程分隔滤波器组,如果输入信号 $x(n)$ 的采样率为 16 kHz,采用 8 比特量化,其传输码率为 128 kbps。由于滤波器组各子带信号 $x_0(n) \sim x_2(n)$ 的能量变小,可以分别用 4、2、2 比特进行量化,因此各子带的传输码率为 32 kbps、8 kbps 和 8 kbps,总的传输码率降为 48 kbps。

6.3　小波变换

傅立叶变换对平稳信号有较好的频谱分析能力,但基于正弦函数的分解在频域是完全局部化的,而在时域无任何分辨率。短时傅立叶变换分析虽然可以得到信号的动态频谱,但它的分辨率是有限的,频率分辨率与时间分辨率相互制约,当信号的变化出现在短时窗之内时无法及时捕捉。在实际应用中,经常希望能有一种依据需要调节时间和频率分辨率的多分辨率分析方法,对于低频信号可以用较低的时间分辨率分析,而对于高频信号则用较高的时间分辨率分析。

小波变换(Wavelet Transform)是 20 世纪 80 年代后期提出和发展形成的一种变换方法,这种变换方法具有在时域和频域的多分辨率信号分析能力,目前被广泛应用于数据压缩、图像和语音信号处理以及视频信号处理等领域。

6.3.1 连续小波变换

函数 $f(t)$ 的连续小波变换定义如式(6.28)所示，它是函数 $f(t)$ 与小波函数 $\psi_{a,b}(t)$ 的内积值，表现为随参数 a 和 b 变化的二维信号形式。

$$
\begin{aligned}
WT_f(a,b) &= \mid a \mid^{-1/2} \int_{-\infty}^{\infty} f(t)\psi^*(\frac{t-b}{a})\mathrm{d}t \\
&= \int_{-\infty}^{\infty} f(t)\psi_{a,b}^*(t)\mathrm{d}t = <f(t),\psi_{a,b}(t)>
\end{aligned}
\tag{6.28}
$$

小波函数 $\psi_{a,b}(t)$ 或称分析小波是母小波函数 $\psi(t) \in L^2(R)$ 经过平移和伸缩形成，如式(6.29)和图 6.16 所示。其中，a 为尺度因子，b 为平移因子。母小波函数 $\psi(t)$ 必须满足式(6.30)表示的全局积分为零的特性，即波的特性。

$$
\psi_{a,b}(t) = \mid a \mid^{-1/2}\psi(\frac{t-b}{a}), \qquad a \neq 0 \tag{6.29}
$$

$$
\int_{-\infty}^{\infty} \psi(t)\mathrm{d}t = 0 \tag{6.30}
$$

如果母小波函数 $\psi(t)$ 满足式(6.31)的条件，则可以证明式(6.28)的反变换如式(6.32)所示。其中，$\Psi(\mathrm{e}^{\mathrm{j}\Omega})$ 是 $\psi(t)$ 的傅立叶变换。

$$
C_\psi = \int_{-\infty}^{\infty} \frac{\mid \Psi(\mathrm{e}^{\mathrm{j}\Omega}) \mid^2}{\mid \Omega \mid}\mathrm{d}\Omega < \infty \tag{6.31}
$$

$$
f(t) = \frac{1}{C_\psi}\int_{-\infty}^{\infty}\int_{-\infty}^{\infty} WT_f(a,b)\psi_{a,b}(t)\frac{\mathrm{d}a}{a^2}\mathrm{d}b \tag{6.32}
$$

常用的小波函数有 Haar 小波函数、Shannon 小波函数、Daubechies 小波函数和 Butterworth 小波函数等，其共同特点是都具有时间和频率的局部化特征，即主要能量集中在局部区域。例如，Haar 小波函数如式(6.33)所示，其函数波形 $\psi(t)$ 和幅度谱 $\mid\Psi(\mathrm{e}^{\mathrm{j}\omega})\mid$ 如图 6.16 所示。

$$
\psi(t) = \begin{cases} 1, & 0 \leqslant t < 0.5 \\ -1, & 0.5 \leqslant t < 1 \end{cases} \tag{6.33}
$$

小波变换和傅立叶变换的原理有相似之处，本质上是将信号分解成一系列平移和伸缩小波函数的和，也可以解释成用各种尺度和延迟的分析小波的线性叠加来逼近原信号，其中的分解系数或叠加系数就是小波变换值。例如，尺度为 $a=0.5$ 和 $a=2$ 的 Haar 分析小波分别如图 6.16(a)和图 6.16(e)所示。由于小波函数与正弦函数相比在时域和频域都具有较好的局域化特征，因此小波变换能够比傅立叶变换更好地揭示信号的时频变化特性。

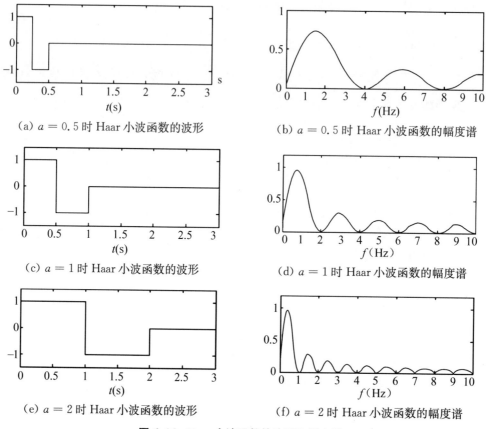

(a) $a=0.5$ 时 Haar 小波函数的波形

(b) $a=0.5$ 时 Haar 小波函数的幅度谱

(c) $a=1$ 时 Haar 小波函数的波形

(d) $a=1$ 时 Haar 小波函数的幅度谱

(e) $a=2$ 时 Haar 小波函数的波形

(f) $a=2$ 时 Haar 小波函数的幅度谱

图 6.16　Haar 小波函数的波形和幅度谱

6.3.2　小波变换的时频特性

就像傅立叶变换一样,小波变换的时频特性可以从滤波的角度进行分析。仔细观察式(6.28)可以发现,小波变换实际上是 $f(t)$ 和分析小波项 $|a|^{-1/2}\psi^*\left(-\dfrac{t}{a}\right)$ 的线性卷积,即

$$WT_f(a,b)=f(t)^*\left[|a|^{-1/2}\psi^*\left(-\frac{t}{a}\right)\right]\bigg|_{t=b} \tag{6.34}$$

这样,小波变换就可以看成信号 $f(t)$ 通过一个线性移不变系统或滤波器的输出,如图 6.17 所示。该系统的单位脉冲响应 $h_a(t)$ 和幅频响应 $|H_a(e^{j\Omega})|$ 如下:

$$h_a(t)=|a|^{-1/2}\psi^*\left(-\frac{t}{a}\right),\qquad |H_a(e^{j\Omega})|=|a|^{1/2}|\Psi(e^{ja\Omega})| \tag{6.35}$$

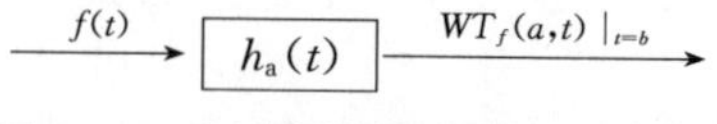

$$\xrightarrow{\ f(t)\ }\boxed{h_a(t)}\xrightarrow{\ WT_f(a,t)\,|_{t=b}\ }$$

图 6.17　小波变换的滤波器分析方法

显然,系统的频率响应完全由分析小波的频谱决定,不同尺度的分析小波构造出不同的滤波器系统。正如图 6.16 所反映的那样,分析小波的时域波形和幅度谱随尺度因子 a 的改

变而改变,因此滤波器系统的单位脉冲响应 $h_a(t)$ 和幅频响应 $|H_a(e^{j\Omega})|$ 也同样随尺度因子而改变。随着尺度因子 a 的增大,$h_a(t)$ 的时域分布变宽,而幅频响应 $|H_a(e^{j\Omega})|$ 却变窄,即时间分辨率降低而频率分辨率提高。这样,可以通过尺度因子的大小来调节希望得到的时频分辨率。对快速变化的高频信号选用较小的尺度因子来获取较高的时间分辨率和较小的频率分辨率,而对变化较慢的低频信号则选用较大的尺度因子来获取较高的频率分辨率和较低的时间分辨率。小波变换的时频分析窗口如图 6.18 所示,其中也显示了短时傅立叶变换的时频分析窗口,它是恒宽分布的。

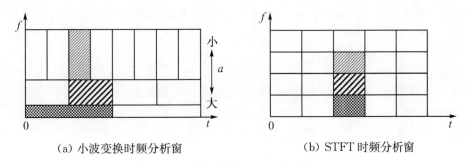

(a) 小波变换时频分析窗　　　　　　　(b) STFT 时频分析窗

图 6.18　小波变换与 STFT 时频分析窗

6.3.3　二进小波变换

就像傅立叶变换和离散傅立叶变换的关系一样,由于连续小波变换往往存在很大的信息冗余以及不容易实现,因此实际应用中一般采用离散小波变换,特别是二进小波变换。

二进小波变换的定义如下:

$$WT_{f,i}(b) = WT_f(a,b)\ |_{a=2^{-i}} = 2^{i/2} < f(t), \psi_{2^{-i},b}(t) > = 2^{i/2} \int_{-\infty}^{\infty} f(t)\psi^* \left(\frac{t-b}{2^{-i}}\right)\mathrm{d}t$$

$$(6.36)$$

相应的分析小波 $\psi_{2^{-i},b}(t)$ 称为二进小波(Dyadic wavelet),它的尺度因子是 2 的幂,也就是说小波函数时频分析窗的宽度是以 2 的幂进行伸缩的。

实际应用中,不仅尺度因子 a 需要离散化,平移因子 b 也需要离散化,一般随 a 的增大而增大。例如,取 $b = k2^{-i}$,则小波函数为

$$\psi_{a,b}(t) \Rightarrow \psi_{i,k}(t) = 2^{i/2}\psi(2^i t - k) \tag{6.37}$$

二进小波变换的计算总是选择 (a, b) 平面中的一个有限区域进行,因此其反变换是否存在与式(6.37)的二进小波是否符合一定条件有关,即小波的正交特性。关于这一点,S. Mallat和 Y. Meyer 于 1986 年提出了多分辨率分析概念来构造正交小波函数;另外,他们还提出了计算离散小波变换的实际算法,即 Mallat 算法。

6.3.4　多分辨率分析

设 R 和 Z 分别表示实数域和整数域,$f(t) \in L^2(R)$,对平方可积函数的多分辨率分析(MRA:Multi-Resolution Analysis)或逼近基于以下几条特性:

（1）存在一簇单调的子空间满足 $V_i \subset V_{i+1}$，$\forall i, i \in Z$。每个子空间 V_i 有不同的基向量和时间分辨率，分辨率随 i 的增加而增加，并且 $\bigcap\limits_{i \in Z} V_i = \{0\}$，$\bigcup\limits_{i \in Z} V_i = L^2(R)$。

（2）如果函数 $f(t) \in V_i$，则有伸缩规则：$f(2t) \in V_{i+1}$。

（3）如果函数 $f(t) \in V_i$，则有平移规则：$f(t - 2^{-i}k) \in V_i$，$k \in Z$。

（4）存在一种尺度函数 $\varphi(t)$ 以及它的整数平移 $\varphi_k(t) = \varphi(t-k)$，$k \in Z$，构成空间 V_0 的正交基函数 $\{\varphi_k(t)\}$，满足条件 $<\varphi_k(t), \varphi_l(t)> = \delta_{kl}$，$k, l \in Z$。

利用 V_0 子空间的正交基 $\{\varphi_k(t)\}$ 并根据以上特性（2）～（4），可以推导得出 V_i 子空间的正交基函数 $\{\varphi_{i,k}\}$ 如式（6.38）所示。其中，乘积因子 $2^{i/2}$ 保证正交基函数的模 $\|\varphi_{i,k}(t)\|$ 为 1。

$$\varphi_{i,k}(t) = 2^{i/2} \varphi(2^i t - k), \qquad i, k \in Z$$
$$<\varphi_{i,k}(t), \varphi_{i,l}(t)> = \delta_{kl}, \qquad i, k, l \in Z \tag{6.38}$$

对于一个函数 $f(t) \in V_i$，它可以由 V_i 子空间的正交基函数 $\{\varphi_{i,k}(t)\}$ 展开，如式（6.39）所示。同时，由于子空间的单调包含性，$f(t)$ 也是 V_{i+1} 子空间的分量，因此它也可以由 V_{i+1} 子空间的正交基函数 $\{\varphi_{i+1,k}(t)\}$ 展开，如式（6.40）所示。

$$f(t) = \sum_k \alpha_i(k) \varphi_{i,k}(t) \tag{6.39}$$
$$f(t) = \sum_k \alpha_{i+1}(k) \varphi_{i+1,k}(t) \tag{6.40}$$

其中，展开系数 $\alpha_i(k) = <f(t), \varphi_{i,k}(t)>$，$\alpha_{i+1}(k) = <f(t), \varphi_{i+1,k}(t)>$。式（6.39）和（6.40）分别表示 $f(t)$ 在不同空间的展开，相对基函数 $\{\varphi_{i,k}(t)\}$，$\{\varphi_{i+1,k}(t)\}$ 在时间轴上压缩了一半，因此展开式的时间分辨率是不一样的。根据以上多分辨率特性，可以证明不同子空间 V_i 与 V_{i+1} 的尺度函数之间满足式（6.41）的关系。

$$\varphi_i(t) = \sum_k \sqrt{2} h_0(k) \varphi(2^{i+1} t - k) \tag{6.41}$$

每一个子空间 $V_i \subset V_{i+1}$ 存在一个对应的正交互补子空间 W_i，使得 $V_{i+1} = V_i \oplus W_i$。这个子空间 W_i 同样存在一个正交基函数 $\{\psi_{i,k}(t)\}$，使得任意函数 $f(t) \in W_i$ 可以由该正交基函数展开，即

$$f(t) = \sum_k \beta_i(k) \psi_{i,k}(t)$$
$$\beta_i(k) = <f(t), \psi_{i,k}(t)> \tag{6.42}$$
$$\psi_{i,k}(t) = 2^{i/2} \psi(2^i t - k)$$

可以证明，式（6.37）的小波函数满足正交互补空间 W_i 的正交基函数条件。因此，式（6.42）中的 $\beta_i(k)$ 就代表了尺度因子 $a = 2^{-i}$、平移因子 $b = k2^{-i}$ 的离散小波变换系数。当然，因为 $f(t) \in W_i$ 同样意味着 $f(t) \in V_{i+1}$，所以该 $f(t) \in W_i$ 也可以用式（6.40）展开。同样，子空间 V_i 的小波函数可以由 V_{i+1} 的尺度函数来构成，其公式如下：

$$\psi_i(t) = \sum_k \sqrt{2} h_1(k) \varphi(2^{i+1} t - k) \tag{6.43}$$

现在，对于任意一个属于子空间 V_{i+1} 的函数 $f(t) \in V_{i+1}$，除了由式（6.40）直接在子空间 V_{i+1} 中展开之外，还可以根据 $V_{i+1} = V_i \oplus W_i$ 的关系，将它展开成两个互补子空间的正交基函数的线性叠加形式，即

$$f(t) = \sum_m \alpha_i(m)\varphi_{i,m}(t) + \sum_n \beta_i(n)\psi_{i,n}(t) \tag{6.44}$$

子空间 V_i 可以进一步分解成 $V_{i-1} \oplus W_{i-1}$，这种分解一直进行下去，从而使得 V_{i+1} 的分解形式如下所示：

$$\begin{aligned} V_{i+1} &= V_{i-1} \oplus W_{i-1} \oplus W_i \\ &= V_q \oplus \cdots \oplus W_{-2} \oplus W_{-1} \oplus W_0 \oplus W_1 \oplus W_2 \oplus \cdots \oplus W_{i-1} \oplus W_i \end{aligned} \tag{6.45}$$

上式可根据分解深度 $q<0$ 决定子空间分解到哪一级。这样，函数 $f(t) \in V_{i+1}$ 可以展开成各级正交互补子空间的小波函数线性叠加和一个深度子空间的尺度函数线性叠加，如下所示：

$$f(t) = \sum_m \alpha_q(m)\varphi_{q,m}(t) + \sum_{j=q}^{i} \sum_n \beta_j(n)\psi_{j,n}(t) \tag{6.46}$$

离散小波系数 $\beta_j(n)$，j，$n \in Z$ 的计算公式与式(6.42)一样。当 $q \rightarrow -\infty$ 时，式(6.46)右边第一项将消失，即函数完全由正交小波函数表示；而当 $i \rightarrow \infty$ 时，式(6.46)转化成对函数 $f(t) \in L^2(R)$ 的展开。

6.3.5 Mallat 算法

在给定多分辨率分析及其对应的尺度函数 $\varphi(t)$ 和正交小波函数 $\psi(t)$ 的前提下，Mallat 算法可以对 $f(t) \in V_{i+1}$ 进行快速二进小波展开和重构，如式(6.47)所示：

$$\begin{aligned} f(t) &= \sum_k \alpha_{i+1}(k)\varphi_{i+1,k}(t) \\ \alpha_{i+1}(k) &= <f(t), \varphi_{i+1,k}(t)> \end{aligned} \tag{6.47}$$

当然，因为 $V_{i+1} = V_i \oplus W_i$，所以 $f(t)$ 的另一种表示如下：

$$f(t) = \sum_k \alpha_i(k)\varphi_{i,k}(t) + \sum_k \beta_i(k)\psi_{i,k}(t) \tag{6.48}$$

$$\begin{aligned} \alpha_i(k) &= <f(t), \varphi_{i,k}(t)> \\ \beta_i(k) &= <f(t), \psi_{i,k}(t)> \end{aligned} \tag{6.49}$$

子空间 $V_i \subset V_{i+1}$，$W_i \subset V_{i+1}$，它们的尺度函数 $\varphi_{i,k}(t)$ 和正交基函数 $\psi_{i,k}(t)$ 可以由子空间 V_{i+1} 的正交基函数 $\varphi_{i+1,k}(t)$ 表示如下：

$$\begin{aligned} \varphi_{i,k}(t) &= \sum_n <\varphi_{i,k}(t), \varphi_{i+1,n}(t)> \varphi_{i+1,n}(t) \\ \psi_{i,k}(t) &= \sum_n <\psi_{i,k}(t), \varphi_{i+1,n}(t)> \varphi_{i+1,n}(t) \end{aligned} \tag{6.50}$$

将式(6.50)代入式(6.49)得

$$\begin{aligned} \alpha_i(k) &= <f(t), \sum_n <\varphi_{i,k}(t), \varphi_{i+1,n}(t)> \varphi_{i+1,n}(t)> \\ &= \sum_n <\varphi_{i,k}(t), \varphi_{i+1,n}(t)> \alpha_{i+1}(n) \end{aligned} \tag{6.51}$$

令

$$<\varphi_{i,k}(t), \varphi_{i+1,n}(t)> = h_0(n-2k) \tag{6.52}$$

则

$$\alpha_i(k) = \sum_n h_0(n-2k)\alpha_{i+1}(n) = \alpha_{i+1}(m) * h_0(-m)\big|_{m=2k} \tag{6.53}$$

同理可得

$$\beta_i(k) = \sum_n h_1(n-2k)\alpha_{i+1}(n) = \alpha_{i+1}(m) * h_1(-m)|_{m=2k} \qquad (6.54)$$

其中

$$<\psi_{i,k}(t), \varphi_{i+1,n}(t)> = h_1(n-2k) \qquad (6.55)$$

式(6.53)和(6.54)是 Mallat 小波分解算法,一般将它称为离散小波变换(DWT:Discrete Wavelet Transform)。它将分辨率较高的子空间尺度函数展开系数 $\alpha_{i+1}(m)$ 通过两个单位脉冲响应分别为 $h_0(-m)$ 和 $h_1(-m)$ 的滤波器滤波并以 $M=2$ 的周期抽取后,就可以得到分辨率较低的子空间尺度函数展开系数 $\alpha_i(m)$ 和小波系数 $\beta_i(m)$,如图 6.19 所示。注意比较式(6.49)与式(6.36),$\beta_i(k)$ 就是二进小波变换值。

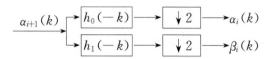

(a)离散小波变换的滤波器组实现

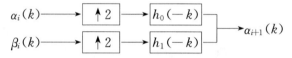

(b)离散小波逆变换的滤波器组实现

图 6.19　离散小波变换 Mallat 算法的滤波器组实现

将式(6.48)代入式(6.47)得 Mallat 小波重构算法,即离散小波逆变换。它通过较低分辨率子空间的尺度函数展开系数 $\alpha_i(m)$ 和小波系数 $\beta_i(m)$ 计算较高分辨率子空间的尺度函数展开系数 $\alpha_{i+1}(m)$,公式如下:

$$
\begin{aligned}
\alpha_{i+1}(k) &= <f(t), \varphi_{i+1,k}(t)> \\
&= <\sum_n \alpha_i(n)\varphi_{i,n}(t) + \sum_n \beta_i(n)\psi_{i,n}(t), \ \varphi_{i+1,k}(t)> \\
&= \sum_n \alpha_i(n)<\varphi_{i,n}(t), \varphi_{i+1,k}(t)> + \sum_n \beta_i(n)<\psi_{i,n}(t), \varphi_{i+1,k}(t)> \\
&= \sum_n \alpha_i(n)h_0(k-2n) + \sum_n \beta_i(n)h_1(k-2n)
\end{aligned}
\qquad (6.56)
$$

由上可见,Mallat 算法无论是用于分解还是重构,都是在离散域进行的,它的计算关键是两个滤波器 $h_0(-m)$ 和 $h_1(-m)$。一般,这两个滤波器分别具有低通和高通特性,可以根据式(6.41)和式(6.43)证明其关系如下:

$$h_1(k) = (-1)^k h_0(N-1-k) \qquad (6.57)$$

其中,N 是系数个数。实际应用中,$h_0(-m)$ 和 $h_1(-m)$ 这两个滤波器的单位脉冲响应可以通过尺度函数和小波函数求出,不仅如此,还可以预先规定 $h_0(-m)$ 和 $h_1(-m)$,然后构造小波函数。

常用的 Haar 小波函数、Daubechies‑4 小波函数和 Daubechies‑6 小波函数所对应的滤波器系数分别如下:

(1)Haar 小波函数

$$h_0(0) = 1/\sqrt{2}\ , \qquad h_0(1) = 1/\sqrt{2} \tag{6.58}$$
$$h_1(0) = 1/\sqrt{2}\ , \qquad h_1(1) = -1/\sqrt{2}$$

（2）Daubechies－4 小波函数

$$h_0(0) = 0.483\,0, \qquad h_0(1) = 0.836\,5,$$
$$h_0(2) = 0.224\,1, \qquad h_0(3) = -0.129\,4$$
$$h_1(0) = -0.129\,4, \qquad h_1(1) = -0.224\,1,$$
$$h_1(2) = 0.836\,5, \qquad h_1(3) = -0.483\,0 \tag{6.59}$$

（3）Daubechies－6 小波函数

$$h_0(0) = 0.332\,7, \qquad h_0(1) = 0.806\,9, \qquad h_0(2) = 0.459\,9$$
$$h_0(3) = -0.135\,0, \qquad h_0(4) = -0.085\,4, \qquad h_0(5) = 0.035\,2 \tag{6.60}$$
$$h_1(0) = 0.035\,2, \qquad h_1(1) = 0.085\,4, \qquad h_1(2) = -0.135\,0$$
$$h_1(3) = -0.459\,9, \qquad h_1(4) = 0.806\,9, \qquad h_1(5) = -0.332\,7 \tag{6.61}$$

6.4　小波变换的应用

小波变换的应用一般采用 Mallat 算法，同时需要根据具体任务选用合适的小波函数。下面首先分析 Mallat 算法的初始化和具体计算问题，然后给出 DWT 在信号去噪处理和图像数据压缩中的应用例子。

6.4.1　离散小波变换的计算

Mallat 分解算法（式（6.53）和式（6.54））根据高分辨率子空间的尺度系数计算相对低一些分辨率子空间的尺度系数和小波系数。但整个迭代计算需要对这些系数进行初始化，设置它们的初始值。

如前所述，对于子空间 V_i 中的信号 $x(t)$，它可以通过尺度函数展开，如式（6.62）所示。当子空间 $V_i, i \to \infty$ 时，该式就表示平方可积空间的信号展开。

$$x(t) = \sum_k \alpha_i(k) \varphi_{i,k}(t) = \sum_k \alpha_i(k) 2^{j/2} \varphi(2^j t - k) \tag{6.62}$$

对它进行离散化则变成

$$x(n) = \sum_k \alpha_i(k) \varphi_{i,k}(n) = \sum_k \alpha_i(k) 2^{j/2} \varphi(2^j nT - k) \tag{6.63}$$

实际应用中一般从某个具有足够分辨率的子空间 V_i 开始将信号展开成尺度函数的线性叠加，在这个子空间中尺度函数 $\varphi(2^j nT - k)$ 趋于脉冲信号。另外，信号 $x(n)$ 本身可以表达成各脉冲信号的线性叠加形式，如下所示：

$$x(n) = \sum_k x(k) \delta(n - k) \tag{6.64}$$

将式（6.63）和式（6.64）进行对照，并根据尺度函数 $\varphi(2^j nT - k)$ 趋于脉冲信号的特点，可以得到尺度系数与信号值之间的关系式如下：

$$\alpha_i(k)2^{i/2} = x(k) \quad \text{或} \quad \alpha_i(k) = 2^{-i/2}x(k) \tag{6.65}$$

这样，Mallat 小波变换分解算法的初始化问题就得到了解决。即，选取 N 点信号进行分析，并根据式(6.65)设置尺度系数初始值。如果 $N=2^r$，则每次分解的尺度系数 $\alpha_i(k),i=r\sim0$ 和小波系数 $\beta_i(k),i=r\sim0$ 的个数将减少一半。信号的小波重构迭代计算式(6.56)可以从任何一级开始，最后通过式(6.65)恢复信号。

实际应用中，由于小波变换的线性特征，式(6.65)初始化时可以不考虑尺度因子，直接令尺度系数为信号值，这并不会影响分析结果。当然，小波重构时也一样。

例 6-1 设信号 $x(n)=\{1,0,-3,2,1,0,1,2\}$ 是信号在 1 s 范围内的取样，运用 Haar 小波函数和 Mallat 算法计算小波变换，并由小波变换值恢复信号。

因为有 8 个信号值，$8=2^3$，因此离散小波变换迭代共有 3 次。根据式(6.65)初始化尺度系数得

$$\alpha_3(k) = 2^{-3/2}[1,0,-3,2,1,0,1,2]$$
$$= \left[\frac{1}{2\sqrt{2}},0,-\frac{3}{2\sqrt{2}},\frac{1}{\sqrt{2}},\frac{1}{2\sqrt{2}},0,\frac{1}{2\sqrt{2}},\frac{1}{\sqrt{2}}\right] \tag{6.66}$$

如果将 $x(n)$ 展开成尺度函数的线性叠加形式，则可以得到信号的一种逼近表示，它由 8 个不同延时的尺度函数构成：

$$x(n) = \varphi(8nT) - 3\varphi(8nT-2) + 2\varphi(8nT-3) + \varphi(8nT-4)$$
$$+ \varphi(8nT-6) + 2\varphi(8nT-7) \tag{6.67}$$

根据式(6.53)和(6.54)的 Mallat 分解算法以及式(6.58)的 Haar 小波函数对应的滤波器系数，可以得到较低分辨率子空间的尺度系数和小波系数：

$$\alpha_2(0) = \alpha_3(0)h_0(0) + \alpha_3(1)h_0(1) = 0.25$$
$$\alpha_2(1) = \alpha_3(2)h_0(0) + \alpha_3(3)h_0(1) = -0.25$$
$$\alpha_2(2) = \alpha_3(4)h_0(0) + \alpha_3(5)h_0(1) = 0.25$$
$$\alpha_2(3) = \alpha_3(6)h_0(0) + \alpha_3(7)h_0(1) = 0.75$$

即

$$\alpha_2(k) = [0.25, -0.25, 0.25, 0.75] \tag{6.68}$$

同理可得

$$\beta_2(k) = [0.25, -1.25, 0.25, -0.25] \tag{6.69}$$

进一步迭代计算可以得到更低分辨率子空间的小波变换系数，如下所示：

$$\alpha_1(k) = \left[0,\frac{1}{\sqrt{2}}\right], \quad \beta_1(k) = \left[\frac{1}{2\sqrt{2}},-\frac{1}{2\sqrt{2}}\right] \tag{6.70}$$

$$\alpha_0(k) = [0.5], \quad \beta_0(k) = [-0.5] \tag{6.71}$$

这样，根据式(6.46)，信号 $x(n)$ 可以表示为

$$x(n) = \sum_k \alpha_0(k)\varphi_{0,k}(nT) + \sum_{j=0}^{2}\sum_k \beta_j(k)\psi_{j,k}(nT)$$
$$= 0.5\varphi(nT) - 0.5\psi(nT) + 0.5\psi(2nT) - 0.5\psi(2nT-1) +$$

$$0.5\psi(4nT)-2.5\psi(4nT-1)+0.5\psi(4nT-2)-0.5\psi(4nT-3) \quad (6.72)$$

由式(6.67)和(6.72)表达的信号 $x(n)$ 如图6.20 所示,可以看到,利用尺度函数和小波函数可以很好地表示原始信号。这里,haar 小波的尺度函数为 $\varphi(t)=1,0\leqslant t<1$。读者可以根据小波重构公式(6.56)证明原始信号可以从以上 $\alpha_0(k)$ 和 $\beta_0(k)$ 逐步恢复。

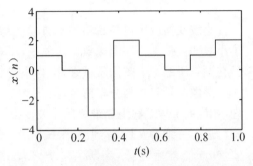

图 6.20　由尺度函数和小波函数表示的原始信号

6.4.2　信号去噪处理

离散小波变换的过程相当于将信号通过一个树状倍频程分隔滤波器组进行滤波和抽取的多采样率处理,而小波逆变换的过程则相当于插值并由综合滤波器组重构的处理。DWT 过程中,尺度系数将得到信号的低频部分信息,而小波系数将得到高频部分信息,利用这一点就可以实现信号的去噪处理。

图6.21 显示了利用 DWT 对信号进行去噪处理的过程。含噪信号 $x(n)$ 是在原始信号 $s(n)$ 上叠加高斯噪声形成,信噪比 SNR$\approx$10dB。通过对信号进行5级 Haar 小波分解得到各级尺度系数 $\alpha_i(n),i=9\sim5$ 和小波系数 $\beta_i(n),i=9\sim5$。可以明显看到,尺度系数 $\alpha_i(n),i=9\sim5$ 在各级滤波后主要保留了低频成分,而小波系数 $\beta_i(n),i=9\sim5$ 则保留了高频成分,并且随着分解的不断进行,尺度系数中的噪声越来越少,与原始信号的波形越来越接近。这样,就可以根据尺度系数 $\alpha_5(n)$ 或 $\alpha_6(n)$ 恢复原始信号,实现信号的去噪处理。

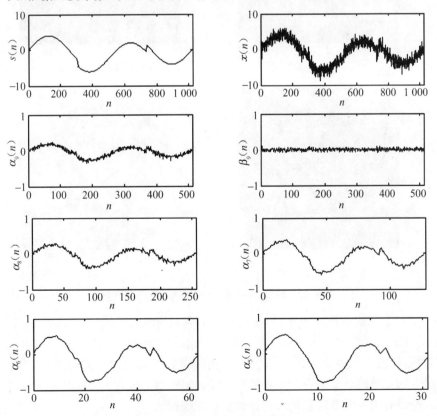

图 6.21　利用 DWT 的信号去噪处理

6.4.3　图像数据压缩

小波变换应用得最成功的地方是图像数据压缩。例如，JPEG2000 和 H.264 中都采用了小波变换技术。在图像数据压缩中，DWT 和 DCT 相比有明显的优势，不仅压缩率高，而且在同样压缩率下图像质量好，因为小波变换是对整幅图像进行处理，所以没有方块效应。

图像信号是二维分布信号，因此小波变换不仅需要对行进行处理，而且还要对列进行处理，相应的 DWT 称为二维离散小波变换。设图像 $x(n,m)$ 的尺寸为 $N \times N$，且 $N = 2^r$。首先按行进行一维 DWT，得到两个 $N \times N/2$ 的行尺度系数矩阵 $\alpha_{r-1}^{L}(n,m)$ 和小波系数矩阵 $\beta_{r-1}^{H}(n,m)$。然后对 $\alpha_{r-1}^{L}(n,m)$ 和 $\beta_{r-1}^{H}(n,m)$ 按列进行一维 DWT，得到四个 $N/2 \times N/2$ 矩阵 $\alpha_{r-1}^{LL}(n,m)$、$\beta\alpha_{r-1}^{HL}(n,m)$、$\alpha\beta_{r-1}^{LH}(n,m)$ 和 $\beta_{r-1}^{HH}(n,m)$。其中，矩阵 $\alpha_{r-1}^{LL}(n,m)$ 可以认为是原图像经过低通滤波器滤波并抽取后的输出，是原图像的一个逼近；矩阵 $\beta\alpha_{r-1}^{HL}(n,m)$、$\alpha\beta_{r-1}^{LH}(n,m)$ 则分别反映原图像的垂直方向和水平方向细节；$\beta_{r-1}^{HH}(n,m)$ 矩阵则反映原图像的对角方向细节。例如，对图像 Mimi 进行二维 Haar 小波变换的结果如图 6.22 所示。

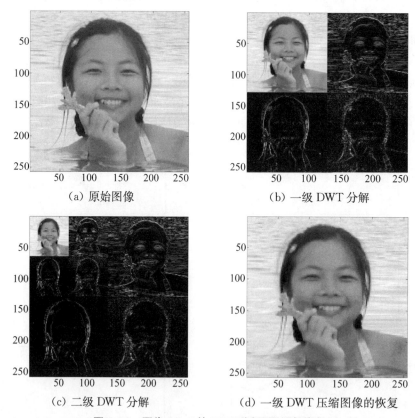

（a）原始图像　　　　　　　（b）一级 DWT 分解

（c）二级 DWT 分解　　　　　（d）一级 DWT 压缩图像的恢复

图 6.22　图像 Mimi 的 DWT 分解、压缩与恢复

图 6.22（a）为原始图像。图 6.22（b）为一级 DWT 分解之后的结果，其中，左上部分对应原图像的低通滤波逼近 $\alpha_{r-1}^{LL}(n,m)$，右上角对应原图像的水平方向细节 $\alpha\beta_{r-1}^{LH}(n,m)$，左下角对应原图像的垂直方向细节 $\beta\alpha_{r-1}^{HL}(n,m)$，右下角对应原图像的对角方向细节 $\beta_{r-1}^{HH}(n,m)$。可以看到，图像的主要信息集中在左上角的低通滤波逼近部分。图 6.22（c）是进一步 DWT 分解的结果，可以看到原图像信息仍然很好地得到了保留。

从图 6.22 看出，相对低通滤波逼近 $a_{r-1}^{LL}(n,m)$ 而言，其他部分几乎可以忽略。例如，将一级 DWT 分解的水平、垂直和对角方向的小波系数 $\beta_{r-1}^{LH}(n,m)$、$\beta_{r-1}^{HL}(n,m)$ 和 $\beta_{r-1}^{HH}(n,m)$ 全部设为 0，通过 DWT 恢复的图像如图 6.22(d) 所示，几乎看不到明显的失真。这说明，原图像可以用低通滤波逼近 $a_{r-1}^{LL}(n,m)$ 系数代表，从而使数据得到压缩，例如图 6.22(d) 的压缩率为 1∶4。实际 DWT 在图像压缩的应用中往往设置一个固定或软门限来对小波系数进行量化，将小于门限的系数设为 0，既实现了压缩，又尽量减少了失真。

6.4.4 语音信号基音检测

基音是语音信号的重要特征，它反映发音时声带的振动频率。一般，男性说话人的基音分布在 50～300 Hz，而女性说话人的基音分布在 250～500 Hz。语音信号中的基音信息对于语音识别、语音合成、语音通信等具有重要意义。

小波变换可以用来进行基音的检测和跟踪。如图 6.23(a) 所示为一段约 0.68 s 的语音"Su Zhou"，采样频率为 11 025 Hz。对该语音段进行 6 级小波分解得到小波系数 $\beta_{r-6}(n)$，$n = 0 \sim 120$，如图 6.23(b) 所示。因为信号的采样频率是 11 025 Hz，根据图 6.15 和图 6.19，$\beta_{r-6}(n)$，$n = 0 \sim 120$ 对应的滤波器频带是 $86 \sim 172$ Hz，对应该语音信号说话人的基音分布范围。对 $\beta_{r-6}(n)$，$n = 0 \sim 120$ 进行傅立叶变换得到其频谱如图 6.23(c) 所示，相应的镜像频谱如图 6.23(d) 所示。从这两个频谱图可以明显看到有一个基音谱峰出现在 $\omega = 0.55\pi$ 和 $\omega = 1.45\pi$，具有最大频谱能量 0.8。实际的基音频率不能直接根据当前采样频率 $f_s = 11\,025/2^6 = 172$ Hz 计算，因为它是带通信号降采样后的结果。因此，应该将该频谱还原到原始信号频域再进行基音频率的计算。根据图 6.9 关于带通信号降采样后频谱的变换情况，原始带通信号的频谱 $|X\beta_{r-6}(e^{j\omega})|$ 具有与图 6.23(d) 相似的频谱形状，其恢复到原始频域后的频谱如图 6.23(e) 所示，映射关系为 $\pi \to \pi/64$、$2\pi \to 2\pi/64$、$1.45\pi \to 1.45\pi/64$，所以基音频率为

$$f_0 = \frac{\omega_0 f_s}{2\pi} = \frac{1.45 \times 11\,025}{2 \times 64} = 124.9 \text{Hz} \tag{6.73}$$

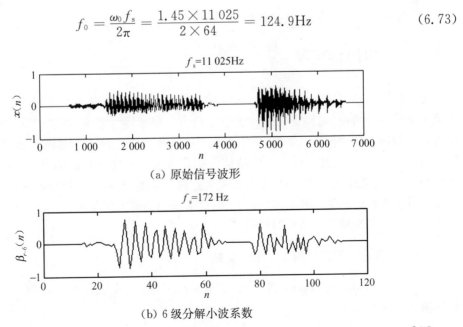

(a) 原始信号波形

(b) 6 级分解小波系数

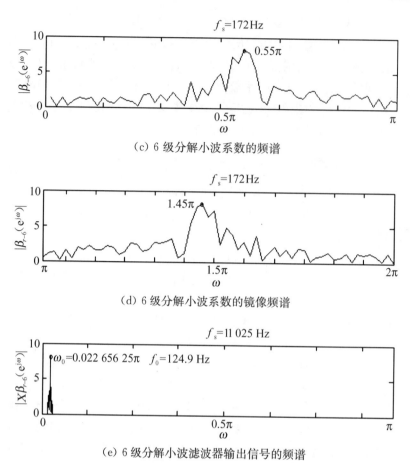

（c）6级分解小波系数的频谱

（d）6级分解小波系数的镜像频谱

（e）6级分解小波滤波器输出信号的频谱

图 6.23 利用 DWT 的语音信号基音检测

就目前来说,小波变换虽然在许多领域得到了应用,但最成功的应用是数据压缩。另外,语音通信中的子带压缩编码可以很容易地由 DWT 来实现。

6.5 希尔伯特变换

希尔伯特变换(Hilbert Transform)是信号分析中的一种重要工具,其广泛地应用于信号表示和信号分析中,尤其是在通信信号处理中的窄带信号表示、单边带信号生成、信号调制解调等领域。从物理角度来看,由于正交变换不改变信号的信息成分,因此当一个信号在时域具有因果性(单边性)特征时,则该信号的频域表示的实部和虚部之间应存在一种确定的内在关系,反之亦然,希尔伯特变换正是对这种确定的内在关系的刻画。本节将首先从物理角度导出连续时间信号的希尔伯特变换,随后导出离散时间信号的希尔伯特变换,之后对希尔伯特变换的性质作了简要的讨论。

6.5.1 连续时间信号的希尔伯特变换

假设有一个实信号 $x(t)$ 的频谱 $X(j\Omega)$ 如图 6.24(a)所示,现将 $X(j\Omega)$ 表示为正频谱 $X_+(j\Omega)$ 和负频谱 $X_-(j\Omega)$ 之和,即

$$X(j\Omega) = X_+(j\Omega) + X_-(j\Omega) \tag{6.74}$$

由于 $x(t)$ 为实信号,因此 $X(j\Omega)$ 的正频谱 $X_+(j\Omega)$ 和负频谱 $X_-(j\Omega)$ 互为共轭对称,即

$$X_+(j\Omega) = X_-^*(j\Omega) \tag{6.75}$$

我们希望能由 $x(t)$ 构造一个信号 $z(t)$,使得 $z(t)$ 的频谱 $Z(j\Omega)$ 如图 6.24(b)所示,即只存在正频谱成分,没有负频谱成分,且其正频谱形状与 $X_+(j\Omega)$ 完全相同,即满足

$$Z(j\Omega) = AX_+(j\Omega) \tag{6.76}$$

其中,A 为常数。

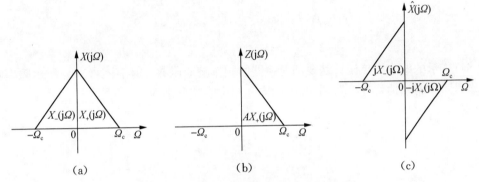

图 6.24 双边信号谱到单边信号谱的变换

由于 $X_+(j\Omega)$ 和 $X_-(j\Omega)$ 互为共轭对称,因此仅需研究 $X_+(j\Omega)$ 即 $Z(j\Omega)$ 就能表征 $x(t)$ 信号的所有特性,而 $Z(j\Omega)$ 显然比 $X(j\Omega)$ 具有更简洁的频域表示形式。现在的问题是满足所述要求的 $z(t)$ 是否存在? 如果存在又如何由 $x(t)$ 进行构造?

如图 6.24(b)所示,$Z(j\Omega)$ 具有单边性,即只存在正频谱,而实信号的频谱一定是对称的,因此 $z(t)$ 必定为一复信号。设 $z(t)$ 的实部为 $x(t)$,虚部为 $\hat{x}(t)$,即

$$z(t) = x(t) + j\hat{x}(t) \tag{6.77}$$

其中,$\hat{x}(t)$ 也是一个实信号,设其频谱 $\hat{X}(j\Omega)$ 的正、负频谱分别为 $\hat{X}_+(j\Omega)$ 和 $\hat{X}_-(j\Omega)$,即

$$\hat{X}(j\Omega) = \hat{X}_+(j\Omega) + \hat{X}_-(j\Omega) \tag{6.78}$$

由式(6.74)、(6.76)、(6.77)和(6.78)可知

$$Z(j\Omega) = X_+(j\Omega) + X_-(j\Omega) + j(\hat{X}_+(j\Omega) + \hat{X}_-(j\Omega)) = AX_+(j\Omega) \tag{6.79}$$

从而有

$$\begin{cases} X_+(j\Omega) + j\hat{X}_+(j\Omega) = AX_+(j\Omega) \\ X_-(j\Omega) + j\hat{X}_-(j\Omega) = 0 \end{cases} \tag{6.80}$$

不妨设 $A = 2$,可得

$$\begin{cases} \hat{X}_+(j\Omega) = -jX_+(j\Omega) \\ \hat{X}_-(j\Omega) = jX_-(j\Omega) \end{cases} \tag{6.81}$$

如图 6.24(c)所示。因此 $z(t)$ 的构造问题转换成了 $\hat{x}(t)$ 的构造,由式(6.81)可知,$\hat{x}(t)$ 可由 $x(t)$ 经过某种变换得到,即

$$\hat{x}(t) = T(x(t)) = x(t) * h(t) \tag{6.82}$$

其中,"$*$"为卷积运算,$h(t)$ 为所需设计变换的单位冲激响应。$h(t)$ 的频率响应函数为 $H(\mathrm{j}\Omega)$,由时频域卷积的乘积对偶性可得

$$\hat{X}(\mathrm{j}\Omega) = X(\mathrm{j}\Omega)H(\mathrm{j}\Omega) \tag{6.83}$$

结合式(6.81)和(6.83)可得

$$H(\mathrm{j}\Omega) = -\mathrm{j}\,\mathrm{sgn}(\Omega) = \begin{cases} -\mathrm{j}, & \Omega > 0 \\ 0, & \Omega = 0 \\ \mathrm{j}, & \Omega < 0 \end{cases} \tag{6.84}$$

式(6.84)所示的即为满足设计需要的变换器的频率响应函数。具有式(6.84)所示频率响应的变换器即为希尔伯特变换器,其幅度响应和相位响应分别为

$$|H(\mathrm{j}\Omega)| = 1 \tag{6.85}$$

$$\varphi(\Omega) = \begin{cases} -\dfrac{\pi}{2}, & \Omega > 0 \\ \dfrac{\pi}{2}, & \Omega < 0 \end{cases} \tag{6.86}$$

因此,希尔伯特变换器是一个全通滤波器,其对输入信号的作用体现为对信号的正频谱移相 $-90°$,而对信号的负频谱移相 $90°$。希尔伯特变换器的幅频和相频特性如图 6.25 所示。

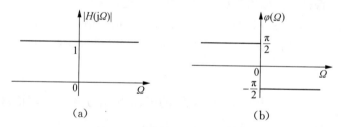

图 6.25 希尔伯特变换器的频率响应

利用傅立叶逆变换,可得希尔伯特变换器的单位冲激响应 $h(t)$ 为

$$h(t) = \frac{1}{2\pi}\int_{-\infty}^{\infty} H(\mathrm{j}\Omega)\,\mathrm{e}^{\mathrm{j}\Omega t}\,\mathrm{d}\Omega = \frac{1}{\pi t} \tag{6.87}$$

称 $\hat{x}(t)$ 为信号 $x(t)$ 的希尔伯特变换,其变换过程如图 6.26 所示,可表示为

$$\hat{x}(t) = x(t) * \frac{1}{\pi t} = \frac{1}{\pi}\int_{-\infty}^{\infty} \frac{x(\tau)}{t - \tau}\mathrm{d}\tau = \frac{1}{\pi}\int_{-\infty}^{\infty} \frac{x(t - \tau)}{\tau}\mathrm{d}\tau \tag{6.88}$$

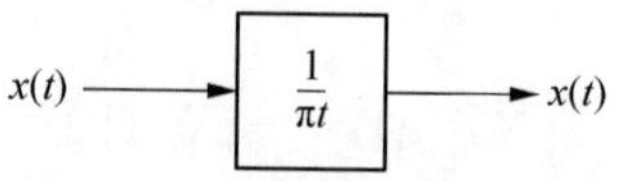

$$x(t) \longrightarrow \boxed{\dfrac{1}{\pi t}} \longrightarrow x(t)$$

图 6.26 希尔伯特变换器

将复信号 $z(t)$ 称为实信号 $x(t)$ 的解析信号(analytic signal)。正如图 6.24(b)所示,解析信号 $z(t)$ 只包含原实信号 $x(t)$ 的正频率成分,即解析信号的频域表示具有因果性(单边性)特征,而构成解析信号 $z(t)$ 的实部 $x(t)$ 和虚部 $\hat{x}(t)$ 之间满足希尔伯特变换关系。

由式(6.83)和(6.84)有

$$\hat{X}(j\Omega)=X(j\Omega)H(j\Omega)=X(j\Omega)[-j\,\mathrm{sgn}(\Omega)]=jX(j\Omega)[\mathrm{sgn}(-\Omega)]$$

即

$$X(j\Omega)=-j\,\mathrm{sgn}(-\Omega)\hat{X}(j\Omega)$$

从而可得希尔伯特反变换为

$$x(t)=\hat{x}(t)*\left(-\frac{1}{\pi t}\right)=-\frac{1}{\pi}\int_{-\infty}^{+\infty}\frac{\hat{x}(t)}{(t-\tau)}\mathrm{d}\tau \qquad (6.89)$$

因此希尔伯特反变换器的单位冲激响应 $\tilde{h}(t)$ 和频率响应 $\widetilde{H}(j\Omega)$ 分别为

$$\tilde{h}(t)=-\frac{1}{\pi t} \qquad (6.90)$$

$$\widetilde{H}(j\Omega)=j\,\mathrm{sgn}(\Omega) \qquad (6.91)$$

例 6 - 2 设信号 $x(t)=A\cos(\Omega_0 t)$,求其希尔伯特变换和相应的解析信号。

解 信号的频域表示为

$$X(j\Omega)=\frac{A}{2}[\delta(\Omega+\Omega_0)+\delta(\Omega-\Omega_0)]$$

所以 $x(t)$ 的希尔伯特变换的频域表示为

$$\hat{X}(j\Omega)=\frac{A}{2}[j\delta(\Omega+\Omega_0)-j\delta(\Omega-\Omega_0)]=j\frac{A}{2}[\delta(\Omega+\Omega_0)-\delta(\Omega-\Omega_0)]$$

因此 $x(t)$ 的希尔伯特变换 $\hat{x}(t)$ 为

$$\hat{x}(t)=A\sin(\Omega_0 t)$$

解析信号为

$$z(t)=A\cos(\Omega_0 t)+jA\sin(\Omega_0 t)=Ae^{j\Omega_0 t}$$

读者可以证明,若 $x(t)=A\sin(\Omega_0 t)$,则其希尔伯特变换 $\hat{x}(t)=-A\cos(\Omega_0 t)$,即正、余弦函数构成一对希尔伯特变换对。

例 6 - 3 设有一因果信号 $x(t)=x(t)u(t)$,试证明该信号的频域表示的实部和虚部之间满足希尔伯特变换关系。

证明:对信号两边做傅立叶变换得

$$X(j\Omega)=X(j\Omega)*\frac{1}{2\pi}\left[\pi\delta(\Omega)+\frac{1}{j\Omega}\right]$$

对于上式方括弧中表示的傅立叶变换,设

$$X(j\Omega)=X_R(j\Omega)+jX_I(j\Omega)$$

将上式代入信号的傅立叶变换式可得

$$X_R(j\Omega)+jX_I(j\Omega)=\left[X_R(j\Omega)+jX_I(j\Omega)\right]*\frac{1}{2\pi}\left[\pi\delta(\Omega)+\frac{1}{j\Omega}\right]$$

$$=\frac{1}{2\pi}\left[\pi X_R(j\Omega)+X_I(j\Omega)*\frac{1}{\Omega}\right]+j\frac{1}{2\pi}\left[\pi X_I(j\Omega)-X_R(j\Omega)*\frac{1}{\Omega}\right]$$

令上式等号两边的实部和虚部相等,整理可得

$$X_R(j\Omega)=\frac{1}{\pi}X_I(j\Omega)*\frac{1}{\Omega}=\frac{1}{\pi}\int_{-\infty}^{+\infty}\frac{X_I(j\lambda)}{\Omega-\lambda}d\lambda$$

$$X_I(j\Omega)=-\frac{1}{\pi}X_R(j\Omega)*\frac{1}{\Omega}=-\frac{1}{\pi}\int_{-\infty}^{-\infty}\frac{X_R(j\lambda)}{\Omega-\lambda}d\lambda$$

上两式分别为信号的频域希尔伯特变换和反变换,即证明:若信号在时域是因果的,则其频域表示的实部和虚部之间满足希尔伯特变换。

6.5.2 离散时间信号的希尔伯特变换

设离散实信号 $x(n)$ 的希尔伯特变换是 $\hat{x}(n)$,希尔伯特变换器的单位抽样响应为 $h(n)$,频率响应为 $H(e^{j\omega})$。由于离散时间傅立叶变换以 2π 为周期,因此可由连续信号的希尔伯特变换器的频率响应得到 $H(e^{j\omega})$ 在 $|\omega|\leq\pi$ 范围内的定义为

$$H(e^{j\omega})=-j\,\text{sgn}(\omega)=\begin{cases}-j, & 0<\omega<\pi\\ j, & -\pi<\omega<0\end{cases} \tag{6.92}$$

则由离散时间傅立叶逆变换可得离散时间信号的希尔伯特变换器的单位脉冲响应 $h(n)$ 为

$$h(n)=\frac{1}{2\pi}\int_{-\pi}^{+\pi}H(e^{j\omega})e^{j\omega\pi}d\omega=\begin{cases}\dfrac{2}{\pi}\dfrac{\sin^2(\pi n/2)}{n}, & n\neq0\\ 0, & n=0\end{cases}=\begin{cases}0, & n\text{ 为偶数}\\ \dfrac{2}{n\pi}, & n\text{ 为奇数}\end{cases} \tag{6.93}$$

离散时间信号的希尔伯特变换器的单位脉冲响应如图 6.27 所示,这样,离散时间信号 $x(n)$ 的希尔伯特变换 $\hat{x}(n)$ 为

$$\hat{x}(n)=x(n)*h(n)=\frac{2}{\pi}\sum_{m=-\infty}^{+\infty}\frac{x(n-2m-1)}{2m+1} \tag{6.94}$$

求出 $\hat{x}(n)$ 后,可构造实离散时间信号的复解析信号为

$$z(n)=x(n)+j\hat{x}(n) \tag{6.95}$$

复解析信号 $z(n)$ 频谱和原实信号 $x(n)$ 频谱之间的关系为

$$Z(e^{j\omega})=\begin{cases}ZX(e^{j\omega}), & 0<\omega<\pi\\ 0, & -\pi<\omega<0\end{cases} \tag{6.96}$$

由上式可见,复解析信号 $z(n)$ 的频域表示呈现出类似因果性(单边性)的特征(当然,由于 DTFT 的周期性,该因果性只能要求在 $-\pi<\omega<0$ 范围内 $Z(e^{j\omega})=0$)。

离散时间信号的希尔伯特变换可基于 FIR 数字滤波器实现,也可基于 DFT 方便地实现。

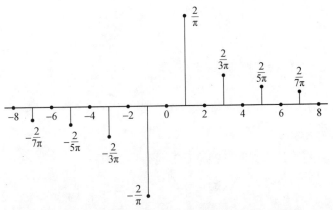

图 6.27　离散时间信号的希尔伯特变换器的单位脉冲响应

6.5.3　希尔伯特变换的性质

下面对于希尔伯特变换性质的介绍以连续时间信号为例,相关性质对离散时间信号也成立。此外,如无特殊说明,使用 $H[\cdot]$ 表示希尔伯特变换。

性质 1　90°移相

希尔伯特变换器是全通滤波器,不改变信号的幅频响应,仅对信号的正频谱移相 $-90°$,而对负频谱移相 $90°$。

性质 2　线性性质

若 a、b 为任意常数,且 $\hat{x}_1(t) = H[x_1(t)]$,$\hat{x}_2(t) = H[x_2(t)]$,则有

$$H[ax_1(t) + bx_2(t)] = a\hat{x}_1(t) + b\hat{x}_2(t) \tag{6.97}$$

性质 3　移位性质

对时移后的信号做希尔伯特变换等效于将信号做希尔伯特变换后再进行时移,即

$$H[x(t-\tau)] = \hat{x}(t-\tau) \tag{6.98}$$

性质 4　希尔伯特变换的希尔伯特变换为对原信号取负,即

$$H[\hat{x}(t)] = -x(t) \tag{6.99}$$

更一般地,有

$$H^{2n}[x(t)] = j^{2n}x(t) \tag{6.100}$$

性质 5　奇偶性质

如果原信号 $x(t)$ 为偶(奇)对称信号,则其希尔伯特变换 $\hat{x}(t)$ 为奇(偶)对称信号。

$$\begin{cases} x(t)偶对称 \leftrightarrow \hat{x}(t)奇对称 \\ x(t)奇对称 \leftrightarrow \hat{x}(t)偶对称 \end{cases} \tag{6.101}$$

性质 6　能量守恒

希尔伯特变换前后信号的能量保持不变,即

$$\int_{-\infty}^{+\infty} x^2(t)\,\mathrm{d}t = \int_{-\infty}^{+\infty} \hat{x}^2(t)\,\mathrm{d}t \tag{6.102}$$

性质 7 正交性质

信号 $x(t)$ 与其希尔伯特变换 $\hat{x}(t)$ 正交,即

$$\int_{-\infty}^{+\infty} x(t)\hat{x}(t)\,\mathrm{d}t = 0 \tag{6.103}$$

性质 8 调制性质

对任意信号 $x(t)$,若其傅立叶变换 $X(\mathrm{j}\Omega)$ 是带限的,即

$$X(\mathrm{j}\Omega) = 0, \qquad |\Omega| > \Omega_{\mathrm{c}}$$

且有 $\Omega_0 > \Omega_{\mathrm{c}}/2$,则有

$$\begin{cases} H[x(t)\cos\Omega_0 t] = x(t)\sin\Omega_0 t \\ H[x(t)\sin\Omega_0 t] = -x(t)\cos\Omega_0 t \end{cases} \tag{6.104}$$

性质 9 卷积性质

若 $x(t)$、$x_1(t)$、$x_2(t)$ 的希尔伯特变换分别是 $\hat{x}(t)$、$\hat{x}_1(t)$、$\hat{x}_2(t)$,且 $x(t) = x_1(t) * x_2(t)$,则

$$\hat{x}(t) = \hat{x}_1(t) * x_2(t) = x_1(t) * \hat{x}_2(t) \tag{6.105}$$

证明:由定义可得

$$\hat{x}(t) = x(t) * \frac{1}{\pi t} = [x_1(t) * x_2(t)] * \frac{1}{\pi t}$$

$$= x_1(t) * \left[x_2(t) * \frac{1}{\pi t} \right] = x_1(t) * \hat{x}_2(t)$$

6.6 本章小结

多采样率处理与多分辨率分析是两个不同的概念,前者针对系统中不同带宽的信号自适应地改变采样率,以节约系统开销;后者主要是一种针对非平稳随机信号的分析方法,可以通过不同时间分辨率和频率分辨率的调节来获取信号的多层次特征信息。如果说傅立叶变换这类空间变换犹如改变一种角度观察信号的话,那么小波变换这种多分辨率分析方法就像采用不同倍率的放大镜观察信号一般,从宏观到局部细节都可以根据需要来分析。

小波变换的输出实际上是不同带宽的滤波器组输出,因此其仍然是时域信号,只是这些信号是通过不同滤波器的输出而已。

希尔伯特变换是一种不改变信号频谱幅度而仅仅进行移相的变换,其可用来构成原始信号的解析信号而实现单边频带分布。对于因果实信号,其反映了傅立叶频谱的实部和虚部之间的关系。

习　题

6-1　一个数据通信系统以 12 kHz 经过采样后，以后的处理必须将采样率降为 2 kHz。要求抽取滤波器不存在任何相位失真，试分析抽取滤波器的特性和相应的设计方法。

6-2　如果题 6-1 的系统中包含 6.5～7 kHz 的带通数据，则在以下两种通过抽取进行降采样的过程中相应各级的频谱是怎样的？两种降采样的结果是否一致？

(1) 12 kHz→6 kHz→2 kHz

(2) 12 kHz→4 kHz→2 kHz

6-3　设一个倍频程分隔滤波器组的频带分布如图 6.28 所示，画出利用序列抽取方式实现这个滤波器组的框图，并分析其运算复杂度。设输入信号的采样率为 8 kHz，量化位是 8 比特，各子频带输出信号的比特分配如下：

子带 1：8 比特，　子带 2：6 比特

子带 3：4 比特，　子带 4：2 比特

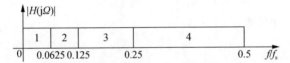

图 6.28　倍频程分隔滤波器组的频带分布

计算滤波器组输出信号的传输比特率，它与输入信号的传输比特率相比降低了多少？

6-4　一个模拟信号的频带宽度为 40 kHz，中心频率为 10 MHz。问通过多采样率处理后最小的采样率应该是多少才不引起频谱混叠（依据图 6.9 计算）？一个频率稳定指标为 10^{-6} Hz 的振荡器作为采样时钟是否足够？

6-5　Daubechies-6 小波的尺度函数和小波函数如图 6.29 所示。画出尺度为 $a=2$，$a=1$，$a=0.5$ 和 $a=0.25$ 时的波形。

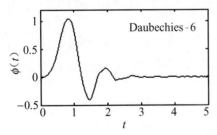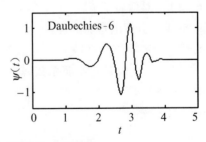

图 6.29　Daubechies-6 小波的尺度函数和小波函数

6-6　设 DWT 尺度函数和小波函数如图 6.30 所示，一个在 V_2 子空间的信号持续时间为 0～2 s。当用式(6.39)表示信号时需要的所有尺度函数的波形是怎样的？当信号分解到子空间 V_0 并用式(6.46)表示时所需的尺度函数和小波函数是哪些？

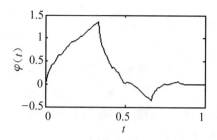 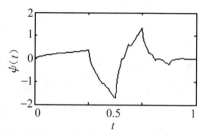

图 6.30　DWT 小波

6-7　对于 Haar 小波,验证下列公式是正确的:

(1) $\varphi(2t)=\sum_k\sqrt{2}h_0(k)\varphi(4t-k)$

(2) $\psi(2t)=\sum_k\sqrt{2}h_1(k)\varphi(4t-k)$

6-8　Battle 和 Lemarie-4 小波的尺度展开系数如下:

$$h_0(0)=0.387\,5,\quad h_0(1)=0.684\,1,\quad h_0(2)=0.387\,5,\quad h_0(3)=-0.044\,8$$

计算小波展开系数 $h_1(k)$,并画出 $h_0(k)$ 和 $h_1(k)$ 的波形。

6-9　利用 Haar 小波表示如下信号:

$$f(t)=\begin{cases}-4, & 0\leqslant t<0.25 \\ 3, & 0.25\leqslant t<0.5 \\ 5, & 0.5\leqslant t<0.75 \\ -2, & 0.75\leqslant t<1\end{cases}$$

试给出以下三种情况的信号表示:

(1) $\varphi(4t)$, $\varphi(4t-1)$, $\varphi(4t-2)$, $\varphi(4t-3)$

(2) $\varphi(2t)$, $\varphi(2t-1)$, $\psi(2t)$, $\psi(2t-1)$

(3) $\varphi(t)$, $\psi(t)$, $\psi(2t)$, $\psi(2t-1)$

6-10　对信号 $f(k)=\{1,2,-1,3,0,5,-1,-2\}$ 进行 Haar 离散小波变换,并设尺度 $a=1$ 时分解的最粗尺度。

6-11　设有信号 $f(k)=\{1,2,3,4,5,6,7,8\}$,计算 3 级 Haar 小波变换,设置固定门限为 TH = 0.3,量化小波系数,然后进行 3 级 IDWT 以重建信号,观察失真情况。

7 离散随机信号处理

- ■ 离散随机信号的特征
- ■ 平稳随机信号，遍历随机信号
- ■ 随机信号功率谱
- ■ 维纳滤波与卡尔曼滤波

本书前面的章节主要讨论了确定性信号。与之相对应，本章讨论随机信号的基本概念和基本处理方法。

确定性信号可以描述为复合指数的加权和。给定一个信号的傅立叶变换，我们能够精确地计算出在任何时间 t 的信号取值。但在实际应用中所遇到的大量信号并不符合这样的特性，它随时间变化的取值无法精确地预测，即在任何时间的取值是不确定的，这样的信号称为随机信号。例如，电子电路中的热噪声、晶体管输出温漂，甚至谈话、音乐、通信信号等许多重要的实际信号，从波形看都是随机的。如果希望用一些特征来表述它们，用前面章节中介绍的确定性信号使用的方法会比较困难。然而，若运用概率的概念，可以对确定性信号的傅立叶、拉普拉斯等变换做出新的描述，使之能够适用于这些随机信号，并可以按概率和统计的概念来寻求信号特征以及做出相应处理。

随机信号的处理内容涉及较多，包括随机信号的时域处理、傅立叶变换、滤波、功率谱估计和时频分析等。本章介绍其中的部分基础内容。

7.1 随机变量和随机过程

按照概率理论，对于自然界中的随机事件，可以用一个随机变量 x 来描述它。若 x 的取值是连续的，则 x 为连续型随机变量；若 x 的取值是离散的，则 x 为离散型随机变量。对连续型随机变量 x，可用它的分布函数、概率密度及数字特征来描述。

(1) 概率密度： $\quad\quad\quad\quad p(x) = \mathrm{d}P(x)/\mathrm{d}x$

(2) 概率分布函数： $\quad\quad P(x) = \int_{-\infty}^{x} p(x)\mathrm{d}x$

(3) 均值： $\quad\quad\quad\quad \mu = \mathrm{E}[x] = \int_{-\infty}^{+\infty} x p(x)\mathrm{d}x$

(4) 均方值： $\quad\quad\quad D^2 = \mathrm{E}[\,|\,x\,|^2\,] = \int_{-\infty}^{+\infty} |\,x\,|^2 p(x)\mathrm{d}x$

(5) 方差： $\quad\quad\quad\quad \sigma^2 = \mathrm{E}[\,|\,x-\mu\,|^2\,] = \int_{-\infty}^{+\infty} |\,x-\mu\,|^2 p(x)\mathrm{d}x$

对于两个随机变量 x、y，如果其联合概率密度为 $p(x, y)$，那么它们的协方差函数为

$$\mathrm{cov}[x,\ y] = \mathrm{E}[(x-\mu_x)(y-\mu_y)^*] = \mathrm{E}[xy^*] - \mathrm{E}[x]\mathrm{E}[y]^* \tag{7.1}$$

以上各式中的 E[]均为求均值运算。

若随机变量 x 服从高斯(Gaussian)分布,则其概率密度为

$$p(x) = \frac{1}{\sqrt{2\pi\sigma^2}}\exp\left[-\frac{1}{2\sigma^2}(x-\mu)^2\right] \tag{7.2}$$

N 个随机变量 $\boldsymbol{x} = [x_1,\ x_2,\ \cdots,\ x_N]^{\mathrm{T}}$ 的联合高斯分布概率密度函数为

$$p(\overset{\rho}{x}) = \frac{1}{\sqrt{(2\pi)^N\,|\,\boldsymbol{\Sigma}\,|}}\exp\left[-\frac{1}{2}(\boldsymbol{x}-\boldsymbol{\mu})^{\mathrm{T}}\,\boldsymbol{\Sigma}^{-1}(\boldsymbol{x}-\boldsymbol{\mu})\right] \tag{7.3}$$

式中,$\boldsymbol{\mu} = [\mu_{x_1},\ \mu_{x_2},\ \cdots,\ \mu_{x_N}]^{\mathrm{T}}$,是$x$的均值向量。矩阵$\Sigma$是$x$的协方差矩阵,如式(7.4)所示。若 $x_1,\ x_2,\ \cdots,\ x_N$ 之间相互独立,则协方差矩阵Σ将成为对角矩阵。

$$\begin{aligned}
\boldsymbol{\Sigma} &= \mathrm{E}[(\boldsymbol{x}-\boldsymbol{\mu})(\boldsymbol{x}-\boldsymbol{\mu})^{\mathrm{T}}] \\
&= \begin{bmatrix}
\sigma_1^2 & \mathrm{cov}[x_1,\ x_2] & \cdots & \mathrm{cov}[x_1,\ x_N] \\
\mathrm{cov}[x_2,\ x_1] & \sigma_2^2 & \cdots & \mathrm{cov}[x_2,\ x_N] \\
\vdots & \vdots & & \vdots \\
\mathrm{cov}[x_N,\ x_1] & \mathrm{cov}[x_N,\ x_2] & \cdots & \sigma_N^2
\end{bmatrix}
\end{aligned} \tag{7.4}$$

随机变量在不同时间点的取值构成一个随机信号序列,而所有可能的序列集合构成随机过程。

例 7-1 考虑某个人每一秒钟抛一次质量同样均匀的硬币,并且用$+1$记录出现正面的数目,-1记录出现反面的数目,这样这个人就得到一个离散的随机信号序列。所有可能序列的集合称为总体或随机过程。由某个人抛硬币而产生的一个特别的序列也称为一个实现个体或一个随机过程样本。图 7.1 表示了一个由三个随机信号序列(或称实现个体、样本)构成的随机过程。

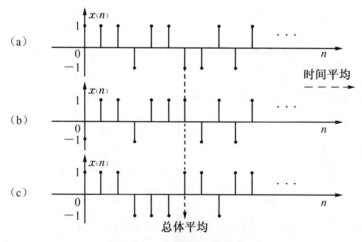

图 7.1 时间平均和总体平均

如果单独考虑某一实现个体,计算此个体所做试验的均值,称其为时间平均;如果计算在每一个特定时间点上所有个体的平均值,称其为总体平均,如图 7.1 所示。如果一个随机

过程的时间平均和总体平均相等,我们说这个过程是各态遍历的。各态遍历的严格定义涵盖所有平均的情况,要注意的是,在这个例子中只考虑了最简单的平均数。

一般来说,总体平均和时间平均是不相等的。在抛硬币试验中可能会碰到这种情况:如果随着时间的变化,个体出现正面的概率可能比出现反面的概率高,则总体平均能反映这一变化(这一变化随试验次数不同而不同),但是时间平均不能反映出来。

不是各态遍历的随机过程的例子见图 7.2。图中显示了某个线性信号发生器产生的一个矩形波 $x(t-a)$,其中延迟因子是随机变量。$p(a=0)=0.75$ 和 $p(a=1)=0.25$,图 7.2(a) 至(d)显示了四种可能的实现,每个实现的时间平均很显然是 0,而总体平均如图 7.2(e)的波形所示。

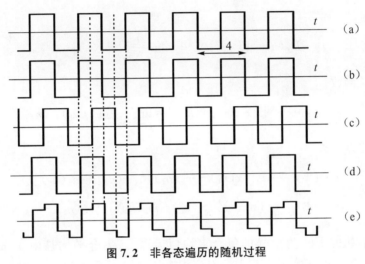

图 7.2　非各态遍历的随机过程

7.2　平稳随机信号

对于随机实验,在相同条件下独立地进行多次观察时,各次观察到的结果一般互不相同。为了全面地了解实验对象的特征,从概念上讲,应该在相同的条件下,独立地做尽可能多次的观察。这样,每一次观察可以得到一个样本函数 $x_i(t)$, $i=1\sim N$, $N\to\infty$。

如前所述,所有样本函数 $x_i(t)$, $i=1\sim N$, $N\to\infty$ 的集合就构成了该随机试验可能经历的整个过程,该集合就是一个随机过程,也称为随机信号,记为 $x(t)$。这个概念可以概括为:一个随机信号(或序列)称为一个随机过程,在它的每个时间点上的取值都是随机的,可用一个随机变量表示,或者说,一个随机过程是一个随机试验所产生的随机变量依时序组合得到的序列。

随机信号 $x(t)$ 在任何时刻 t 都有精确的值,然而对于很多具体问题,讨论这些单独的值意义不大,也不方便,但可以使用它的统计特性。比如,我们可以计算 $x(t)$ 的平均值(期望值),记为 $\mathrm{E}[x(t)]$,将 $\mathrm{E}[x(t)]$ 看成信号的直流(DC)分量。我们还可以计算 $x^2(t)$ 的平均值,记为 $\mathrm{E}[x^2(t)]$,这就是随机信号的平均功率。除此之外,还可以讨论信号的频率分量和频谱及其他更多的东西。一般地,将 $x(t)$ 在任何时刻 t 的值看成一些基本的概率密度函数 $p_t(x)$,便可利用概率理论对其进行运算。

若将随机信号 $x(t)$ 离散化,则得到离散随机信号 $x(nT_s)$ 或 $x(n)$。对 $x(n)$ 的每一次实现记为 $x_i(n)$, $i = 1 \sim N$, $N \to \infty$。显然,对某一固定时刻,如 $n = n_0$, $x_i(n_0)$, $\forall i$ 构成一个随机变量。对应地,其时域离散特征表示如下:

(1) 均值(数学期望)

$$m_x(n) = \mathrm{E}[x(n)] = \lim_{N \to \infty} \frac{1}{N} \sum_{i=1}^{N} x_i(n) \tag{7.5}$$

(2) 方差

$$\sigma_x^2(n) = \mathrm{E}[|x(n) - m_x(n)|^2] = \lim_{N \to \infty} \frac{1}{N} \sum_{i=1}^{N} |x_i(n) - m_x(n)|^2 \tag{7.6}$$

(3) 均方值

$$D_x^2(n) = \mathrm{E}[|x(n)|^2] = \lim_{N \to \infty} \frac{1}{N} \sum_{i=1}^{N} |x_i(n)|^2 \tag{7.7}$$

(4) 自相关函数

$$\phi_x(n_1, n_2) = \mathrm{E}[x^*(n_1)x(n_2)] = \lim_{N \to \infty} \frac{1}{N} \sum_{i=1}^{N} x_i^*(n_1)x_i(n_2) \tag{7.8}$$

(5) 自协方差函数

$$\gamma_x(n_1, n_2) = \mathrm{E}\{[x(n_1) \quad m_x(n_1)]^*[x(n_2) - m_x(n_2)]\}$$
$$= \lim_{N \to \infty} \frac{1}{N} \sum_{i=1}^{N} [x_i(n_1) - m_x(n_1)]^*[x_i(n_2) - m_x(n_2)] \tag{7.9}$$

上面式子右边的 $\mathrm{E}[\ ]$ 为信号的集合求均值运算,该集合平均是由 $x(n)$ 的无穷样本 $x_i(n)$, $i = 1 \sim N$, $N \to \infty$ 在相应时刻对应相加(或相乘后再相加)来实现的。

随机信号的自相关函数 $\phi(n_1, n_2)$ 描述了信号 $x(n)$ 在 n_1, n_2 这两个时刻的相互关系,是一个重要的统计量。若 $n_1 = n_2 = n$, 则

$$\phi_x(n_1, n_2) = \mathrm{E}[|x(n)|^2] = D_x^2(n) \tag{7.10}$$

$$\gamma_x(n_1, n_2) = \mathrm{E}[|x(n) - m_x(n)|^2] = \sigma_x^2(n) \tag{7.11}$$

对于两个随机信号 $x(n)$、$y(n)$,其互相关函数和互协方差函数分别定义如下:

(6) 互相关函数

$$\phi_{xy}(n_1, n_2) = \mathrm{E}[x^*(n_1)y(n_2)] \tag{7.12}$$

(7) 互协方差函数

$$\gamma_{xy}(n_1, n_2) = \mathrm{E}\{[x(n_1) - m_x(n_1)]^*[y(n_2) - m_y(n_2)]\} \tag{7.13}$$

如果 $\gamma_{xy}(n_1, n_2) = 0$,我们称信号 $x(n)$ 和 $y(n)$ 是不相关的。因为

$$\gamma_{xy}(n_1, n_2) = \mathrm{E}[x^*(n_1)y(n_2)] - \mathrm{E}[x^*(n_1)]m_Y(n_2) -$$
$$m_x^*(n_1)\mathrm{E}[y(n_2)] + m_x^*(n_1)m_y(n_2)$$
$$= \mathrm{E}[x^*(n_1)y(n_2)] - m_x^*(n_1)m_y(n_2) \tag{7.14}$$

因而,如果信号 $x(n)$ 和 $y(n)$ 不相关,必定有

$$\phi_{xy}(n_1, n_2) = \mathrm{E}[x^*(n_1)y(n_2)] = m_x^*(n_1)m_y(n_2) \tag{7.15}$$

在某些特殊的处理信号中,基本的概率密度函数 $p(x)$ 已知,例如由 A/D 转换器产生的量化噪声的概率密度函数。但是在大部分情况下,对于 $p(x)$ 的形式并不知道。因此在一些具体情况下,往往假设 $p(x)$ 为高斯(正态)型。

随机信号处理需要很多数学理论知识。为便于学习,假定所讨论的随机信号具有一些简单的一阶和二阶数学特性。首先假定随机信号是广义平稳、零均值并且各态遍历的。各态遍历特性在前面已提到,指的是与信号相关的期望值可以由时间平均来决定。如果一个信号是各态遍历的,那么对 $\mathrm{E}[x(n)]$ 就可以这样来估计:取 $x(n)$ 的 N 个点,把这些点的采样值加起来再除以 N。对 $\mathrm{E}[x^2(n)]$ 也可以这样来估计,即取 $x(n)$ 的 N 个点,把这些点的采样值的平方相加再除以 N。

所谓广义平稳特性是指 $\mathrm{E}[x(n)]$ 和 $\mathrm{E}[x^2(n)]$ 不依赖于时间 n,或者说各时间点对应的值都一样;零均值特性是指 $\mathrm{E}[x(n)]=0$,即信号的 DC 分量是零。详细地说,对于一个离散随机信号 $x(n)$,如果其均值与时间 n 无关,其自相关函数 $\phi_x(n_1, n_2)$ 与 n_1 和 n_2 的选取无关,而仅仅和 n_1 与 n_2 之差有关,那么我们称 $x(n)$ 为广义平稳随机信号。对应地,若概率密度函数不随时间变化,称之为狭义平稳随机信号。此类信号相应的统计参数定义如下:

(1) 均值(数学期望)

$$m_x(n) = m_x = \mathrm{E}[x(n)] \tag{7.16}$$

(2) 自相关函数

$$\phi_x(n_1, n_2) = \phi_x(m) = \mathrm{E}[x(n)x(n+m)]$$
$$= \lim_{N \to \infty} \frac{1}{N} \sum_{n=0}^{N-1} x(n)x(n+m), \qquad m = n_2 - n_1 \tag{7.17}$$

$\phi_x(m)$ 是随机过程 $x(n)$ 最主要的统计特性,除阐明相关性外,还涵盖了下面讨论的一些特性。

① $$m_x^2 = \phi_x(\infty)$$

② $$\mathrm{E}[|x(n)|^2] = \phi_x(0)$$

③ $$\phi_x(m) = \phi_x(-m)$$

(3) 方差

$$\sigma_x^2(n) = \sigma_x^2 = \mathrm{E}[|x(n) - m_x|^2] = \mathrm{E}[|x(n)|^2] - m_x^2$$
$$= \phi_x(0) - \phi_x(\infty) = \gamma_x(0) \tag{7.18}$$

(4) 均方值

$$D_x^2(n) = D_x^2 = \mathrm{E}[|x(n)|^2] \tag{7.19}$$

(5) 自协方差函数

$$\gamma_x(n_1, n_2) = \gamma_x(m) = \mathrm{E}\{[x(n) - m_x]^*[x(n+m) - m_x]\} \tag{7.20}$$

$$\gamma_x(m) = \phi_x(m) - m_x^2 \tag{7.21}$$

当 $m_x = 0$ 时,上面的自相关函数序列和自协方差函数序列相等。

(6) 互相关函数

$$\phi_{xy}(m) = \mathrm{E}[x^*(n)y(n+m)] \tag{7.22}$$

(7) 互协方差函数

$$
\begin{aligned}
\gamma_{xy}(m) &= \mathrm{E}\{[x(n)-m_x]^*[y(n+m)-m_y]\} \\
&= \phi_{xy}(m) - m_x m_y
\end{aligned}
\tag{7.23}
$$

　　自相关函数和自协方差函数往往用来检测混有随机噪声的信号,互相关函数和互协方差函数的应用场合也很多,经常利用系统输入和输出信号间的互相关函数最大值出现的位置来确定线性系统的延时。

　　广义平稳随机信号是一类重要的随机信号。在实际工作中,我们往往把所要研究的随机信号视为广义平稳的,这样将使问题得以大大简化。实际上,自然界中的绝大部分随机信号都可被认为是广义平稳的。特别是对于讨论的通信信号和噪声信号而言,这是一种较为合理的假设。本章后面所提到的平稳随机信号,如果没有特别说明,均认为是广义平稳随机信号。要注意的是,各态遍历必为平稳的,反之则不一定。

　　例 7-2　将一个零均值的平稳白噪声输入到一个冲激响应为$[1, 0.5]$的 FIR 数字滤波器,因为输入信号是白噪声,其自相关函数具有如下形式:

$$\phi_x(m) = \sigma_x^2 \delta(m)$$

用 $S_x(z)$ 表示 $\phi_x(m)$ 的 Z 变换,如下所示:

$$S_x(z) = \sigma_x^2$$

根据线性系统输入与输出信号的关系,输出信号自相关函数 $\phi_y(m)$ 的 Z 变换 $S_y(z)$ 为

$$
\begin{aligned}
S_y(z) &= H(z)H(1/z)S_x(z) \\
&= (1+0.5z^{-1})(1+0.5z)\sigma_x^2 \\
&= (0.5z^{-1}+1.25+0.5z)\sigma_x^2
\end{aligned}
$$

对上式求 Z 反变换得

$$\phi_y(-1) = 0.5\sigma_x^2, \qquad \phi_y(0) = 1.25\sigma_x^2, \qquad \phi_y(1) = 0.5\sigma_x^2$$

关于随机信号通过线性移不变系统的具体内容请看 7.6 节。

　　例 7-3　随机相位正弦序列信号如下:

$$x(n) = A\sin(2\pi fnT_s + \varphi)$$

式中,φ 是一随机变量,在 $0\sim 2\pi$ 内服从均匀分布,即

$$
p(\varphi) = \begin{cases} \dfrac{1}{2\pi}, & 0 \leqslant \varphi \leqslant 2\pi \\ 0, & \text{其他} \end{cases}
$$

A, f 均为常数。可见,对应 φ 的每一个取值,有一条正弦曲线(因为 φ 在 $0\sim 2\pi$ 内的取值是随机的,所以其每一个样本 $x(n)$ 都是一正弦信号)。求其均值和自相关函数,并观察其平稳性。

解 根据前面离散随机信号的统计参数定义，$x(n)$ 的均值和自相关函数分别为

$$m_x(n) = \mathrm{E}[A\sin(2\pi fnT_s + \varphi)] = \int_0^{2\pi} A\sin(2\pi fnT_s + \varphi)\frac{1}{2\pi}\mathrm{d}\varphi = 0$$

$$\begin{aligned}
\phi_x(n_1, n_2) &= \mathrm{E}[A^2\sin(2\pi fn_1T_s + \varphi)\sin(2\pi fn_2T_s + \varphi)] \\
&= \frac{A^2}{2\pi}\int_0^{2\pi}\sin(2\pi fn_1T_s + \varphi)\sin(2\pi fn_2T_s + \varphi)\mathrm{d}\varphi \\
&= \frac{A^2}{2}\cos[2\pi f(n_2 - n_1)T_s]
\end{aligned}$$

由于

$$m_x(n) = m_x = 0$$

并且

$$\phi_x(n_1, n_2) = \phi_x(n_2 - n_1) = \phi_x(m) = \frac{A^2}{2}\cos(2\pi fmT_s)$$

所以随机相位正弦波是广义平稳的。

按照各态遍历的定义，对于一个平稳随机信号 $x(n)$，如果它的单一样本函数在长时间内的统计特性与所有样本函数在某一固定时刻的一阶和二阶统计特性一致，则称 $x(n)$ 为各态遍历平稳随机信号。它的含义是：单一样本函数随时间变化的过程可以包括该信号所有样本函数的取值特性。因此，我们就可以仿照前述确定信号那样来定义各态遍历平稳随机信号的一阶和二阶数字特征。

例 7-4 计算例 7-3 的随机相位正弦波的各态遍历特性。

解 例 7-3 中，$x(n) = A\sin(2\pi fnT_s + \varphi)$，$\varphi$ 是一随机变量。确定某一常数 φ 后，其单一的时间样本为 $x(n) = A\sin(2\pi fnT_s + \varphi)$，对 $x(n)$ 作时间平均，有

$$m_x(n) = \lim_{k\to\infty}\frac{1}{2k+1}\sum_{n=-k}^{k}[A\sin(2\pi fnT_s + \varphi)] = 0 = m_x$$

$$\begin{aligned}
\phi_x(m) &= \lim_{k\to\infty}\frac{1}{2k+1}\sum_{n=-k}^{k}A^2\sin(2\pi fnT_s + \varphi)\sin[2\pi f(n+m)T_s + \varphi] \\
&= \lim_{k\to\infty}\frac{1}{2k+1}\sum_{n=-k}^{k}\frac{A^2}{2}[\cos(2\pi fmT_s) - \cos(2\pi f(n+n+m)T_s + 2\varphi)]
\end{aligned}$$

由于上式是对 n 求和，因此求和号后第一项与 n 无关，而第二项应等于零，所以

$$\phi_x(m) = \frac{A^2}{2}\cos(2\pi fmT_s)$$

这与例 7-3 求出的结果一样，所以随机相位正弦波也是各态遍历的。

虽然实际问题中并不能保证随机信号都具有各态遍历性，但由于能使用单一的样本函数来作时间平均，求得其均值和自相关函数，因而都乐于采用这种手段来分析和处理信号。在现实中，对已获得的一个实际信号，往往首先假定它是平稳的，再假定它是各态遍历的。由于平稳的假设，保证了不同时刻的统计特性是相同的，即只要有一个实现时间充分长的过程能够表现出各个特征来，就可用得到的一组样本数据来求得总体的统计特性。在按此假

定对信号进行处理之后,可用处理的结果来检验假定的正确性。

7.3 随机信号的 A/D 转换噪声和过采样处理

就如第 1 章介绍的那样,为了得到一个真正的离散随机信号,要利用 A/D 转换器对随机信号进行采样和量化,并使用有限数量的比特来表达该采样值。正因为比特数有限,信号真值与 A/D 转换器量化值的差称为量化误差。换个角度叙述,在任何一个时刻 n,A/D 转换器的输出由信号真值加上一个量化误差组成。这个量化误差能用加在一个真实信号上的一个加性噪声信号来表示。

从理论上说,可以采用增加 A/D 转换器的比特数来减少此量化噪声。但也可以使用第 6 章介绍的过采样技术来减少量化噪声功率。过采样就是使 A/D 转换器的采样频率 f_s 大大高出采样频率理论最小值 $2B$(64 或 128 倍),这里 B 是信号带宽。由理论分析可知,它使在 A/D 转换器输出端的量化噪声信号频谱伸展到整个可用频带且与采样频率无关。由于在 A/D 转换器输出端的真实信号仍然受制于原始带宽 $(-B < f < B)$,相对 f_s 而言,现在的可用带宽要小很多 $(-f_s/2 < f < f_s/2)$,所以在 A/D 转换器输出端放置一个截止频率为 B Hz 的离散时间低通滤波器,在真实信号带宽之外的噪声频谱将会被滤除而不改变真实信号自身,这样就减少了多余的噪声而没有损害到真实信号。

当然,过采样技术也存在较严重的问题。一个实时系统中,如果采样频率过高,系统处理速度也必须随之提高。克服的方法之一是,可以在采样信号被送到处理器之前对其进行抽取来降采样,这就意味着数字处理器可以工作在较低速率上。由于采样频率高的时候,D/A 转换器的内在失真少,所以信号经处理器处理之后,可以在其被传送到 D/A 转换器之前进行插值运算或是再次用过采样技术对其采样,得到一个离散时间信号。插值程序使用的工作频率也很高。整个过程可描述为:过采样、抽取、数字处理、插值和 D/A 转换。下面叙述一下过采样和抽取处理及对量化噪声的影响。

设一个 A/D 转换器,它的输入电压在 $-V \sim +V$ 之间,该 A/D 转换器的输入信号表示为 $x_a(t)$,A/D 转换器每 T 秒对 $x_a(t)$ 采样一次,形成 $x(n)$,然后对它进行二进制编码得到量化值,输出一个 N 位的二进制数,表示为 $x_d(n)$。N 位比特可以表示 $Q = 2^N$ 级的量化电平。级与级之间的距离用电压表示为

$$\Delta = \frac{2V}{Q-1} = \frac{2V}{2^N-1} \tag{7.24}$$

显然,实际工作时的量化误差在 $-\Delta/2 \sim +\Delta/2$ 之间。因为每个采样都伴随着量化误差,如果用 $e(n)$ 表示第 n 个时刻的量化误差,则这些信号的关系为 $x_d(n) = x(n) + e(n)$。设真实信号 $x(n)$ 的平均功率 $\mathrm{E}[x^2(n)]$ 用 σ_x^2 表示,量化噪声信号的平均功率 $\mathrm{E}[e^2(n)]$ 用 σ_e^2 表示,则 A/D 转换器的输出信噪比(SNR)定义为

$$\mathrm{SNR} = \frac{\sigma_x^2}{\sigma_e^2} \quad \text{或} \quad \mathrm{SNR_{dB}} = 10\log\left(\frac{\sigma_x^2}{\sigma_e^2}\right) \tag{7.25}$$

从统计角度看,在任何时刻 n,$e(n)$ 的可能值在 $-\Delta/2 \sim +\Delta/2$ 范围内随机变化,并且此范围内的任何值都可能均等出现。这表示 $e(n)$ 是均匀分布的。另外,同样因为正值和负值

可能均等出现,所以可以将 $e(n)$ 看成均值为零的随机信号。因此可得

$$\sigma_e^2 = \mathrm{E}[e^2(n)] = \Delta^2/12 \tag{7.26}$$

因此

$$\mathrm{SNR} = \frac{\sigma_x^2}{\sigma_e^2} = 3\sigma_x^2 (2^N - 1)^2/V^2 \tag{7.27}$$

$$\mathrm{SNR_{dB}} = 10\log\left(\frac{\sigma_x^2}{\sigma_e^2}\right)$$

$$= 10\log3 + 10\log\left(\frac{\sigma_x^2}{V^2}\right) + 10\log(2^N - 1)^2 \tag{7.28}$$

从 $\mathrm{SNR_{dB}}$ 的计算公式可以看出,量化位 N 每增加 1 比特,$\mathrm{SNR_{dB}}$ 约提升 6dB,称为"每比特 6dB 规则"。

注意,无论 A/D 转换器的采样频率如何,σ_e^2 覆盖整个区间,即 A/D 转换器输出的量化噪声功率总是在 $-f_s/2 < f < f_s/2$ 频率范围内均匀分布,整个量化噪声功率由 Δ 决定而不是由采样频率决定。因此提高采样频率并不改变 σ_e^2,但它导致整个频谱上噪声功率的扩展。由于噪声功率一定,扩展使幅度下降,扩展越宽,过滤掉的噪声越多。由此可见,当采样频率 f_s 提高时,一部分量化噪声的功率谱密度函数就会分布到信号本身覆盖的频率 B 的范围之外。这种溢出的信号宽带噪声可以用截止频率为 B Hz 的低通滤波器消除而不会改变信号本身,并改善输出信噪比 SNR。

但是,增加采样频率将会要求使用的存储器数量及处理器速度增加,下面讨论解决这个问题的方法。

设原始模拟信号 $g_a(t)$,频率范围限制在 B Hz,根据采样定理,用频率 $f_s = 2B$ 对信号 $g_a(t)$ 采样不会产生频谱混叠。实际采样频率取 $f_s = 2MB$,M 为过采样倍率因子。带宽为 B Hz 的低通滤波器输出信号为 $g(n)$,意味着离散信号 $g(n)$ 的频率也限制在 B Hz。如果作出分别由 $f_s = 2MB$ 及 $f_s = 2B$ 采样频率产生的 $g_a(t)$ 的傅立叶频谱图,可看出后者的低通滤波器输出的频段比前者的宽,但还在理论允许范围内,不会产生混叠。因此,可以用非常简单的方式得到解决方案。假设过采样参数 M 是整数,且 $M \geqslant 2$,如果对 $g(n)$ 的每 M 点采样仅仅取第 1 个采样值而舍去其余的 $M-1$ 个采样值,所得结果 $g_M(n)$ 与 $f_s = 2B$ 时对 $g_a(t)$ 的采样得到的结果相同。这个过程称为抽取或降采样。如果按此方法进行信号处理,对处理器运算速度的要求可大为降低。

抽取后得到的离散时间信号 $g_M(n)$ 将会在有效采样频率 $f_s = 2B$ 下得到处理。处理器的输出 $y(n)$ 是离散时间信号,因此必须通过 D/A 转换器才能转换为连续时间信号 $y_a(t)$。前面提到,D/A 转换器要在高于 $f_s = 2B$ 的频率下运行。不失一般性,我们让 D/A 转换器在频率 $f_s = 2MB$ 下运行,M 为系统输入时的过采样倍率因子。

设信号 $y(n)$ 的每个采样间插入 $M-1$ 个零值采样点,称产生的信号为 $y_z(n)$。对 $y(n)$ 和 $y_z(n)$ 分别作离散时间傅立叶变换,如图 7.3 所示。可以看到,两个 DTFT 谱非常相像,它们之间的唯一区别是周期有所改变,尺度因子发生了变化。图 7.3(a) 是对应于 $y(n)$ 的 DTFT 谱,图 7.3(b) 是对应于 $y_z(n)$ 的 DTFT 谱,读者可定性地了解它们的关系,其中 $M = 4$。为把 $y_z(n)$ 的 DTFT 表示成对应于 $y(n)$ 的形式,我们可以通过一个低通滤波器来实现,

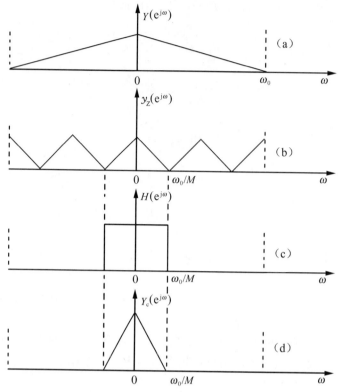

图 7.3   信号插值后谱的改变及滤波结果

如图 7.3(c)所示,结果如图 7.3(d)所示,其频段范围为原信号频段的 $1/M$。

有关离散信号序列的抽取和插值、降采样和升采样的完整内容可参考 6.1 节。

实际应用中,在对随机信号进行处理之前往往需要进行去均值处理,以获取一个零均值的随机信号,例如语音信号处理中就是这样。对于平稳随机信号可按下面的公式完成均值计算及信号去均值处理:

$$m_x = \frac{1}{N}\sum_{n=0}^{N-1} x(n), \qquad \tilde{x}(n) = x(n) - m_x \tag{7.29}$$

7.4   随机信号功率谱

一个随机信号在各时间点上的值不能预先确定,它的每个实现样本往往不同,只能用它的各种统计值来表征它,例如自相关值就是一个有效的统计值。另一方面,随机信号是非周期信号,无限长度并且能量无限,不满足绝对可积条件,这些随机序列的 Z 变换和傅立叶变换不存在。但是很容易理解,随着两个随机信号值之间时序差的增长,它们的相关性越来越小,也就是说随机信号的自相关序列趋为零。因此,随机信号的自相关序列或自协方差序列具备有限能量,它们的 Z 变换与傅立叶变换是存在的。

自相关函数的傅立叶变换称为随机信号的功率谱密度,功率谱密度可用来表征随机信号的统计平均谱特性,它是随机信号的一种最重要的表征形式。我们要在统计意义下了解一个随机信号,就要知道或估计它的功率谱密度。

自协方差序列的 Z 变换可定义为

$$S_x(z) = \sum_{k=-\infty}^{\infty} \gamma_x(k) z^{-k} \qquad (7.30)$$

如果假设序列的均值为零,则 $S_x(z)$ 也就是自相关序列 $\phi_x(m)$ 的 Z 变换:

$$S_x(z) = \sum_{m=-\infty}^{\infty} \phi_x(m) z^{-m} \qquad (7.31)$$

若 $\phi_x(m)$ 是稳定的,则 $S_x(z)$ 的收敛域包括 z 平面上的单位圆。将 z 与 $e^{j\omega}$ 作简单替换,可以得到随机信号自协方差序列的傅立叶变换,如下所示:

$$S_x(\omega) = \sum_{m=-\infty}^{\infty} \phi_x(m) e^{-j\omega m} \qquad (7.32)$$

一般来说,任何离散序列的傅立叶变换 $S_x(e^{j\omega})$ 是以 $\omega = 2\pi$ 为周期的周期函数。其反变换为

$$\phi_x(m) = \frac{1}{2\pi} \int_{-\pi}^{\pi} S_x(\omega) e^{j\omega m} d\omega \qquad (7.33)$$

$\phi_x(m)$ 的傅立叶变换存在的条件为其绝对可和,即

$$\sum_{-\infty}^{\infty} |\phi_x(m)| < \infty \qquad (7.34)$$

显然,如果随机信号均值不为零,上式往往不成立。因此,一般情况下可在数据预处理时去除均值。当 $m_x = 0$ 时,绝对可和就意味着 $S_x(\omega)$ 存在,即 $\phi_x(m)$ 傅立叶变换存在。

下面讨论自相关函数傅立叶变换的一些物理解释。先说明一下随机信号中的平均功率 $E[x^2(n)]$。假设离散时间信号 $x(n)$ 是 D/A 转换器产生的一个连续时间电压波形 $x_a(t)$。当电压施加于电阻 R 时,它的瞬时功率是 $P(t) = x_a^2(t)/R$,平均功率就是 $P(t)$ 的平均值,它与 $E[x^2(n)]$ 成正比。

方差和自相关函数之间有很多关联。例如,对于零均值的平稳随机过程,方差就是平均功率:

$$\sigma_x^2 = E[x^2(n)] = \lim_{n \to \infty} \frac{1}{2N+1} \sum_{n=-N}^{N} x^2(n) \qquad (7.35)$$

方差也可以使用与 $S_x(\omega)$ 有关的自相关性得到:

$$\sigma_x^2 = \phi_x(0) = \frac{1}{2\pi} \int_{-\pi}^{\pi} S_x(\omega) d\omega \qquad (7.36)$$

可见,信号的平均功率是 $S_x(\omega)$ 在整个频段上的积分。因此 $S_x(\omega)$ 就是频段上的平均功率密度,称为功率谱密度(PSD:Power Spectrum Density)。它是随机信号的频域统计特性,物理意义非常明确。一个平稳随机过程 $x(n)$ 在特定的频率点 ω_0 估计功率谱密度的简单系统如图 7.4 所示。

图中第一个方块为频率中心在 ω_0 且带宽为 $\Delta\omega$ 的窄带滤波器,信号通过这个滤波器后作时间平均运算,时间平均运算的结果作为所需谱密度的估计值。类似地,两个平稳随机信

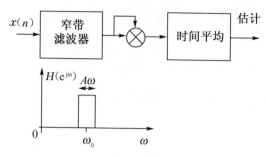

图 7.4 频率点 ω_0 处的 PSD 估计

号 $x(n)$ 与 $y(n)$ 的互功率谱密度为

$$S_{xy}(z) = \sum_{m=-\infty}^{\infty} \phi_{xy}(m) z^{-m} \tag{7.37}$$

其中,互相关函数 $\phi_{xy}(m) = \mathrm{E}[x^*(n)y(n+m)]$。将上式改写为傅立叶形式,有

$$S_{xy}(\omega) = \sum_{m=-\infty}^{\infty} \phi_{xy}(m) \mathrm{e}^{-\mathrm{j}\omega m} \tag{7.38}$$

$$\phi_{xy}(m) = \frac{1}{2\pi} \int_{-\pi}^{\pi} S_{xy}(\omega) \mathrm{e}^{\mathrm{j}\omega m} \mathrm{d}\omega$$

它们有以下 4 个重要性质:

(1) 功率谱非负;

(2) $\phi_{xy}(m) = \phi_{yx}(-m)$;

(3) $S_{xy}(\omega) = S_{yx}(-\omega)$ 或 $S_{xy}(z) = S_{xy}(z^{-1})$;

(4) $S_x(\omega) \cdot S_y(\omega) \geqslant | S_{yx}(\omega) |^2$。

根据第 2 章中关于信号频谱的分析,信号的频带宽度和时域脉冲宽度成反比关系。就是说,如果一个时域函数 $g(n)$ 越窄,那么它的 DTFT 函数 $G(\mathrm{e}^{\mathrm{j}\omega})$ 就越宽。同样的经验也适用在这里:如果自相关函数 $\phi_x(n)$ 越窄,那么功率谱密度函数 $S_x(\omega)$ 就越宽。换言之,一个随机信号的自相关函数越窄,信号的带宽就越大。

一个无限长随机信号的功率谱密度函数可以理解为无限多个无限长信号样本函数的功率谱密度函数的集合平均。假设各态遍历成立,即集合平均可以用时间平均代替,以及考虑到功率谱密度函数不含相位信息,即不含信号的时间轴位置信息,因此一个平稳随机信号的一个样本功率谱密度函数具有集合统计平均的实质。由此可见,随机信号功率谱密度函数和自相关函数均表述了该随机信号的统计平均特性。

按照定义,无限长数据才可求得真实的功率谱。在实际使用中,我们能得到的随机信号长度总是有限的,即能取到的信号一般为有限个采样值,设为 N 个,用 $y(n) = \{y_0, y_1, \cdots, y_{N-1}\}$ 表示。根据这个信号样本得到的功率谱是随机信号真实功率谱的估计值,因此这样的功率谱估计常称为谱估计或谱分析,所以谱估计得到的谱和真实谱是有误差的。

若希望根据遍历性假设,用时间平均代替集合平均,可以认为它是平稳随机信号中截取出来的一段。用时间平均来近似计算的自相关函数为

$$\hat{\phi}_{yy}(k) = \frac{1}{N} \sum_{n=0}^{N-1-|k|} y_{n+k} y_k, \qquad |k| \leqslant N-1 \tag{7.39}$$

上式称为采样自相关函数。采样自相关函数的双边 Z 变换称为周期图，它就是功率谱的一种估计，表示为

$$\hat{S}_{yy}(z) = \sum_{k=-(N-1)}^{N-1} \hat{\phi}_{yy}(k) z^{-k} \tag{7.40}$$

一个好的估计应该是无偏的最小方差估计。如果我们用 θ 表示某个随机变量的真值，$\hat{\theta}$ 表示它的估计值，则希望有：

(1) 无偏估计，即 $\hat{\theta}$ 的偏差（Bias）为零。偏差定义为

$$B = \theta - \mathrm{E}(\hat{\theta})$$

如若 B 等于 0，即估计量的均值等于待估参量的真值，则该估计为无偏估计。

(2) 最小方差估计，即方差为最小的估计，方差为

$$\mathrm{var}[\hat{\theta}] = E\{[\hat{\theta} - \mathrm{E}(\hat{\theta})]^2\}$$

图 7.5 显示了两种估计的概率分布，可以看到，估计 2 较之估计 1 方差小。

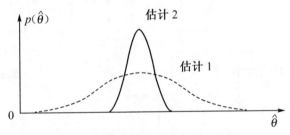

图 7.5 两种估计的概率密度分布示意

常常会发生这种情况：某一种估计的偏差较小而方差较大，另一种估计的偏差较大而方差较小。此时很难确定哪一种估计标准较好，因此常用均方误差的大小来衡量估计的优劣。均方误差定义为

$$\mathrm{E}[e^2] = \mathrm{E}[(\hat{\theta} - \theta)^2] \tag{7.41}$$

不难证明：

$$\mathrm{E}[e^2] = B^2 + \sigma_{\hat{\theta}}^2 \tag{7.42}$$

上式表明均方误差与偏差和方差均有关，$\mathrm{E}[e^2]$ 最小等价于 B^2 与 $\sigma_{\hat{\theta}}^2$ 之和最小。

从上面一些式子中可得到，当 $N \to \infty$ 时，有 $\hat{\phi}_x \to \phi_x$。即基于各态遍历假设，若观察到的样本的数据为无限多个时，估计到的自相关函数应是自相关函数的真值。换言之，一个正确的估计应有当 $N \to \infty$ 时，偏差趋于 0 及方差趋于 0。满足该要求的估计称为一致估计。一个正确的估计应该满足一致估计的条件；反之，如果某种估计方法不能满足一致估计的条件，则这种估计方法一定是不正确的。在讨论各种估计方法时，常以此作为估计正确与否的主要准则之一。

常用到的估计方法除最小平方误差估计外，还有最大似然估计、最大后验估计、最小均方误差估计、最优线性无偏估计、最有效估计等。

功率谱估计有着极其广泛的应用，不仅在认识一个随机信号的时候需要估计其功率谱，它还被广泛地应用于各种信号处理中。例如，在最佳线性过滤问题中，要设计一个维纳滤波

器,首先要了解信号与噪声的功率谱密度,根据信号与噪声的功率谱才能使设计出的维纳滤波器能够尽量不失真地重现信号,并且最大限度地抑制噪声。另外,从宽带噪声中检测窄带信号也是功率谱估计的一个重要用途。这要求功率谱估计有足够好的分辨率,否则检测比较困难。所谓谱估计的分辨率可以简单定义为可分辨出的两个分立的谱分量间的最小间距。例如一个随机信号,它包括两个频率相差 1 Hz 且振幅相等的正弦波以及加性白噪声。图 7.6 表示用三种不同的谱估计方法检测这两个正弦分量的效果。图中(a)是用经典法(BT PSD),(b)是用最大熵谱估计法(即自回归 PSD 法),(c)是用 Pisarenko 谐波分解法。很明显,(c)的分辨率最好,(a)的分辨率最差,(b)的分辨率在(a)与(c)之间,用(a)无法检测出这两个正弦波分量。因此,如何提高谱估计的分辨率是研究的一个重要方向。

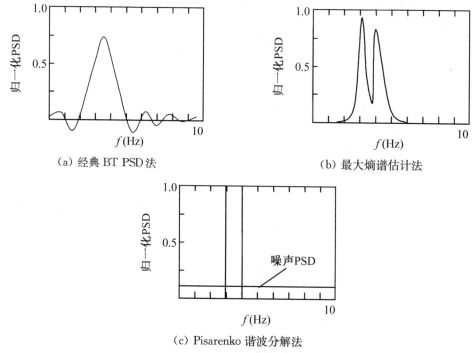

(a) 经典 BT PSD 法　　　　　　　　　(b) 最大熵谱估计法

(c) Pisarenko 谐波分解法

图 7.6　三种不同分辨率的谱估计方法

7.5　线性系统对随机信号的响应

可利用功率谱估计来得到线性系统的参数估计。当我们要了解某一系统的幅频特性 $|H(e^{j\omega})|$ 时,可用一白噪声 $w(n)$ 通过该系统,再从该系统的输出样本 $y(n)$ 估计功率谱密度 $S_y(\omega)$。由于白噪声的 PSD 为一常数 σ_w^2,于是有

$$S_y(\omega) = \sigma_w^2 \mid H(e^{j\omega}) \mid^2 \tag{7.43}$$

因此,通过估计输出信号的 PSD,可以估计出系统的频率特性 $|H(e^{j\omega})|$。

对于一个如图 7.7 所示的离散时间线性移不变系统 $H(z)$,若输入为一个具有各态遍历性的平稳随机信号 $x(n)$,则该系统的输出为 $y(n)$。自然会提出的一个问题是:如果已经知道随机信号 $x(n)$ 的特征量如 m_x、σ_x、ϕ_x^2、$S_x(\omega)$ 等,那么如何求得 $y(n)$ 对应的特征量? 它

们与 $x(n)$ 的这些特征量有何关系？因为随机信号不存在傅立叶变换，所以只能从相关函数和功率谱的角度来研究随机信号通过线性系统的行为。线性移不变系统的输入与输出为线性卷积关系，因此很容易证明：如果 $x(n)$ 有界，则 $y(n)$ 亦有界；如果 $x(n)$ 平稳，则 $y(n)$ 也是平稳的。

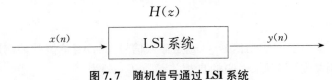

图 7.7　随机信号通过 LSI 系统

7.5.1　均值

如果已知输入函数 $x(n)$ 的均值为 m_x，则可以直接估计出输出函数 $y(n)$ 的均值如下：

$$m_y = \mathrm{E}[y(n)] = \mathrm{E}\Big[\sum_{k=-\infty}^{\infty} h(k)x(n-k)\Big] \tag{7.44}$$

因为 $x(n)$ 为平稳随机信号，$\mathrm{E}[x(n)] = \mathrm{E}[x(n-k)]$，所以得

$$m_y = \sum_{k=-\infty}^{\infty} h(k)\mathrm{E}[x(n-k)] = m_x \sum_{k=-\infty}^{\infty} h(k) = m_x H(\mathrm{e}^{\mathrm{j}0}) \tag{7.45}$$

$H(\mathrm{e}^{\mathrm{j}0})$ 为系统频响的直流分量。

7.5.2　自相关函数及功率谱

对于平稳随机信号 $u(n)$ 与 $v(n)$，它们的线性卷积的自相关等于各自自相关的线性卷积。这称为相关卷积定理，即，如果

$$\dot{w}(n) = u(n) * v(n) \tag{7.46}$$

则

$$\phi_w(m) = \phi_u(m) * \phi_v(m) \tag{7.47}$$

证明　$w(n)$ 的自相关函数 $\phi_w(n, n+m)$ 可表示为

$$\phi_w(n, n+m) = \mathrm{E}[w(n)w(n+m)] = \mathrm{E}\Big[\sum_{j=-\infty}^{\infty} u(j)v(n-j) \sum_{k=-\infty}^{\infty} u(k)v(n+m-k)\Big]$$

$$= \sum_{j=-\infty}^{\infty} u(j) \sum_{k=-\infty}^{\infty} u(k)\mathrm{E}[v(n-j)v(n+m-k)] \tag{7.48}$$

因为 $v(n)$ 是平稳的，所以

$$\mathrm{E}[v(n-j)v(n+m-k)] = \phi_v(m+j-k) \tag{7.49}$$

故输出信号的自相关函数为

$$\phi_w(n, n+m) = \sum_{j=-\infty}^{\infty} u(j) \sum_{k=-\infty}^{\infty} u(k)\phi_v(m+j-k) \tag{7.50}$$

和式的结果与 n 无关，可见输出信号自相关序列只与时间差 m 有关。因此，$w(n)$ 也是一个平稳随机信号。

令 $i = k - j$，上式可表示为

$$\phi_w(m) = \phi_w(n, n+m) = \sum_{i=-\infty}^{\infty} \phi_v(m-i) \sum_{j=-\infty}^{\infty} u(j)u(i+j)$$

$$= \sum_{i=-\infty}^{\infty} \phi_v(m-i)\phi_u(i) = \phi_u(m) * \phi_v(m) \tag{7.51}$$

证毕。

根据线性移不变系统的输出信号 $y(n)$ 是输入信号 $x(n)$ 与单位脉冲响应 $h(n)$ 的线性卷积关系以及以上相关卷积定理，$y(n)$ 的自相关函数 $\phi_y(m)$ 为

$$\phi_y(m) = \sum_{l=-\infty}^{\infty} \phi_x(m-l)\phi_h(l) = \phi_x(m) * \phi_h(m) \tag{7.52}$$

其中，$\phi_h(m)$ 为单位脉冲响应 $h(n)$ 的自相关函数。

上式是随机信号理论中极为重要的一个基本关系式。它说明随机信号通过线性系统时，输出信号自相关函数是输入信号自相关函数与系统单位脉冲响应信号自相关函数的线性卷积。对上式两边进行 Z 变换，得

$$\Phi_y(z) = \Phi_x(z)\Phi_h(z) = \Phi_x(z)H(z)H(z^{-1}) \tag{7.53}$$

将 $z = e^{j\omega}$ 代入并用功率谱密度表示，则上式为

$$S_y(\omega) = |H(e^{j\omega})|^2 S_x(\omega) \tag{7.54}$$

上式称为维纳-辛钦(Wiener-Khinchin)定理。它说明，当一个随机信号通过系统 $H(z)$，从频域看其输出功率谱密度等于输入功率谱密度与 $H(e^{j\omega})$ 的模平方的乘积。另外，当然有

$$|H(e^{j\omega})| = \sqrt{\frac{S_y(\omega)}{S_x(\omega)}} \tag{7.55}$$

7.5.3 互相关函数和互功率谱密度

当一个平稳随机信号 $x(n)$ 输入到一个线性移不变系统时，其输出信号 $y(n)$ 与输入信号 $x(n)$ 的互相关函数为

$$\phi_{xy}(m) = E[x(n)y(n+m)] = E\left[x(n)\sum_{k=-\infty}^{\infty} h(k)x(n+m-k)\right]$$

$$= \sum_{k=-\infty}^{\infty} h(k)\phi_x(m-k) = \phi_x(m) * h(m) \tag{7.56}$$

根据相关卷积定理，有

$$\phi_y(m) = \phi_x(m) * h(m) * h(-m) = \phi_{xy}(m) * h(-m) \tag{7.57}$$

上面两式说明了：$\phi_{xy}(m)$ 等于 $\phi_x(m)$ 与 $h(m)$ 的卷积，而 $\phi_y(m)$ 等于 $\phi_{xy}(m)$ 与 $h(-m)$ 的卷积。它们反映了一个线性移不变系统的输入和输出间的互相关函数 $\phi_{xy}(m)$ 与输入自相关函数 $\phi_x(m)$ 及输出自相关函数 $\phi_y(m)$ 间的关系。

对式(7.56)两边求傅立叶变换得

$$S_{xy}(\omega) = H(e^{j\omega})S_x(\omega) \tag{7.58}$$

其中,$S_x(\omega)$ 为实函数,所以

$$S_{yx}(\omega) = S_{xy}^*(\omega) = H(e^{j\omega})S_x(\omega) \tag{7.59}$$

对于白噪声输入而言

$$\phi_x(m) = \sigma_x^2 \delta(m)$$

$$\phi_{xy}(m) = \sum_{k=-\infty}^{\infty} h(k)\phi_x(m-k) = \sigma_x^2 h(m) \tag{7.60}$$

可得

$$S_{xy}(\omega) = \sigma_x^2 H(e^{j\omega}) \tag{7.61}$$

上式说明如果能够测出输入为白噪声的响应,就能求出系统的 $h(m)$ 或 $H^*(e^{j\omega})$,即

$$H(e^{j\omega}) = \frac{S_{yx}(\omega)}{S_x(\omega)} \tag{7.62}$$

零均值白噪声随机信号 $x(n)$ 有以下三个特性:$m_x = E[x(n)] = 0$;自相关函数是一个 $n = 0$ 处的脉冲信号,即任意不相同的两点 $x(n_1)$ 和 $x(n_2)$ 不相关;$x(n)$ 和其他信号都不相关。

由于白噪声的自相关函数是一个 $n = 0$ 处的脉冲信号,所以其功率谱密度 $S_x(\omega)$ 是常量,对应的平均功率计算如下:

$$\sigma_x^2 = \frac{1}{2\pi} \int_{-\pi}^{\pi} S_x(\omega) \, d\omega = S_x(\omega) \frac{1}{2\pi} \int_{-\pi}^{\pi} d\omega = S_x(\omega) \tag{7.63}$$

上式中 $S_x(\omega)$ 实际与 ω 无关。上式结果表明白噪声的平均功率 σ_x^2 与功率谱密度 $S_x(\omega)$ 相同,即

$$\sigma_x^2 = E[x^2(n)] = S_x(\omega) \tag{7.64}$$

7.6 功率谱估计

实际应用中采用的功率谱可分为三种。

第一种是白噪声谱,谱的形状表现为水平直线形式,如前面所叙。白噪声序列往往作为一种理想化的噪声模型应用,实际上并不存在。由于它是信号处理中最具代表性的噪声信号,方便研究工作,所以人们提出了很多产生白噪声的方法。

第二种是由一个或多个正弦信号所组成的信号的功率谱,表征为一些谱线,称为线谱。若 $x(n)$ 由 N 个正弦信号组成,即

$$x(n) = \sum_{k=1}^{N} A_k \sin(\omega_k n + \varphi_k) \tag{7.65}$$

式中,A_k、ω_k 是常数,φ_k 是均匀分布的随机变量,可以求出

$$\phi_x(m) = \sum_{k=1}^{N} \frac{A_k^2}{2} \cos(\omega_k n) \tag{7.66}$$

$$S_x(\omega) = \sum_{k=1}^{N} \frac{\pi A_k^2}{2} [\delta(\omega + \omega_k) + \delta(\omega - \omega_k)] \qquad (7.67)$$

此即为线谱,它是相对于白噪声水平直线谱的另一个极端情况。

第三种称为 ARMA 谱,它介于上面两者之间,是一种又有峰点又有谷点的连续谱。

实际应用中一般都需要对随机信号进行谱分析,但这些信号往往不满足理论条件,较难通过理论计算得到精确的结果。因此必须采用谱估计方法对它们的谱进行估计。对于各态遍历随机信号,其集合平均等于时间平均,我们可以从任何一个样本得到随机信号的全部信息,从随机过程单个样本的有限测量集来估计随机信号的功率谱。本节先叙述一些随机特征的估计,再讨论一些谱估计方法。

7.6.1 谱估计方法分类

一般将估计方法分为两类,一类是传统方法,常称为线性方法或非参数方法,主要有 BT 法和周期图法等。非参数法不作有关过程的假设,仅是建立在测量的基础上,性能较差。另一类即为现代方法或非线性方法,主要有最大似然法、熵谱估计法、模型参数法、特征分解法等。各个方法中又可分为多个小类,例如熵谱估计法可分为最大熵谱估计法、最小交叉熵谱估计法等;模型参数法根据所取模型不同,分为 ARMA 谱估计法、AR 谱估计法、MA 谱估计法;特征分解法可分为多重信号分解法、信号参数法、Prony 法、Pisarenko 谱分解法等。高阶谱(双谱)分析法是高阶累积量的傅立叶变换,除提供幅度信息外,还提供相位信息。在时频范围,有小波分析等方法。

7.6.2 自相关函数的估计

自相关函数的公式在本章前面已列出。如果一个样本序列为 $x(n)$, $0 \leqslant n \leqslant N-1$, 且 $x(n)$ 具备各态遍历性质,则可以用单一样本 $x(n)$, $0 \leqslant n \leqslant N-1$ 的时间平均来计算。

第一种估计公式为

$$\phi_N(m) = \frac{1}{N} \sum_{n=0}^{N-|m|-1} x(n)x(n+|m|), \qquad |m| \leqslant N-1 \qquad (7.68)$$

上式中 $x(n)$ 具有 N 个值,$|m|$ 为绝对值,所以 $\phi_N(m)$ 为偶函数。可以看出,对于每一个延时 $|m|$,只有 $N-|m|$ 个相乘相加,若 $|m|$ 很大时,乘积项就很少。极端情况下,若 $|m| \geqslant N$, $\phi_N(m) = 0$。示例见图7.8。

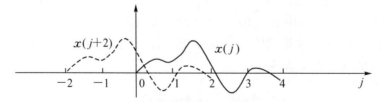

图 7.8 自相关函数估计中 m 的变化示意

第二种估计公式为

$$\phi_x(m) = \frac{1}{N-|m|} \sum_{n=0}^{N-|m|-1} x(n)x(n+|m|), \qquad |m| \leqslant N-1 \qquad (7.69)$$

两种估计具备如下关系:

$$\phi_N(m) = \frac{N-|m|}{N}\phi_x(m) \tag{7.70}$$

自相关函数的均值估计公式可表示为

$$\begin{aligned}
\mathrm{E}[\phi_N(m)] &= \frac{1}{N}\sum_{n=0}^{N-|m|-1}\mathrm{E}[x(n)x(n+|m|)]\\
&= \frac{1}{N}(N-|m|)\phi_x(m)\\
&= \left(1-\frac{|m|}{N}\right)\phi_x(m) \tag{7.71}
\end{aligned}$$

对该式分析可见,如若固定 N,当 $|m|\ll N$ 时(或固定 $|m|$, $N\to\infty$ 时), $\phi_N(m)\to\phi_x(m)$,上式为渐近无偏估计;反之,当 m 与 N 接近时,偏差加大。对于第二种自相关函数估计也同样能够得到相应的均值估计和结论。

设 $x(n)$ 是零均值的高斯随机信号,按第一种估计公式,自相关函数估计的方差为

$$\mathrm{var}[\phi_N(m)] = \frac{1}{N^2}\sum_{k=-(N-|m|-1)}^{N-|m|-1}(N-|m|+k)[\phi_x^2(k)+\phi_x(k+m)\phi_x(k-m)] \tag{7.72}$$

实际应用中,在很多情况下 $x(n)$ 为高斯噪声信号,对非正态零均值平稳过程,方差可由上式近似表示。M 固定且 $N\to\infty$ 时,上式结果趋于 0,故 $\phi_N(m)$ 是 $\phi_x(m)$ 的渐近无偏一致估计。

自相关函数方差的第二种估计公式如下:

$$\mathrm{var}[\phi_N(m)] = \frac{1}{(N-|m|)^2}\sum_{k=-(N-|m|-1)}^{N-|m|-1}(N-|m|+1)[\phi_x^2(k)+\phi_x(k+m)\phi_x(k-m)] \tag{7.73}$$

当 $N\to\infty$ 时,上式结果趋于 0。所以 $\phi_N(m)$ 也是 $\phi_x(m)$ 的无偏一致估计。

7.6.3 互相关函数的估计

设 $x(n)$、$y(n)$ 为零均值随机信号,其互相关函数的理论值为

$$\phi_{xy}(m) = \mathrm{E}[x(n)y(n+m)] \tag{7.74}$$

对于各有 N 个观察信号的 $x(n)$、$y(n)$,设其估计值表示为 $\phi_{xy}^N(m)$,则其估计公式也有两种形式,如下所示:

$$\phi_{xy}^N(m) = \frac{1}{N}\sum_{n=0}^{N-|m|-1}x(n)y(n+m), \qquad m\leqslant N-1 \tag{7.75}$$

$$\phi_{xy}^N(-m) = \frac{1}{N}\sum_{n=0}^{N-|m|-1}y(n)x(n+m), \qquad m\leqslant N-1 \tag{7.76}$$

相应的互相关均值估计公式表示为

$$\mathrm{E}[\phi_{xy}^N(m)] = \frac{1}{N}\sum_{n=0}^{N-m-1}x(n)y(n+m), \qquad 0\leqslant m\leqslant N-1 \tag{7.77}$$

$$\mathrm{E}\big[\phi_{xy}^{N}(-m)\big]=\frac{1}{N}\sum_{n=0}^{N-m-1}x(n+m)y(n),\qquad 0\leqslant m\leqslant N-1 \tag{7.78}$$

式(7.77)和(7.78)可进一步改写为

$$\mathrm{E}\big[\phi_{xy}^{N}(m)\big]=\Big(1-\frac{m}{N}\Big)\phi_{xy}(m) \tag{7.79}$$

$$\mathrm{E}\big[\phi_{xy}^{N}(-m)\big]=\Big(1-\frac{m}{N}\Big)\phi_{xy}(-m) \tag{7.80}$$

其中，$\phi_{xy}(m)$为真实的互相关函数。若将 m 视为可正可负的，即：若 $-N<m<N$，可将上面的关系式统一改写为

$$\mathrm{E}\big[\phi_{xy}^{N}(m)\big]=\Big(1-\frac{|m|}{N}\Big)\phi_{xy}(m) \tag{7.81}$$

因为当 $N\rightarrow\infty$ 时，$\mathrm{E}\big[\phi_{xy}^{N}(m)\big]\rightarrow\phi_{xy}(m)$，所以此估计为渐近无偏估计。

7.6.4　传统功率谱估计

早期，舒斯特提出一种称为直接法的功率谱估计方法：设随机信号序列 $x(n)$，$n=0\sim N-1$，利用这有限个信号值计算傅立叶变换，直接得到功率谱估计。即

$$I_{N}(\omega)=\frac{1}{N}\,|\,X(\mathrm{e}^{\mathrm{j}\omega})\,|^{2} \tag{7.82}$$

其中，$X(\mathrm{e}^{\mathrm{j}\omega})$是信号的离散傅立叶变换，如下所示：

$$X(\mathrm{e}^{\mathrm{j}\omega})=\sum_{n=0}^{N-1}x(n)\mathrm{e}^{-\mathrm{j}\omega n} \tag{7.83}$$

在 1965 年出现快速傅立叶变换后，此法得到广泛采用。

1958 年，Blackman 和 Tukey 提出间接法，该方法又称为 BT 法或自相关法，在 FFT 出现前该方法经常被使用。具体如下：

设随机信号序列 $x(n)$，$n=0\sim N-1$，而 $\hat{\phi}_{N}(m)$ 为对应自相关函数的渐近无偏一致估计量，利用维纳-辛钦理论，作功率谱的估计：

$$\hat{S}(\omega)=\sum_{m=-M}^{m=M}\hat{\phi}_{N}(m)\mathrm{e}^{-\mathrm{j}\omega m},\qquad M<N-1 \tag{7.84}$$

此方法的特点是：由于当 $M\rightarrow N-1$ 时，估计值 $\hat{\phi}_{N}(m)$ 与真实值 $\phi_{x}(m)$ 之间误差较大，所以相对于 $N-1$，M 应取小一点；M 较小时，本式计算量不大。

直接法与间接法之间可转化，它们的关系推导如下：

$$\begin{aligned}
I_{N}(\omega)&=\frac{1}{N}|X(\mathrm{e}^{\mathrm{j}\omega})|^{2}=\frac{1}{N}X(\mathrm{e}^{\mathrm{j}\omega})X^{*}(\mathrm{e}^{\mathrm{j}\omega})\\
&=\frac{1}{N}\sum_{k=0}^{N-1}x(k)\mathrm{e}^{\mathrm{j}\omega k}\sum_{n=0}^{N-1}x(n)\mathrm{e}^{\mathrm{j}\omega n}\\
&=\frac{1}{N}\sum_{k=0}^{N-1}\sum_{n=0}^{N-1}x(k)x(n)\mathrm{e}^{-\mathrm{j}\omega(k-n)}
\end{aligned} \tag{7.85}$$

令 $m = k - n$，则 $k = m + n$，当 $m = N - 1$ 时，

$$I_N(\omega) = \frac{1}{N} \sum_{m=-(N-1)}^{m=(N-1)} \left[\frac{1}{N} \sum_{n=0}^{N-1-m} x(n) x(m+n) \right] e^{-j\omega n}$$

$$= \sum_{m=-(N-1)}^{m=(N-1)} \hat{\phi}_N(m) e^{-j\omega m} = \hat{S}(\omega) \tag{7.86}$$

可以看出，直接法就是有偏自相关函数 $\hat{\phi}_N(m)$ 当 $m = N - 1$ 时利用傅立叶变换所得的功率谱估计，即 BT 法。

由于常用于寻找数据中周期性规律且 $I_N(\omega)$ 本身是 ω 的周期为 2π 的周期函数，直接法被称为周期图。由上面的关系可见，两种方法实质上一样，因而现在又常将自相关函数的双边傅立叶变换称为周期图。

BT 法（间接法）与周期图（直接法）都是功率谱 $S_x(\omega)$ 的渐近无偏估计，但却不是一致估计。

证明　先计算均值，当 $m = N - 1$ 时，

$$E[\hat{S}(\omega)] = E[I_N(\omega)] = \sum_{m=-(N-1)}^{N-1} E[\phi_N(m)] e^{-j\omega m}$$

$$= \sum_{m=-(N-1)}^{N-1} \left(\frac{N - |m|}{N} \right) \phi_x(m) e^{-j\omega n}$$

$$= \sum_{m=-(N-1)}^{N-1} w_B(m) \phi_x(m) e^{-j\omega n} \tag{7.87}$$

对于三角窗函数 $w_B(m) = \dfrac{N - |m|}{N}$，$|m| < N$，它的傅立叶变换为

$$W_B(e^{j\omega}) = \frac{1}{N} \left[\frac{\sin(\omega N/2)}{\sin(\omega/2)} \right]^2 \tag{7.88}$$

因此，根据线性卷积傅立叶变换的特性，均值可改写为

$$E[\hat{S}(\omega)] = \frac{1}{2\pi} \int_{-\pi}^{\pi} W_B(e^{j(\omega-\theta)}) S_x(\omega) d\theta \tag{7.89}$$

对其进行分析，当 N 有限时，上式不等于 $S_x(\omega)$；当 $N \to \infty$ 时，$w_B(m) \to 1$，$W_B(e^{j\omega}) \to \delta(\omega)$，上式将等于 $S_x(\omega)$。可见，BT 法（间接法）与周期图（直接法）都是功率谱 $S_x(\omega)$ 的渐近无偏估计。

下面再计算方差。设 $x(n)$，$0 \leqslant n \leqslant N - 1$ 是平稳随机信号，均值为零。$I_N(\omega)$、$\hat{S}(\omega)$ 统一写为 $\hat{S}(\omega)$，它在 ω_1、ω_2 处的协方差为

$$\text{cov}[\hat{S}(\omega_1), \hat{S}(\omega_2)] = E[\hat{S}(\omega_1) \hat{S}(\omega_2)] - E[\hat{S}(\omega_1)] E[\hat{S}(\omega_2)] \tag{7.90}$$

因为 $E[\hat{S}(\omega_1)] = E[\hat{S}(\omega_2)] = \sigma_x^2$，所以协方差为

$$\text{cov}[\hat{S}(\omega_1) \hat{S}(\omega_2)] = E[\hat{S}(\omega_1) \hat{S}(\omega_2)]$$

$$= \sigma_x^4 \left\{ 1 + \left[\frac{\sin\left(\frac{N}{2}(\omega_1 + \omega_2) \right)}{N \sin \frac{1}{2}(\omega_1 + \omega_2)} \right]^2 + \left[\frac{\sin\left(\frac{N}{2}(\omega_1 - \omega_2) \right)}{N \sin\left(\frac{1}{2}(\omega_1 - \omega_2) \right)} \right]^2 \right\} \tag{7.91}$$

令 $\omega_1 = \omega_2$，有

$$\text{var}\big[\hat{S}(\omega)\big] = \sigma_x^4 \Big[1 + \Big(\frac{\sin(N\omega)}{N\sin(\omega)}\Big)^2\Big] \tag{7.92}$$

当 $N \rightarrow \infty$ 时，该式不为 0。可见，传统谱估计不是功率谱的一致估计。证毕。

传统谱估计只对有限长数据求功率谱，没有求极限运算，也没有求期望，所以产生较大的方差。对于传统谱估计方法有很多改进措施，例如可利用多个周期图取平均来估计功率谱。从几个独立的估计求平均是一种减少估计值方差的标准方法。

若有 L 个互不相关的随机变量 x_1，x_2，$\cdots$，x_L，每一个具有期望值 μ 和方差 σ^2，可证明它们的数学平均 $\bar{x} = \frac{1}{L}\sum\limits_{i=1}^{L} x_i$ 的期望值等于 μ，数学平均的方差等于 $\frac{\sigma^2}{L}$，即

$$\text{E}[\bar{x}] = \frac{1}{L}\text{E}[x_1 + x_2 + \cdots + x_L] = \frac{1}{L} \cdot L\mu = \mu \tag{7.93}$$

$$\begin{aligned}
\text{var}[\bar{x}] &= \text{E}\{[\bar{x} - \text{E}(\bar{x})]^2\} = \text{E}[\bar{x}^2] - (\text{E}[\bar{x}])^2 \\
&= \frac{1}{L^2}\text{E}[(x_1 + x_2 + \cdots + x_L)^2] - \mu^2 \\
&= \frac{1}{L^2}\Big\{\text{E}[x_1^2 + x_2^2 + \cdots + x_L^2] + \sum_{j=1}^{L}\sum_{\substack{i=1 \\ i \neq j}}^{L}\text{E}[x_i x_j]\Big\} - \mu^2
\end{aligned} \tag{7.94}$$

因为

$$\sum_{j=1}^{L}\sum_{\substack{i=1 \\ i \neq j}}\text{E}[x_i x_j] = \sum_{j=1}^{L}\text{E}[x_j] \cdot \sum_{\substack{i=1 \\ i \neq j}}\text{E}[x_i] = L\mu(L-1)\mu = L^2\mu^2 - L\mu^2 \tag{7.95}$$

所以

$$\begin{aligned}
\text{var}[\bar{x}] &= \frac{1}{L^2}\Big\{\sum_{i=1}^{L}\text{E}[x_i^2] + L^2\mu^2 - L\mu^2\Big\} - \mu^2 = \frac{1}{L^2}\Big\{\sum_{i=1}^{L}\text{E}[x_i^2] - L\mu^2\Big\} \\
&= \frac{1}{L^2}(\{\text{E}[x_1^2] - (\text{E}[x_1])^2\} + \{\text{E}[x_2^2] - (\text{E}[x_2])^2\} + \cdots + \{\text{E}[x_L^2] - (\text{E}[x_L])^2\}) \\
&= \frac{1}{L^2}L\sigma^2 = \frac{\sigma^2}{L}
\end{aligned} \tag{7.96}$$

可见，当 $L \rightarrow \infty$ 时，数学平均的方差 $\rightarrow 0$，可达到一致谱估计的目的。使用该手段进行谱估计，称为 Bartlett 平均周期图方法。该方法的主要概念是将序列 $x(n)$，$0 \leqslant n \leqslant N-1$ 分段求周期图后再进行平均。

设将 $x(n)$ 分成 L 段，每段有 M 个样本，因此 $N = LM$。第 i 段样本序列可写成

$$x^i(n) = x(n + iM - M), \qquad 0 \leqslant n \leqslant M-1, 1 \leqslant i \leqslant L$$

第 i 段的周期图为

$$I_M^i(\omega) = \frac{1}{M}\Big|\sum_{n=0}^{M-1} x^i(n)\text{e}^{-j\omega n}\Big|^2 \tag{7.97}$$

如果 $m > M$，$\phi_x(m)$ 很小，则可假定各段的周期图 $I_M^i(\omega)$ 是互相独立的。按功率谱密度的概念，谱估计可定义为 L 段周期图的平均，即

$$\hat{S}_x(\omega) = \frac{1}{L}\sum_{i=1}^{L} I_M^i(\omega) \tag{7.98}$$

它的期望值写为

$$E[\hat{S}_x(\omega)] = \frac{1}{L}\sum_{i=1}^{L} E[I_M^i(\omega)] = E[I_M^i(\omega)] \tag{7.99}$$

实际上，Bartlett 估计的期望值是真实谱 $S_x(\omega)$ 与三角窗函数的卷积。由于三角窗函数不等于 δ 函数，所以 Bartlett 估计也是有偏估计，即 Bias $\neq 0$，但当 $N \to \infty$ 时，偏差趋于 0。另外，随着 L 的增加，方差 $\mathrm{var}[\hat{S}_x(\omega)]$ 是下降的，当 $L \to \infty$ 时，趋于 0。因此 Bartlett 估计是一致估计。

因为周期图就是有偏自相关函数当 $m = N-1$ 时作傅立叶变换所得。如果自相关函数延时量 m 大时，自相关函数的估计 $\phi_N(m)$ 是不可靠的，自相关函数估计的方差增大。为了减少这种不可靠，可对估计出的 $\phi_N(m)$ 进行加窗加权平滑处理，称为单个周期图平滑的功率谱估计。此外还有一些变化的方法，有兴趣的读者可参考有关书籍。

传统谱估计方法存在优点，也有缺点。优点：由于周期图可采用 FFT，计算效率较高；功率谱估计值正比于正弦波信号的功率。缺点：由于加窗、卷积等运算，使频谱展宽，形成泄漏，可能使弱信号的主瓣被强信号的旁瓣所淹没；另外，傅立叶变换的频率分辨率为数据长度的倒数，与数据特征或其信噪比无关，因此傅立叶变换具有一些固有缺陷，不能彻底解决用有限数据来估计无限多个数据特征的问题。采用现代谱估计方法可解决一些传统方法无法解决的问题。

7.6.5 模型谱估计

传统谱估计方法基本都是通过加窗的数据或加窗自相关函数的傅立叶变换而得到谱估计。这些方法实际上隐含了一个假定，即窗外的数据或自相关函数为 0，这与真实随机信号的含义有很大差距，导致处理的效果不尽如人意，谱估计值较为模糊。

在处理信号时，一般情况下人们对于被估过程都有一些了解。因此，若根据已了解情况预先做一些设定，选择近似的模型，放弃经典方法中将未观察到的数据均视为零的假设，结果要好得多。

模型谱估计的步骤如下：首先选择信号的合适模型进行拟合，然后由观察样本数据计算估计模型参数，最后再利用模型参数用有关公式求出功率谱估计值。

(1) 有理系统函数模型

在实际应用中出现的随机信号很多都可以用有理系统函数来建模。有理系统函数模型通常还可用于其他类型的随机信号的逼近表示。下面讨论函数描述，给出对应的各种模型。

① ARMA 模型

第 1 章就自回归滑动平均（ARMA）系统的一些基本特征已经进行了说明。设有系统传输模型如图 7.7 所示，假如输入信号是功率为 δ_x^2、均值为零的白噪声信号，则输出信号的功率谱为

$$S_y(\omega) = |H(\mathrm{e}^{\mathrm{j}\omega})|\sigma_x^2 \tag{7.100}$$

对应图中的系统函数可表示为如下有理式：

$$H(z) = \frac{B(z)}{A(z)} = \frac{\sum_{k=0}^{q} b_k z^{-k}}{\sum_{k=0}^{p} a_k z^{-k}} \qquad (7.101)$$

其中，$B(z)$ 称为滑动平均分支(moving average branch)(或前馈分支)，表示为 MA；$A(z)$ 称为自回归分支(autoregressive branch)(或反馈分支)，表示为 AR；α_k 为自回归系数；b_k 为滑动平均系数。我们称符合该公式的随机过程为 ARMA(p, q)，p 和 q 分别指出了分子和分母的阶数。

为了使分析的平稳随机过程是因果最小相位的，令 $A(z) = 0$，$B(z) = 0$ 的全部根在单位圆内。$A(z)$ 的根为系统的极点，如果它们处在单位圆内，可保证系统的稳定。利用维纳-辛钦定理可得

$$S_y(z) = H(z)H(z^{-1})S_x(z) \qquad (7.102)$$

且又因为 $S_x(z) = \sigma_x^2$，所以

$$S_y(z) = \sigma_x^2 \frac{B(z)B(z^{-1})}{A(z)A(z^{-1})} \qquad (7.103)$$

对应的功率谱为

$$S_x(\omega) = \sigma_u^2 \left| \frac{B(e^{j\omega})}{A(e^{j\omega})} \right|^2 \qquad (7.104)$$

对应差分方程，也就是系统输入和输出的关系表示为

$$y(n) = -\sum_{k=1}^{p} \alpha_n y(n-k) + \sum_{k=0}^{q} b_k x(n-k) \qquad (7.105)$$

上式中，因横向滤波器的增益可以被噪声功率 σ_x^2 纳入，所以可假设 $\alpha_0 = b_0 = 1$。

沃尔德(Wold)定理：在近似的情况下，任何广义平稳随机过程都可以用一个适当阶数的 ARMA(p, q)模型来产生，并通过一个白噪声激励 ARMA 模型产生 ARMA 随机信号。通常将用于产生 ARMA 随机信号的系统 $H(z)$ 称为 ARMA 的"综合滤波器"，而把 $H^{-1}(z)$ 看成 ARMA 的"分析滤波器"。

② MA 模型

如果除 $\alpha_0 = 1$ 外，其他 $\alpha_k = 0$，并且假设 $b_0 = 1$，即等价于去掉 ARMA 系统函数的分母自回归部分，得到 MA 模型的系统函数和差分方程如下：

$$H(z) = B(z) = 1 + \sum_{k=1}^{q} b_k z^{-k} \qquad (7.106)$$

$$y(n) = 1 + \sum_{k=1}^{q} b_k x(n-k) \qquad (7.107)$$

把符合此函数的信号称为滑动平均模型 MA(q)。传递函数 $H(z)$ 称为 MA 过程的综合滤波器，它是一个 q 阶全零点滤波器。功率谱为

$$S_y(z) = \sigma_x^2 B(z)B(z^{-1})$$
$$S_y(\omega) = \sigma_x^2 \mid B(e^{j\omega}) \mid^2 \qquad (7.108)$$

③ AR 模型

去除 ARMA 模型的滑动平均部分,即除 $b_0 = 1$ 外,其他 $b_k = 0$,得到 AR 模型的系统函数和差分方程如下:

$$H(z) = \frac{1}{A(z)} = \frac{1}{1 + \alpha_1 z^{-1} + \alpha_2 z^{-2} + \cdots + \alpha_p z^{-p}} \tag{7.109}$$

$$y(n) = -\sum_{k=1}^{p} \alpha_n y(n-k) + x(n) \tag{7.110}$$

功率谱为

$$S_y(z) = \frac{\sigma_x^2}{A(z) A(z^{-1})} \tag{7.111}$$

$$S_y(\omega) = \sigma_x^2 \left| \frac{1}{A(e^{j\omega})} \right|^2 \tag{7.112}$$

传递函数 $A(z)$ 即为 AR 过程的综合滤波器,它是一个全极点滤波器。如果时间序列 $x(n)$ 作用于滤波器 $A^{-1}(z)$ 可用来恢复驱动噪声,此滤波器被称为分析滤波器。

关于上述三种模型的功率谱,可以描述为:由于 AR 模型由全极点滤波器生成,当极点接近单位圆时,AR 谱对应的频率处会是一个尖峰;MA 模型通过一个全零点滤波器生成,当有零点接近单位圆时,MA 谱会是一个深谷;ARMA 谱兼而有之,有尖峰和深谷。

(2) 三种模型系数间的关系

前面提到,有两类重要的谱估计方法:非参数法和参数法。非参数法不作有关过程的假设,而仅是建立在测量的基础上。这种方法同模型法相比,性能较差。参数法假设随机过程的模型(MA、AR、ARMA),谱估计以模型参数的推导为基础。参数法的一个基本问题是选用哪一个模型更合适,是 MA、AR 还是 ARMA?

Wold 定理和 Kolmogorov-Szego 定理给出了随机过程不同有理传递函数模型间的重要关系,含义是:任何 AR(p)模型或 ARMA(p, q)模型可用一个可能是无穷阶的 MA 模型 MA(∞)表示;任何 MA(q)模型或 ARMA(p, q)模型可用一个可能是无穷阶的 AR 模型 AR(∞)表示。

这些结果比较重要,它表明:即使对于待研究的过程选用了不太合适的模型,只要其阶数足够大,就可以作为过程很好的近似。例如,如果我们用 AR 模型逼近 ARMA(p, q)模型,只要选择的 AR 模型的阶数足够大,结果仍是可接受的。

为了表明 ARMA(p, q)模型系数和 AR(∞)模型系数间的关系,让 $G(z)$ 是 AR(∞)模型的分母,这样

$$\frac{1}{G(z)} = \frac{B(z)}{A(z)} \quad \text{或} \quad G(z)B(z) = A(z) \tag{7.113}$$

对两边求反 Z 变换得

$$\sum_{k=0}^{q} g(n-k) b_k = \alpha_n \tag{7.114}$$

因为对于 $k < 0$ 和 $k > q$,$b_k = 0$,所以

$$g(n) = -\sum_{k=1}^{q} g(n-k)b_k + \alpha_n \tag{7.115}$$

最后,对于 $n > p$, $\alpha_n = 0$,所以得到

$$g(n) = \begin{cases} 1, & n = 0 \\ -\sum_{k=1}^{q} g(n-k)b_k + a_n, & 1 \leqslant n \leqslant p \\ -\sum_{k=1}^{q} g(n-k)b_k, & n \geqslant p \end{cases} \tag{7.116}$$

此递推式可用 $g(-1)$, $g(-2)$, $\cdots$, $g(-q) = 0$ 来初始化。

从另外的角度考虑这个问题:假如给定了 $AR(\infty)$ 模型的参数,计算等效 $ARMA(p,q)$ 模型。一般来讲,这是一个数学问题。如果我们先知道 p 和 q,这个问题就非常简单。利用式 (7.116),对于 $n > p$ 可得到

$$g(n) = -\sum_{k=1}^{q} b_k g(n-k) \tag{7.117}$$

从 $k = p+1$ 到 $k = p+q$,应用式 (7.117) 得 q 个方程,依此可以求出 MA 模型的未知参数 b_i,以矩阵的形式给出为

$$\begin{bmatrix} g(p) & g(p-1) & \cdots & g(p-q+1) \\ g(p+1) & g(p) & \cdots & g(p-q+2) \\ \vdots & \vdots & & \vdots \\ g(p+q-1) & g(p+q-2) & \cdots & g(p) \end{bmatrix} \begin{bmatrix} b_1 \\ b_2 \\ \vdots \\ b_q \end{bmatrix} = - \begin{bmatrix} g(p+1) \\ g(p+2) \\ \vdots \\ g(p+q) \end{bmatrix} \tag{7.118}$$

其次,对于 $n = 1, \cdots, p$ 可以给出

$$g(n) = -\sum_{k=1}^{q} b_k g(n-k) + \alpha_n, \qquad 1 \leqslant n \leqslant p \tag{7.119}$$

AR 模型参数可以被重构出来,如下所示:

$$\alpha_n = g(n) + \sum_{k=1}^{p} b_k g(n-k), \qquad 1 \leqslant n \leqslant p \tag{7.120}$$

写成矩阵的形式为

$$\begin{bmatrix} a_1 \\ a_2 \\ \vdots \\ \alpha_p \end{bmatrix} = \begin{bmatrix} g(1) & 1 & 0 & \cdots & 0 \\ g(2) & g(1) & 1 & \cdots & 0 \\ \vdots & \vdots & \vdots & & \vdots \\ g(p) & g(p-1) & g(p-2) & \cdots & g(p-q) \end{bmatrix} \begin{bmatrix} 1 \\ b_1 \\ \vdots \\ b_q \end{bmatrix} \tag{7.121}$$

这样,只有 $AR(\infty)$ 模型的多项式 $A(z)$ 的前 $p+q$ 个系数对于计算式 $A(z)$ 和 $B(z)$ 是必要的。然而,实际上如果 $G(z)$ 不能从 $ARMA(p, q)$ 模型获得,$G(z)$ 只能和 $A(z)/B(z)$ 的前 $p+q$ 项一致。

如果在前面的讨论中,我们调换 $A(z)$ 和 $B(z)$ 的位置并令其等于 $L(z)$,则能得到 $MA(\infty)$ 模型的参数 $L(z)$ 和 $AR(p, q)$ 模型的参数之间的关系为

$$l(n) = \begin{cases} 1, & n=0 \\ -\sum_{k=1}^{p} l(n-k)\alpha_k + b_n, & 1 \leqslant n \leqslant q \\ -\sum_{k=1}^{q} l(n-k)\alpha_k, & n \geqslant q \end{cases} \qquad (7.122)$$

（3）模型的选择

因为实际应用中可用的实测数据有限,所以一般来说模型的待估计参数越多,估计精度也就越差。所以理想模型的选定中,其参数必须尽可能少。选定模型时要考虑模型表示谱峰和谱谷的能力。ARMA 模型适合于既有谱峰又有谱谷的过程,MA 模型适合于仅有谱谷的过程,AR 模型适合于仅有谱峰的过程。由于 AR 参数估计是线性问题,通常只需解一组线性方程,而 ARMA 或 MA 参数估计一般需解一组非线性方程,因此 AR 估计方法发展得较快。

7.6.6 AR 谱估计

AR 模型的系统函数如下:

$$H(z) = \frac{1}{A(z)} = \frac{1}{1+\sum_{k=1}^{p}\alpha_k z^{-k}} = \frac{1}{1+\alpha_1 z^{-1}+\alpha_2 z^{-2}+\cdots+\alpha_p z^{-p}} \qquad (7.123)$$

相应的功率谱估计式可写为

$$S_{AR}(f) = |H(e^{j\omega})|^2 \sigma^2 = \frac{\sigma^2}{\left|1+\sum_{k=1}^{p}\alpha_k e^{-j2\pi fkT}\right|^2} \qquad (7.124)$$

其中,σ^2 为输入白噪声信号的平均功率。由于 AR 模型为全极点模型,所以 AR 功率谱对谱峰的表示能力较强。另外,由于它是由有理分式计算而来,所以比经典法作出的谱估计要平滑得多。AR 模型的差分方程表达式如下:

$$y(n) = -\sum_{k=1}^{p}\alpha_k y(n-k) + x(n) \qquad (7.125)$$

对上式两边同乘以 $y(n-m)$, $m = 1 \sim p$,并求期望得

$$E[y(n)y(n-m)] = -\sum_{k=1}^{p}\alpha_k E[y(n-k)y(n-m)] \qquad (7.126)$$

由此可以推导得到下面用于估计 AR 模型参数 α_k, $k = 1 \sim p$ 的公式:

$$\hat{\phi}_y(m) = -\sum_{k=1}^{p}\alpha_k \hat{\phi}_y(m-k), \qquad m = 1 \sim p \qquad (7.127)$$

$$\hat{\phi}_y(m) = -\sum_{k=1}^{M}\alpha_k \hat{\phi}_y(m-k) + \sigma^2, \qquad m = 0 \qquad (7.128)$$

上面两方程称为 AR 模型的 Yule-Walker 方程。可见,只要已知或估得 $M+1$ 个自相关函数值,就可推得 AR 模型的 $p+1$ 个参数$\{\alpha_1, \alpha_2, \cdots, \alpha_p, \sigma^2\}$;反之,若已知 AR 模型的各参数,可外推得到自相关函数,即 AR 模型自相关函数具有递推特性。Yule-Walker 方程可以表示成下列矩阵形式:

$$\begin{bmatrix} \phi_y(0) & \phi_y(1) & \phi_y(2) & \cdots & \phi_y(p) \\ \phi_y(1) & \phi_y(0) & \phi_y(1) & \cdots & \phi_y(p-1) \\ \vdots & \vdots & \vdots & & \vdots \\ \phi_y(p) & \phi_y(p-1) & \phi_y(p-2) & \cdots & \phi_y(0) \end{bmatrix} \begin{bmatrix} 1 \\ \alpha_1 \\ \vdots \\ \alpha_p \end{bmatrix} = \begin{bmatrix} \sigma^2 \\ 0 \\ \vdots \\ 0 \end{bmatrix} \tag{7.129}$$

为求出该线性方程组的解,可以使用 Levinson-Durbin 递推算法,该算法的效率比较高,可以依次计算各阶 AR 模型的参数。该算法先求一阶模型的参数 α_1^1 及 σ_1^2,并由此迭代递推计算二阶、三阶等模型的参数,最终计算 p 阶模型的参数。

一阶 AR 模型的 Yule-Walker 矩阵方程为

$$\begin{bmatrix} \phi_y(0) & \phi_y(1) \\ \phi_y(1) & \phi_y(0) \end{bmatrix} \begin{bmatrix} 1 \\ \alpha_1^1 \end{bmatrix} = \begin{bmatrix} \sigma_1^2 \\ 0 \end{bmatrix} \tag{7.130}$$

解得 α_1^1 与 σ_1^2 分别为

$$\alpha_1^1 = -\phi_y(1)/\phi_y(0) \tag{7.131}$$

$$\sigma_1^2 = (1-|\alpha_1^1|^2)\phi_y(0) \tag{7.132}$$

再从二阶 AR 模型的矩阵方程

$$\begin{bmatrix} \phi_y(0) & \phi_y(1) & \phi_y(2) \\ \phi_y(1) & \phi_y(0) & \phi_y(1) \\ \phi_y(2) & \phi_y(1) & \phi_y(0) \end{bmatrix} \begin{bmatrix} 1 \\ \alpha_1^2 \\ \alpha_2^2 \end{bmatrix} = \begin{bmatrix} \sigma_2^2 \\ 0 \\ 0 \end{bmatrix} \tag{7.133}$$

解得 α_1^2、α_2^2 及 σ_2^2 分别为

$$\begin{aligned} \alpha_2^2 &= -[\phi_y(0)\phi_y(2)-\phi_y^2(1)]/[\phi_y^2(0)-\phi_y^2(1)] = -[\phi_y(2)+\alpha_1^1\phi_y(1)]/\sigma_1^2 \\ \alpha_2^2 &= -[\phi_y(0)\phi_y(1)-\phi_y(1)\phi_y(2)]/[\phi_y^2(0)-\phi_y^2(1)] = \alpha_1^1+\alpha_2^2\alpha_1^1 \\ \alpha_2^2 &= (1-|\alpha_2^2|^2)\sigma_1^2 \end{aligned} \tag{7.134}$$

由此类推,得到递推公式如下:

$$\begin{aligned} \alpha_k^k &= -\Big[\phi_y(k)+\sum_{l=1}^{k-1}\alpha_{k-1,l}\phi_y(k-l)\Big]/\sigma_{k-1}^2, \qquad k=1\sim p \\ \alpha_i^k &= \alpha_i^{k-1}+\alpha_k^k\alpha_{k-i}^{k-1}, \qquad k=1\sim p \\ \sigma_k^2 &= (1-|\alpha_k^k|^2)\sigma_{k-1}^2, \qquad k=1\sim p \\ \sigma_0^2 &= \phi_y(0) \end{aligned} \tag{7.135}$$

当模型系数 $\{\alpha_1, \alpha_2, \cdots, \alpha_p\} = \{\alpha_1^p, \alpha_2^p, \cdots, \alpha_p^p\}$ 得到后,就可以根据前面的公式得到 AR 功率谱。依据 AR 模型,利用随机序列过去的 p 个值来预测当前的 $x(n)$ 值,预测公式为

$$\hat{x}(n) = -\sum_{k=1}^{p}\alpha_k x(n-k) \tag{7.136}$$

预测误差为

$$e(n) = x(n) - \hat{x}(n) = x(n) + \sum_{k=1}^{p}\alpha_k x(n-k) \tag{7.137}$$

将以上两式合并处理后,对等号两边求 Z 变换得

$$\frac{E(z)}{X(z)} = 1 + \sum_{k=1}^{p} \alpha_k z^{-k} = A(z) \tag{7.138}$$

系统 $A(z)$ 称为预测误差滤波器,将它与 AR 模型比较可以发现它是 AR 模型的逆系统。将 $x(n)$ 送入预测误差滤波器,其输出 $e(n)$ 等于由 AR 模型形成 $x(n)$ 时系统的激励信号,即白噪声,所以 $A(z)$ 又称为白化滤波器。

7.6.7 最大熵谱估计

1976 年 Burg 提出按最大熵外推自相关函数的谱分析法,证明了外推后的自相关序列所对应的时间序列应具有最大熵。该方法基于将已知的有限长度自相关序列以外的数据用外推法计算,而不是把它们当作零。每一步外推都保持未知时间的不确定性,以使熵最大化。这种由已知数据外推自相关函数称为最大熵(ME:Maximum Entropy)谱估计。通过有关分析,一维 ME 分析与 AR 谱估计等价,称为 ME/AR 谱分析。

下面叙述 ME 谱估计的原理。

设随机事件 x 的信息量为 $I(x) = -\log_r p(x)$,其中,$p(x)$ 为事件 x 出现的概率,$0 \leqslant p(x) \leqslant 1$,$I \geqslant 0$。可见,必然发生的事件无信息,小概率事件的信息量较大。若取 $r = 2$,信息量单位即为比特。

熵是平均信息量,代表了一种不确定度,最大熵的含义是最大不确定度,即它所对应的时间序列具有最大随机性。熵的计算公式如下:

$$H_x = \mathrm{E}[I(x)] = -\int_{-\infty}^{\infty} p(x) \log p(x) \mathrm{d}x \tag{7.139}$$

对于离散随机事件,上式中的积分可用求和替代。例如,设一个离散时间随机序列为 $x(n)$,$n = 1 \sim N$,每个值代表了一个随机事件,因此这个随机序列的熵为

$$H_x = \mathrm{E}[I(x)] = -\sum_{n=1}^{N} p_n(x) \log p_n(x) \tag{7.140}$$

对于连续的 $m+1$ 维随机变量 x_0,x_1,$\cdots$,x_m,其信息熵为

$$
\begin{aligned}
H_{x_0, x_1, \cdots, x_m} &= \mathrm{E}[I_j(x_0, x_1, \cdots, x_m)] \\
&= -\int_{-\infty}^{\infty} \int_{-\infty}^{\infty} p(x_0, x_1, x_2, \cdots, x_m) \log[K^{m+1} p(x_0, x_1, x_2, \cdots, x_m)] \mathrm{d}x_0 \mathrm{d}x_1 \mathrm{d}x_2 \cdots \mathrm{d}x_m
\end{aligned}
\tag{7.141}
$$

其中,$p(x_0, x_1, x_2, \cdots, x_m)$ 为 $m+1$ 维联合概率密度。可以证明:

$$H_{x_0, x_1, \cdots, x_m} = \frac{1}{2} \log \det[\phi(m)] \tag{7.142}$$

其中,$\det[\phi(m)]$ 为 $x(n)$ 去均值后的自相关函数的行列式。当 $m \to \infty$ 时,上式的 $H_{x_0, x_1, \cdots, x_m}$ 不收敛。但是,可以定义熵率 $h_{x_0, x_1, \cdots, x_m}$ 为

$$h_{x_0, x_1, \cdots, x_m} = \lim_{m \to \infty} \frac{H_{H_{x_0, x_1, \cdots, x_m}}}{m+1} = \lim_{m \to \infty} \frac{1}{2(m+1)} \log \det[\phi(m)] \tag{7.143}$$

时间序列的信息熵与自相关函数具有一定的关系，也意味着时间序列的熵率与信号功率谱有一定关系。设有随机信号 $x(n)$，其采样周期为 T，信号频率范围为 $[-f_c, f_c]$，其中 $f_c = \dfrac{1}{2T}$，在高斯随机过程的假设下，可以证明熵率为

$$h_{x_0, x_1, \cdots, x_m} = \frac{1}{2}\log(2f_c) + \frac{1}{4f_c}\int_{-f_c}^{f_c}\log[S_x(f)]\mathrm{d}f \tag{7.144}$$

此结果对一般平稳随机信号序列亦适用。若定义谱熵为

$$H[S_x(f)] = \frac{1}{2f_c}\int_{-f_c}^{f_c}\log[S_x(f)]\mathrm{d}f \tag{7.145}$$

则熵率可以写为

$$h_{x_0, x_1, \cdots, x_m} = \frac{1}{2}\log(2f_c) + H[S_x(f)] \tag{7.146}$$

从最大熵原理可以进行自相关函数外推，然后再进行谱估计。具体地说，设对于上面给出的 $x(n)$ 共有 $2m+1$ 个自相关序列已知，如下所示：

$$\phi_x(-m),\ \phi_x(-m+1),\ \cdots,\ \phi_x(-1),\ \phi_x(0),\ \phi_x(1),\ \cdots,\ \phi_x(m-1),\ \phi_x(m)$$

最大熵即意味着求 H（或 h）的极值，可以通过求导得到，即

$$\frac{\partial H}{\partial \phi(m)} = 0 \quad \text{或} \quad \frac{\partial h}{\partial \phi(m)} = 0$$

对于高斯分布，有

$$\det[\phi(m+1)] = \begin{bmatrix} \phi_x(0) & \phi_x(1) & \cdots & \phi_x(m+1) \\ \phi_\chi(1) & \phi_\chi(0) & \cdots & \phi_\chi(m) \\ \vdots & \vdots & & \vdots \\ \phi_\chi(m+1) & \phi_\chi(m) & \cdots & \phi_\chi(0) \end{bmatrix} > 0 \tag{7.147}$$

因此，对 $\phi_x(m+1)$ 求导并令其为零后可以求得使 $\det[\phi(m+1)]$ 为最大的 $\phi_x(m+1)$，它应该满足下列方程：

$$\begin{bmatrix} \phi_x(1) & \phi_x(0) & \cdots & \phi_x(m-1) \\ \phi_x(2) & \phi_x(1) & \cdots & \phi_x(m-2) \\ \vdots & \vdots & & \vdots \\ \phi_x(m+1) & \phi_x(m) & \cdots & \phi_x(1) \end{bmatrix} = 0 \tag{7.148}$$

由上式可解出 $\phi_x(m+1)$。在求得 $\phi_x(m+1)$ 后再用类似方法求得 $\phi_x(m+2)$，以此类推。这样每步都按最大熵的原则外推后一个自相关序列的值，一直到任意多个。进一步地，由自相关函数与功率谱之间的关系式可求得谱估计。

根据最大熵原则也可直接进行谱估计。在最大熵原则下估计谱 $S_x(f)$，就是要在已知 $2m+1$ 个自相关序列的情况下，使 $H[S_x(f)]$ 最大且约束于以下条件：

$$\phi_x(m) = \int_{-f_c}^{f_c} S_x(f)\mathrm{e}^{\mathrm{j}2\pi fmT}\mathrm{d}f \tag{7.149}$$

可利用 Lagrange 乘数法解此有约束的最优化问题,结果为

$$S_x(f) = \frac{1}{\sum\limits_{m=-M}^{M} \lambda_m e^{j2\pi fmT}} = \frac{1}{T_x(f)} \tag{7.150}$$

其中,λ_m 为 Lagrange 乘数。

根据 Fejer-Riesz 定理有

$$T_x(f) = \frac{1}{\sigma^2} \mid A(\omega) \mid^2 \tag{7.151}$$

$$A(\omega) = \sum_{k=0}^{M} \alpha_k z^{-k} \tag{7.152}$$

因此

$$S_x(f) = \frac{\sigma^2}{\mid 1 + \sum\limits_{m=1}^{M} \alpha_k e^{-j2\pi fmT} \mid^2} \tag{7.153}$$

可见,此式与 AR 谱估计式等价。

7.6.8 Burg 谱估计法

对于随机信号序列,还可用 Burg 谱估计法进行 AR 模型参数估计。该方法要利用窗外的未知数据,但它不直接估计 AR 模型的参数,而是先估计反射系数 ρ_M,然后利用 Levinson-Durbin(L-D)算法由反射系数求 AR 模型的参数。Burg 谱估计法是一种在一定约束条件下,使前向和后向预测误差能量之和最小的最小二乘估计方法,可由序列直接计算。

作为扩展,L-D 算法中递推多阶模型参数可用多级格型网络模型表示。实质上,格型网络结构传递函数是一种 M 阶预测误差滤波器,可表示为

$$H(z) = 1 + \alpha_1 z^{-1} + \alpha_2 z^{-2} + \cdots + \alpha_M z^{-M} = 1 + \sum_{k=1}^{M} \alpha_k z^{-k} = A(z) \tag{7.154}$$

若输入端为序列信号 $x(n)$,则输出端为预测误差序列 $e(n)$。

在 M 阶滤波器中,前向预测的含义是由之前的信号值计算得到当前值 $x(n)$。前向预测误差为

$$e_f(n) = x(n) - \hat{x}(n) = x(n) + \sum_{k=1}^{M} \alpha_k x(n-k) \tag{7.155}$$

其中,第二项为预测值。后向预测是用 $x(n-M)$ 后面的信号值计算信号值 $x(n-M)$。后向预测误差可表示为

$$e_b(n) = x(n-M) - \hat{x}(n-M) = x(n-M) + \sum_{k=1}^{M} \alpha_k x(n+k-M) \tag{7.156}$$

由随机信号的平稳性可以证明:

$$E[e_f(n)]^2 = E[e_b(n)]^2 = E[e_b(n-1)]^2 \tag{7.157}$$

前向预测误差和后向预测误差间的关系为

$$e_f^M(n) = e_f^{M-1}(n) + \rho_M e_b^{M-1}(n-1)$$
$$e_b^M(n) = e_b^M(n-1) + \rho_M e_f^{M-1}(n) \tag{7.158}$$

其中，ρ_M 称为反射系数。

前后向预测误差的总均方和如下：

$$E = \sum_{n=M}^{N-1} \{ \mathrm{E}[e_f(n)]^2 + \mathrm{E}[e_b(n)]^2 \} \tag{7.159}$$

通过求导 $\dfrac{\partial E}{\partial \rho_M} = 0$，可以得到预测误差的极小值。求得极值情况下的 ρ_M 为

$$\rho_M = \frac{-2 \sum\limits_{n=M}^{N-1} [e_f^{M-1}(n) e_b^{M-1}(n-1)]}{\sum\limits_{n=M}^{N-1} [e_f^M(n)]^2 + \sum\limits_{n=M}^{N-1} [e_b^{M-1}(n-1)]^2} \tag{7.160}$$

可以证明 $|\rho_M| < 1$，所以预测滤波器保持稳定。最后，利用 L - D 算法求解参数。具体的计算机程序流程如下：

（1）输入初始信号 $x(n)$，$n = 0 \sim N-1$。

（2）初始化：令 $M = 1$，同时计算

$$P^0 = R_0 = \frac{1}{N} \sum_{n=0}^{N-1} |x(n)|^2$$

$$e_f^0(n) = e_b^0(n) = x(n), \qquad n = 0 \sim N-1$$

（3）求

$$\rho_M = \frac{-2 \sum\limits_{n=M}^{N-1} [e_f^{M-1}(n) e_b^{M-1}(n-1)]}{\sum\limits_{n=M}^{N-1} [e_f^M(n)]^2 + \sum\limits_{n=M}^{N-1} [e_b^{M-1}(n-1)]^2}$$

求模型参数 α_k，$k = 1 \sim M$，公式如下：

$$\alpha_M^M = \rho_M$$
$$\alpha_k^M = \alpha_k^{M-1} + \rho_M \alpha_{M-k}^{M-1}, \qquad k = 1 \sim M-1$$

再求

$$P^M = (1 - \rho_M^2) P^{M-1}$$

计算误差

$$e_f^M(n) = e_f^{M-1}(n) + \rho_M e_b^{M-1}(n-1)$$
$$e_b^M(n) = e_b^M(n-1) + \rho_M e_f^{M-1}(n), \qquad n = M, M+1, \cdots, N-1$$

（4）令 $M = M+1$，若 M 小于预先确定的值，转第（3）步继续，否则结束。

Burg 谱估计法不需要估计自相关函数，效果较好。

7.6.9　阶数的确定

在最大熵谱估计或 AR 谱估计中，阶数的确定是很重要的问题。阶数 M 估计得太小

时,相当于要用低阶曲线去拟合一个高阶曲线,会使结果过分平滑,导致分辨率过低,可能分不出真实谱中的频谱峰值;而阶数 M 估计得太大时,相当于要用一个高阶曲线去拟合一个低阶曲线,会使结果过分波动,产生虚假的谱峰或谱的细节,导致出错。确定阶数 M 是一个较为困难的问题,目前尚无在任何情况下都能给出最佳结果的判决准则。针对具体情况,阿凯克、帕森等学者提出一些准则如下:

(1) 信息论准则(AIC): $\mathrm{AICA}(M) = \ln(P^{(M)}) + \dfrac{2M}{N}$。

(2) 最终预测误差(FPE)准则: $\mathrm{FPE}(M) = \dfrac{N+M+1}{N-M-1} P^{(M)}$。

(3) 自回归传递函数准则(CAT): $\mathrm{CAT}(M) = \dfrac{1}{N} \sum\limits_{m=0}^{M} \dfrac{N-m}{NP^{(M)}} - \dfrac{N-M}{NP^{(M)}}$。

使上面各式的值最小时的 M 即为最佳阶数 M。信噪比较高时,由三种准则确定的阶数 M 基本一致,可以给出较佳的 M。一般情况下,经常使用以下经验公式:

$$M = \begin{cases} \left(\dfrac{N}{3} - 1\right) \sim \left(\dfrac{N}{2} - 1\right), & 20 \leqslant N \leqslant 100 \\ (0.05 \sim 0.2)N, & N > 100 \end{cases} \tag{7.161}$$

7.7　维纳滤波与卡尔曼滤波

信号处理常常需要在噪声中提取信号,因此需要寻找一种滤波器,当信号与噪声同时输入时,这种滤波器有最佳的线性过滤特性,能在输出端将真实信号尽可能精确地重现出来,而噪声却受到最大抑制。在很多书中又把它称为信号检测。维纳滤波与卡尔曼滤波就是这样一类从噪声中提取信号的过滤方法。维纳滤波的概念源自 20 世纪 40 年代初,60 年代初卡尔曼滤波的概念被提出。

一个线性系统,如果它的单位脉冲响应为 $h(n)$,当输入一个随机信号 $x(n) = s(n) + e(n)$,其中 $s(n)$ 表示原始信号,$e(n)$ 表示噪声,则输出 $y(n)$ 为

$$y(n) = \sum_i h(i) x(n-i)$$

作为一个滤波器系统,希望 $x(n)$ 通过系统 $h(n)$ 后得到的输出 $y(n)$ 尽量接近于 $s(n)$,因此称 $y(n)$ 为 $s(n)$ 的估计值,用 $\hat{s}(n)$ 表示,即 $y(n) = \hat{s}(n)$。该线性系统 $h(\cdot)$ 称为对 $s(n)$ 的一种估计器。

由于上面的卷积形式可以理解为从观察值 $x(n)$, $x(n-1)$, $x(n-2)$, $\cdots$, $x(n-m)$, $\cdots$ 来估计信号的当前值 $\hat{s}(n)$。因此,用 $h(\cdot)$ 进行线性过滤的问题就可以看成一个统计估计问题。维纳滤波与卡尔曼滤波常常被称为以最小均方误差为准则的最佳线性估计。

将 $e(n)$ 表示为 $e(n) = s(n) - \hat{s}(n)$,它可能为正,也可能为负,并且是一个随机变量。因此可用它的均方值来表达误差,所谓均方误差最小等价于它的平方的统计平均值 $\mathrm{E}[e^2(n)] = \mathrm{E}[(s - \hat{s})^2]$ 最小。

在平稳条件下,维纳滤波与卡尔曼滤波所得到的解决最佳线性滤波和预测问题稳态结果是一致的。但它们的使用方法有所区别。维纳滤波是根据所有过去的和当前的观察数据

$x(n)$，$x(n-1)$，$x(n-2)$，$\cdots$ 来估计信号的当前值,它的解是以均方误差最小条件下所得到的系统传递函数 $H(z)$ 或单位脉冲响应 $h(n)$ 形式给出的。而卡尔曼滤波是用前一个估计值和最近一个观察数据(它不需要全部过去的观察数据)来估计信号的当前值,它用状态方程和递推的方法进行估计,它的解是以估计值(常常是状态变量值)形式给出的。维纳滤波器只适用于平稳随机信号,它最先解决了最佳线性过滤问题,而卡尔曼滤波器可用于平稳和非平稳的随机信号、非时变和时变的系统,它基于维纳滤波,可看成对最佳线性滤波问题提出的一种新算法。维纳滤波中用自相关函数表示信号和噪声,因此设计维纳滤波器时要求已知信号和噪声的自相关函数。卡尔曼滤波中用状态方程和测量方程表示信号和噪声,因此设计卡尔曼滤波器时要求已知状态方程和测量方程。卡尔曼滤波用递推法计算,不需要知道全部的过去数据,从而便于运用计算机进行运算。

为便于理解,讨论一下维纳滤波的离散形式。

按维纳滤波的含义,求时域最小均方误差下的 $h(n)$,表示为 $h_{\mathrm{opt}}(n)$。滤波器输出估计值的均方误差如下:

$$\mathrm{E}\big[e^2(n)\big] = \mathrm{E}\big[(s(n)-\hat{s}(n))^2\big] = \mathrm{E}\big[(s(n)-\sum_i h(i)x(n-i))^2\big] \qquad (7.162)$$

为求得使 $\mathrm{E}\big[(s(n)-\hat{s}(n))^2\big]$ 最小的 $h(i)$,可将上式对各 $h(i)$ 求偏导并令其等于 0,得到正交方程:

$$\mathrm{E}\big[e(n)x(n-i)\big] = 0 \qquad (7.163)$$

该式表明,任何时刻的估计误差 $e(n)$ 与滤波器输入信号 $x(n-i)$ 正交。将上面有关参数代入正交方程,得维纳方程:

$$\phi_{sx}(m) = \mathrm{E}\big[s(n)x(n+m)\big] = \sum_i h(i)\phi_x(m+i) \qquad (7.164)$$

其中,$\phi_x(m)$ 为 $x(n)$ 的自相关函数。可以从此式中解得 $h_{\mathrm{opt}}(n)$。当然,求解比较困难。对于有限长信号,可使用求逆矩阵方法的 FIR 维纳滤波器来求解。

进一步说,考虑 IIR 滤波器。若 $x(t)$、$s(t)$ 互为统计相关且均值为 0,$x(t)$ 在时间间隔 $[a,b]$ 内的值由 $x(\xi)$ 表示,设所求最佳滤波器为时不变系统。估计量可写为

$$y(t) = \hat{s}(t) = \int_a^b h(t-\xi)x(\xi)\mathrm{d}\xi \xlongequal{\quad} \int_{t-b}^{t-a} h(\lambda)x(t-\lambda)\mathrm{d}\lambda \qquad (7.165)$$

估计误差为

$$e(t) = s(t) - y(t) \qquad (7.166)$$

均方误差为

$$\mathrm{E}\big[e^2(t)\big] \qquad (7.167)$$

为使均方误差最小,同理可利用正交方程 $\mathrm{E}\big[e(t)x(\xi)\big]=0$。将式(7.166)代入式(7.167),得到维纳-霍夫方程:

$$\phi_{yx}(\tau) = \int_{t-b}^{t-a} \phi_x(\tau-\lambda)h(\lambda)\mathrm{d}\lambda \qquad (7.168)$$

即满足该方程时有最小均方误差,误差为

$$\mathrm{E}[e^2(t)] = \mathrm{E}\{[y(t) - \int_{t-b}^{t-a} h(\lambda)x(t-\lambda)\mathrm{d}\lambda]y(t)\}$$

$$= \phi_y(0) - \int_{t-b}^{t-a} \phi_{yx}(-\lambda)h(\lambda)\mathrm{d}\lambda \tag{7.169}$$

欲求 $h(\lambda)$，可分多种情况考虑：

① 若滤波器采用 IIR 非因果系统，当 $a = -\infty$，$b = \infty$ 时，维纳-霍夫方程为

$$\phi_{yx}(\tau) = \int_{-\infty}^{\infty} \phi_x(\tau-\lambda)h(\lambda)\mathrm{d}\lambda \tag{7.170}$$

此系统不仅用到过去数据，而且要用到未来数据，所以不适合于实时处理场合。

② 若滤波器采用 IIR 因果系统，则当 $a = -\infty$，$b = t$ 时，由于 $\lambda \in [t-b, t-a]$，所以 $\lambda \in [0, \infty)$；同样，因为 $\tau \in [t-b, t-a]$，所以 $\tau \in [0, \infty)$。维纳-霍夫方程为

$$\phi_{yx}(\tau) = \int_0^{\infty} \phi_x(\tau-\lambda)h(\lambda)\mathrm{d}\lambda \tag{7.171}$$

对于非因果系统，对上式两边作傅立叶变换，得功率谱密度

$$S_{yx}(\omega) = S_x(\omega)H(\omega) \tag{7.172}$$

其中，$S_{yx}(\omega)$ 为输入 $x(t)$ 与待估计量 $y(t)$ 的互谱密度，$S_x(\omega)$ 为输入 $x(t)$ 的谱密度。最佳滤波器的传递函数为

$$H(\omega) = \frac{S_{yx}(\omega)}{S_x(\omega)} \tag{7.173}$$

根据 $x(t) = s(t) + e(t)$，当 $y(t) = s(t)$ 并且 $s(t)$ 与 $e(t)$ 相互独立时，

$$\phi_x(\tau) = \phi_s(\tau) + \phi_e(\tau) \tag{7.174}$$

$$S_x(\omega) = S_s(\omega) + S_e(\omega) \tag{7.175}$$

由 $\phi_{yx}(\tau) = \phi_s(\tau)$，变换后得 $S_{yx}(\omega) = S_s(\omega)$，得到

$$H(\omega) = \frac{S_s(\omega)}{S_s(\omega) + S_e(\omega)} \tag{7.176}$$

可见，当 $S_e(\omega)$ 与 $H(\omega)$ 成反比关系时，此即为维纳滤波器的基本工作原理。

由上面的计算公式可得最佳滤波器的最小均方误差为

$$\frac{1}{2\pi}\int_{-\infty}^{\infty} \left[\frac{S_s(\omega)S_e(\omega)}{S_s(\omega) + S_e(\omega)}\right]\mathrm{d}\omega \tag{7.177}$$

对于因果系统，其维纳-霍夫方程为

$$\phi_{yx}(\tau) = \int_0^{\infty} \phi_x(\tau-\lambda)h(\lambda)\mathrm{d}\lambda, \qquad \tau \in [0, \infty) \tag{7.178}$$

为求解上述方程，维纳和霍夫提出频谱因式分解法。所得维纳滤波器传递函数为

$$H(\omega) = \frac{1}{S_x^+(\omega)} \left[\frac{S_{yx}(\omega)}{S_x^-(\omega)} \right]^+ \tag{7.179}$$

其中，$S_x^{-1}(\omega)$ 等项通过频谱因式分解 $S_x(\omega) = S_x^+(\omega)S_x^-(\omega)$ 而得到。维纳滤波的最小均方误差如下：

$$\phi_y(0) - \int_0^\infty \phi_{yx}(-\lambda)h(\lambda)\mathrm{d}\lambda \tag{7.180}$$

卡尔曼滤波实际上是维纳滤波的递推计算方法，要解决的问题是寻找在最小均方误差标准下待求向量 $\boldsymbol{x}_k$ 的估计值 $\hat{\boldsymbol{x}}_k$。这里叙述一下一般结论。

设已知动态系统的状态方程：

$$\boldsymbol{x}_k = \boldsymbol{A}_k\boldsymbol{x}_{k-1} + \boldsymbol{w}_{k-1} \tag{7.181}$$

以及测量方程：

$$\boldsymbol{y}_k = \boldsymbol{C}_k\boldsymbol{x}_k + \boldsymbol{v}_k \tag{7.182}$$

式中：

(1) $\boldsymbol{x}_k$——n 维状态向量，待求；

(2) $\boldsymbol{A}_k$——$n \times n$ 维矩阵，已知；

(3) $\boldsymbol{w}_k$——n 维均值为零的正态白噪声向量，有 $\mathrm{E}[\boldsymbol{w}_k] = 0$，为过程噪声；

(4) $\boldsymbol{y}_k$——m 维观测向量数据，已知；

(5) $\boldsymbol{C}_k$——$m \times n$ 维测量矩阵，已知；

(6) $\boldsymbol{v}_k$——m 维均值为零的正态白噪声向量，有 $\mathrm{E}[\boldsymbol{v}_k] = 0$，为测量噪声。

设 $\boldsymbol{w}_k$ 与 $\boldsymbol{v}_k$ 互不相关，即

$$\mathrm{cov}[\boldsymbol{w}_k, \boldsymbol{v}_j] = \mathrm{E}[\boldsymbol{w}_k\boldsymbol{v}_j^\mathrm{T}] = 0, \qquad k, j = 0, 1, 2 \cdots \tag{7.183}$$

$$\mathrm{cov}[\boldsymbol{w}_k, \boldsymbol{w}_j] = \mathrm{E}[\boldsymbol{w}_k\boldsymbol{w}_j^\mathrm{T}] = \boldsymbol{Q}_k\delta_{kj} \tag{7.184}$$

$$\mathrm{cov}[\boldsymbol{v}_k, \boldsymbol{v}_j] = \mathrm{E}[\boldsymbol{v}_k\boldsymbol{v}_j^\mathrm{T}]\boldsymbol{R}_k\delta_{kj} \tag{7.185}$$

这里，$\boldsymbol{Q}_k = \mathrm{var}[\boldsymbol{w}_k] = \mathrm{E}[\boldsymbol{w}_k\boldsymbol{w}_k^\mathrm{T}]$ 为对称非负定阵，$\boldsymbol{R}_k = \mathrm{var}[\boldsymbol{v}_k] = \mathrm{E}[\boldsymbol{v}_k\boldsymbol{v}_k^\mathrm{T}]$ 为对称正定阵。

初始状态 $\boldsymbol{x}_0$ 为随机向量，它与 $\boldsymbol{w}_k$、$\boldsymbol{v}_k$ 独立，其统计特性已给定，如下所示：

$$\mathrm{E}[\boldsymbol{x}_0] = \mu_0, \qquad P_0 = \mathrm{E}[(\boldsymbol{x}_0 - \hat{\boldsymbol{x}}_0)(\boldsymbol{x}_0 - \hat{\boldsymbol{x}}_0)^\mathrm{T}] = \mathrm{var}[\boldsymbol{x}_0] \tag{7.186}$$

$$\mathrm{cov}\{\boldsymbol{x}_0, \boldsymbol{w}_k\} = 0, \qquad \mathrm{cov}\{\boldsymbol{x}_0, \boldsymbol{v}_k\} = 0 \tag{7.187}$$

欲从 $\boldsymbol{y}_k$ 及 $\boldsymbol{x}_{k-1}$ 求 $\hat{\boldsymbol{x}}_k$，通过推导计算得到 $\boldsymbol{w}_k = \boldsymbol{H}_k(\boldsymbol{y}_k - \boldsymbol{C}_k\boldsymbol{A}_k\hat{\boldsymbol{x}}_{k-1})$ 以及对测量方程的处理。卡尔曼递推公式如下：

$$\begin{aligned} \hat{\boldsymbol{x}}_k &= \boldsymbol{A}_k\hat{\boldsymbol{x}}_{k-1} + \boldsymbol{H}_k(\boldsymbol{y}_k - \boldsymbol{C}_k\boldsymbol{A}_k\hat{\boldsymbol{x}}_{k-1}) \\ \boldsymbol{H}_k &= \boldsymbol{P}_k'\boldsymbol{C}_k^\mathrm{T}(\boldsymbol{C}_k\boldsymbol{P}_k'\boldsymbol{C}_k^\mathrm{T} + \boldsymbol{R}_k)^{-1} \\ \boldsymbol{P}_k' &= \boldsymbol{A}_k\boldsymbol{P}_{k-1}\boldsymbol{A}_k^\mathrm{T} + \boldsymbol{Q}_{k-1} \\ \boldsymbol{P}_k &= (\boldsymbol{I} - \boldsymbol{H}_k\boldsymbol{C}_k)\boldsymbol{P}_k' \end{aligned} \tag{7.188}$$

由式(7.188)可见，若已知 $\boldsymbol{H}_k$，利用当前的测量值 $\boldsymbol{y}_k$ 与前一个 $\boldsymbol{x}_k$ 的估计值 $\hat{\boldsymbol{x}}_{k-1}$，就可

以求得 $\hat{x}_k$。如果 H_k 满足最小均方误差条件,将其代入以上公式就得到最小均方误差阵条件下的 $\hat{x}_k$。如果初始状态 x_0 的系统特性 $\mathrm{E}[x_0]$ 及 $\mathrm{var}[x_0]$ 已知,并令

$$\hat{x}_0 = \mathrm{E}[x_0] = \boldsymbol{\mu}_0$$

$$\boldsymbol{P}_0 = \mathrm{E}[(x_0 - \hat{x}_0)(x_0 - \hat{x}_0)^\tau] = \mathrm{var}[x_0]$$

用上面一些公式可互相迭代推得 $\boldsymbol{P}_{k+1}$,H_{k+1},保证下一轮求得在最小均方误差条件下的 $\hat{x}_{k+1}$。这种递推计算法在计算机上的运算效率很高。因此根据观察到的 y_k,就能得到所有的 $\hat{x}_1,\hat{x}_2,\cdots,\hat{x}_k$ 以及 $\boldsymbol{P}_1,\boldsymbol{P}_2,\cdots,\boldsymbol{P}_k$。

　　设计维纳滤波器和卡尔曼滤波器时,需要知道一些关于待处理信号和噪声方面的统计特性知识,有些情况下,这些特性还是时变的,往往很难有清晰了解。因此,要使用自适应滤波器。自适应滤波器不必要求预先知道信号和噪声的自相关函数,而是利用前一时刻已获得的滤波器参数等结果自动地调节现时刻的滤波器参数 $h(n)$ 的值来满足最小均方误差标准,以适应信号或噪声未知或随时间变化的统计特性,从而实现最优滤波。其基本原理可见图 7.9,其中,主要部分为一个参数可调节的滤波器 $h(n)$,$x(n)$ 为输入信号,$y(n)$ 为输出信号,$y(n)$ 将和期望的响应信号 $p(n)$ 进行对照,产生的结果 $e(n)$ 作为参数提供给调节算法,在同时参考了输入信号后,调节算法要对滤波器 $h(n)$ 进行调整,最终使 $e(n)$ 最小,达到理想效果。此原理与反馈控制系统有相似处。具体计算较为复杂,篇幅有限,请参考有关文章。

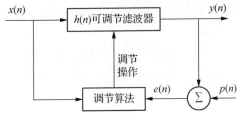

图 7.9　自适应滤波器原理

7.8　本章小结

　　实际应用中几乎所有的输入信号都是不确定的随机信号,这类信号没有确定的表达式而只能用一定的统计特性来描述,但正因为随机信号的这个特点才使得信号处理的意义得到体现,否则一切都是可以预先理论推导而得到结果。

　　随机信号的处理可以采用前面几章介绍的方法,除此之外还有一些特别的谱估计方法和滤波方法。一般地,对随机信号来说更强调功率谱,因为理论上随机信号不能保证其能量一定是有限的,因此不存在傅立叶变换。但是,实际应用中当采用短时处理时傅立叶变换计算没有任何问题。维纳滤波和卡尔曼滤波是两种最佳滤波,对于消除混杂在信号中的噪声和提取原始信号在最小均方误差准则下具有最佳性能。

习　　题

7-1　随机信号与确定信号的区别主要有哪些?

7-2 给定平稳随机序列 $x(n)$：$[-1.612\,9, -1.209\,1, -0.437\,9, -2.063\,9, -0.648\,4]$，估计均值、方差、自相关和自协方差。

7-3 方差为 2 的零均值高斯噪声同时输入到两个滤波器，滤波器 1 的传递函数为

$$H_1(z) = 1 - 2.75z^{-1} - 0.75z^{-2}$$

滤波器 2 的传递函数为

$$H_2(z) = 1 - 1.131\,4\,z^{-1} + 0.64z^{-2}$$

每个滤波器输出的自相关序列是什么？画出序列的草图，计算互相关序列 $\phi_{y_1 y_2}(m)$ 和 $\phi_{y_2 y_1}(m)$，画出序列图。对滤波器 1 的输出设计一个白化滤波器，对滤波器 2 的输出设计一个白化滤波器，画出这两个滤波器的构成。这两个白化滤波器也是反变换滤波器吗？

7-4 设有 N 维随机向量 x 和 M 维随机向量 y，证明：$E[x/y]$ 是由 y 对 x 所作的最小均方误差估计，但不一定是线性估计。

7-5 一个 A/D 转换器的输入信号的电压范围是 $\pm V$。设输入信号是一个带有随机相位的正弦信号 $x_a(t) = A\cos(2\pi f_0 t + \varphi)$，该信号通过 A/D 采样形成离散随机信号 $x(n)$。显然有 $E[x^2(n)] = \sigma_x^2 = A^2/2$，试求以下情况中 A/D 转换器输出端的信噪比 $\mathrm{SNR}_{\mathrm{dB}}$ 各是多少：

(1) $A = V$；(2) $A = V/2$；(3) $A = V/4$。

7-6 一个振幅是 5 V 的 3 kHz 正弦波输入到一个 8 位的 A/D 转换器，该转换器的处理电压是 ± 15 V，采样频率是 8 kHz，A/D 转换器的输出顺序接到两个数字滤波器上，定义第一个数字滤波器的差分方程为

$$y_1(n) = x(n) - 1.343\,5y_1(n-1) - 0.902\,5y_1(n-2)$$

第一个滤波器输出的信噪比是多少分贝？若第一个滤波器的输出连接到第二个滤波器的输入上，其系统函数为

$$H_2(z) = 2 - 2z^{-2}$$

则第二个滤波器输出的信噪比是多少？

7-7 一个单位幅度的白噪声源输入到传递函数为 $H(z) = 0.1 - 0.8z^{-1}$ 的数字滤波器，设计一个滤波器来白化第一个滤波器的输出，白化滤波器是 $H(z)$ 的反变换滤波器吗？

7-8 对一个特定的 FIR 滤波器：

$$y(n) = \frac{1}{3}[x(n+2) + x(n+1) + x(n)]$$

输入信号方差与 FIR 滤波器的输出信号方差之比是多少？

7-9 功率谱的概念是什么？

7-10 一个振幅是 5 V 的 1 kHz 的正弦波输入到工作电压是 ± 10 V 的 14 位 A/D 转换器，采样频率是 10 kHz，A/D 转换器的输出信号与量化噪声的比值是多少分贝？

7-11 随机信号 $x(n)$ 的功率谱密度函数 $S_x(\omega)$ 是实函数，这是否意味着其自相关函数必须是偶函数，即 $\phi_x(n) = \phi_x(-n)$，为什么？

7-12 证明下式成立：

$$\phi_x(0) = \frac{1}{2\pi}\int_{-\pi}^{\pi} S_x(\omega)\,\mathrm{d}\omega$$

7 - 13   设一个零均值平稳随机信号 $x(n)$ 的功率谱密度函数如图 7.10 所示。

（1）求自相关函数 $\phi(n)$，并验证如果功率谱带宽减小，则自相关函数将展宽。

（2）求 σ_x^2。

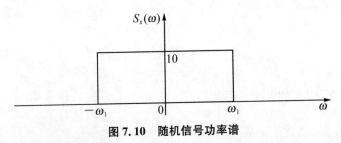

图 7.10   随机信号功率谱

7 - 14   设一个零均值白噪声的功率为 $\sigma_x^2 = 10$，该信号输入到一个截止频率为 $\omega_c = \pi/4$，通带幅度为 1 的理想低通滤波器，输出信号为 $y(n)$。

（1）大体画出输出信号的功率谱。

（2）求输出信号的 σ_y^2。

7 - 15   维纳滤波器的设计概念是什么？

附录　专业术语英汉对照

Adaptive FIR filter	自适应有限脉冲响应滤波器
Aliasing	混叠
All-pole	全极点
Amplitude response	幅频响应
Amplitude spectrum and bandwidth	幅度谱和带宽
Analog signal	模拟信号
Analog-to-Digital(A/D) converter	模数转换
Anti-aliasing filter	抗混叠滤波器
Anti-image filter	去镜像成分滤波器
Auto correlation function	自相关函数
Band pass filter	带通滤波器
Band-limiting	限带
Bandwidth	带宽
Bessel function	贝赛尔函数
BIBO(Bound Input, Bound Output)stable	有界输入有界输出稳定
Bilinear transformation	双线性变换
Bode plots	波德图
Butterworth filters	巴特沃兹滤波器
Cascade form	级联结构
Causal signal	因果信号
Causal system	因果系统
Causality	因果性
Chebyshev filters	切比雪夫滤波器
Coefficient quantization	系数的量化
Complex exponential signals	复指数信号
Continuous time (analog) signal processing	连续时间(模拟)信号处理
Continuous time random signals	连续时间随机信号
Continuous time signal processing	连续时间信号处理
Convolution	卷积
Convolution theorems	卷积定理
Cutoff frequency	截止频率
D/A converter	数模转换器
Decibel amplitude response	以分贝为单位的幅频响应
Decimation	抽样
Decimation and interpolation	抽样与插值
Decorrelation delay	去相关延时

DFS	离散傅立叶级数
DFT	离散傅立叶变换
Difference equation	差分方程
Digital signal	数字信号
Digital Signal Processing(DSP)	数字信号处理
Direct Form Ⅰ	直接Ⅰ型
Direct Form Ⅱ	直接Ⅱ型
Discrete time processing	离散时间信号处理
Discrete time system	离散时间系统
Double sideband signal	双边带信号
Down-sampling	降采样
DTFT	离散时间傅立叶变换
Dynamic range	动态范围
Ergodic	遍历性
Ergodic signals	各态遍历信号
Error signal	误差信号
Euler's theorem	欧拉定理
Feedback	反馈
FFT	快速傅立叶变换
Filter coefficient	滤波器系数
Filter order	滤波器阶数
FIR filters	有限脉冲响应滤波器
Fixed-point multiplication	定点乘法
Fixed-point processor	定点处理器
Fourier series	傅立叶级数
Fourier transform	傅立叶变换
Fourier transform analysis	傅立叶变换分析
Frequency axis-warping	频率轴弯折
Frequency domain analysis	频域分析
Frequency response	频率响应
Fundamental frequency	基频
Gain	增益
Hanning window	汉宁窗
Hamming window	哈明窗
High pass filters	高通滤波器
High pass transformation	高通变换
Ideal low pass filter	理想低通滤波器
IDTFT	离散时间傅立叶反变换
IIR filters	无限长脉冲响应滤波器

Image spectrum	镜像谱
Impulse	脉冲
Impulse function	冲激函数
Impulse response	脉冲响应
Independent signals	独立信号
Infinite -precision multiplication	无限字长乘法器
Interpolation	插值
Interpolation filter	内插滤波器
Inverse	反转
Inverse Discrete Time Fourier Transform(IDTFT)	离散时间傅立叶反变换
Kaiser window	凯泽窗
Laplace transforms	拉普拉斯变换
Line spectrum	线谱
Linear phase	线性相位
Linear phase filters	线性相位滤波器
Linear shift-invariant	线性移不变
Linearity property	线性特性
LMS（Least Mean-Square）algorithm	最小均方算法
Low pass filters	低通滤波器
Lowpass-to-highpass transformation	低通到高通变换
LSI system	线性移不变系统
Modulation	调制
Narrowband interference	窄频干扰
Negative frequency	负频率
Noise signal	噪声信号
Noise suppression	噪声抑制
Noncausal systems	非因果系统
Normalized	归一化
Normalized frequency	归一化频率
Notch filter	陷波滤波器
Optimization	最优化
Overflow prevention	溢出防止
Overlap and aliasing	重叠与混叠
Over-sampling	过采样
Parks-McClellan algorithm	帕克-麦克莱伦算法
Parseval's theorem	帕斯维尔定理
Pass-band ripple	带通波纹
Passband to stopband transition	通带到阻带的转变
Peak approximation error	峰值逼近误差

Period gram	周期图
Periodic signal	周期信号
Periodicity	周期性
Phase function	相位函数
Phase plots	相位图
Phase response	相频响应
Phase spectrum	相位谱
Poles and zeros	零极点
Power spectral density function	功率谱密度函数
Prediction error signal	预测误差信号
Principle value phase plot	相位主值图
Quantization	量化
Quantization noise	量化噪声
Random signal	随机信号
Rectangular windows	矩形窗
Resolution	分辨率
Ripple	波纹
Sampling theorem	采样定理
Self-adjusting notch filter	自动调节的陷波滤波器
Shift and modulation theorems	位移与调制定理
Shifting property	平移特性
Signal to noise ratio	信噪比
Signals (sequences)	信号（序列）
Sinusoidal sequence	正弦序列
Spectral amplitude function	幅度谱函数
Spectral estimation	谱估计
Spectrum	谱
s-plane	s 平面
Steady-state response	稳态响应
Steady-state response to periodic signals	周期信号的稳态响应
Stochastic process	随机过程
Symmetry	对称
System impulse response	系统脉冲响应
Tapered window	边缘下降的窗函数
Time averaging	时间平均
Time delay	时延
Time domain	时域
Time-invariant systems	时不变系统
Transfer functions	传递函数

Transition band	过渡带
Triangle inequality	三角不等式
Truncation	切断
Unit circle	单位圆
Unit delay operator	单位延时器
Unwrapped phase plot	无折叠相位图
Upsampling	升采样
Wide sense stationary	广义平稳
Wideband noise signal	宽带噪声信号
Wiener-khinchin theorem	维纳-辛钦定理
Window	窗
Window method	窗函数方法
Z transform	Z 变换
Zero mean signals	零均值信号
Zero mean white noise random signal	零均值白噪声随机信号
Zero padding	补零法
z-plane	z 平面

参 考 文 献

1 CARTINHOUR J. Digital Signal Processing：An Overview of Basic Principles[M]. New Jersey：Prentice Hall,2000

2 MULGREW B,GRANT P M,THOMPSON J. Digital Signal Processing：Concepts and Application[M]. England :Macmillan Press,1999

3 VAN DE VEGTE J. Fundamentals of Digital Signal Processing[M]. New Jersey：Prentice Hall,2002

4 吴镇扬. 数字信号处理的原理与实现[M]. 南京：东南大学出版社,2001

5 程佩清. 数字信号处理教程[M]. 2 版. 北京：清华大学出版社,2001

6 皇甫堪,陈建文,楼生强. 现代数字信号处理[M]. 北京：电子工业出版社,2003

7 OPPENHEIM A V, SCHAFE R W. 数字信号处理[M]. 董士嘉,等,译. 北京：科学出版社,1981

8 GONZALEZ R C, WOODS R E. 数字图像处理[M]. 2 版. 阮秋琦,等,译. 北京：电子工业出版社,2003

9 胡广书. 数字信号处理导论[M]. 2 版. 北京：电子工业出版社,2003

10 俞一彪,曹洪龙,邵雷. DSP 技术与应用基础[M]. 2 版. 北京：北京大学出版社,2014

11 刘波. MATLAB 信号处理[M]. 北京：电子工业出版社,2006

12 RABINER L, JUANG B H. Fundamentals of Speech Recognition[M]. New Jersey：Prentice Hall, 1993

13 GONZALEZ R C, WOODS R E. Digital Image Processing[M]. 2nd ed. New Jersey：Prentice Hall, 2002